高等学校教材

地空导弹系统技术

李小兵 等 主编

西北工业大学出版社

西安

【内容简介】 本书分为8章,主要介绍地空导弹武器系统和导弹系统的基本组成、主要特点及技术发展情况。内容包括导弹系统的总体结构、推进装置、制导系统、控制系统、引信与战斗部系统、弹上能源系统等部分的主要设备及其技术实现,以及导弹系统的阶段性试验等。

本书可作为高等院校导弹测控、导弹总体等专业高年级本科生的专业教材,亦可供从事与地空导弹系统有关的科研院所技术人员和武器装备使用人员阅读、参考。

图书在版编目(CIP)数据

地空导弹系统技术 / 李小兵 等主编 .—西安:西北工业大学出版社,2021.5
 ISBN 978-7-5612-7661-7

Ⅰ.①地… Ⅱ.①李… Ⅲ.①地空导弹系统-教材 Ⅳ.①E92

中国版本图书馆 CIP 数据核字(2021)第 123966 号

DI - KONG DAODAN XITONG JISHU

地 空 导 弹 系 统 技 术

责任编辑:王玉玲	策划编辑:杨 军
责任校对:胡莉巾	装帧设计:李 飞

出版发行:西北工业大学出版社
通信地址:西安市友谊西路 127 号　　邮编:710072
电　话:(029)88491757,88493844
网　址:www.nwpup.com
印 刷 者:西安浩轩印务有限公司
开　本:787 mm×1 092 mm　　1/16
印　张:13.5
字　数:354 千字
版　次:2021 年 5 月第 1 版　　2021 年 5 月第 1 次印刷
定　价:58.00 元

如有印装问题请与出版社联系调换

前　言

　　导弹自20世纪40年代出现并投入使用以来，以其威力大、射程远、精度高、突防能力强等显著特性迅速成为世界各军事大国重点发展的作战武器之一，之后越来越多的发展中国家不断加入自行研制导弹武器的行列。目前世界各国研制的导弹型号已近千种，导弹武器在现代战争中发挥着越来越重要的作用，成为了国家国防现代化的一个重要标志。

　　导弹的分类方法很多，按照作战使命通常划分为战术导弹和战略导弹。面空导弹是按照导弹发射点的位置与目标所处的位置命名的，一般指从地面或水面发射，用以防御并摧毁空中来袭目标的一类导弹，也称为防空导弹。防空导弹主要包括地空导弹和舰空导弹，它们大多属于战术类型的导弹，二者的工作原理基本相同，区别主要在于使用环境和设计时考虑的因素不同。地空导弹系统作为地空导弹武器系统的核心组成部分，随着电子、信息、网络、控制、动力和材料等技术的不断发展而变得更加先进而复杂，目前第四代地空导弹武器系统已交付使用，第五代正处于发展时期，并已形成了高空远程、中空中程、低空超低空近程系列化的全空域火力覆盖防空体系。

　　地空导弹系统是一个涉及多学科、多专业领域的高精尖武器装备，为更加系统、全面、深入地介绍地空导弹系统基础理论及其技术领域发展情况，本书从兼顾内容结构的完整性和知识点的关联性考虑，从地空导弹武器系统与地空导弹系统的关系，特别是地空导弹各系统中的基本组成、主要技术实现等方面进行编写。

　　本书分为8章。第一章概述地空导弹武器系统和导弹系统的基本知识，第二章侧重介绍导弹的总体技术，第三章介绍地空导弹的推进技术，第四、五章分别叙述地空导弹制导和控制技术的基本理论和技术发展，第六章介绍地空导弹的引信与战斗部技术以及引战系统的发展趋势，第七章简要介绍导弹的弹上能源系统，第八章对地空导弹各类试验技术作详细介绍。

　　本书由空军工程大学防空反导学院李小兵副教授等人主编，李小兵副教授负责第一、二、三、八章的编写工作，李炯副教授和李小兵副教授合作编写第四、五章，韦道知副教授和张东洋副教授负责编写第六、七章。

在本书的编写过程中,空军工程大学防空反导学院的邓建军副教授、张琳副教授等人提供了许多宝贵建议和资料,书中还参阅了国内本领域专家学者的文献、资料,在此一并表示感谢!

由于水平有限,书中不足之处在所难免,恳请广大读者批评指正。

编 者

2020 年 12 月

目 录

第一章 概述 ··· 1
    第一节 地空导弹武器系统 ··· 1
    第二节 地空导弹系统 ··· 4
    第三节 地空导弹系统的发展 ·· 8
    复习题 ·· 11

第二章 地空导弹总体技术 ··· 12
    第一节 概述 ··· 12
    第二节 总体参数 ·· 13
    第三节 气动外形 ·· 20
    第四节 部位安排与质心定位 ·· 28
    第五节 总体参数确定与优化 ·· 31
    复习题 ·· 35

第三章 地空导弹推进技术 ··· 36
    第一节 概述 ··· 36
    第二节 推进系统分类 ··· 37
    第三节 推进系统主要参数 ··· 42
    第四节 推力方案与推进装置选择 ··· 47
    第五节 推进技术的发展 ·· 48
    复习题 ·· 51

第四章 地空导弹制导技术 ··· 52
    第一节 概述 ··· 52
    第二节 自主制导技术 ··· 58
    第三节 非自主制导技术 ·· 76
    第四节 复合制导技术 ··· 99
    复习题 ·· 110

第五章 地空导弹控制技术 ··· 111
    第一节 概述 ··· 111

第二节	大迎角飞行控制技术	114
第三节	推力矢量控制技术	117
第四节	直接力控制技术	122
第五节	倾斜转弯控制技术	127
第六节	自适应控制技术	132
第七节	超精确控制与KKV技术	137
复习题		139

第六章 地空导弹引信与战斗部技术 … 141

第一节	概述	141
第二节	引信	142
第三节	战斗部	147
第四节	引战配合技术	152
第五节	引战系统发展趋势	156
复习题		158

第七章 地空导弹弹上能源技术 … 159

第一节	概述	159
第二节	弹上能源系统	159
第三节	能源系统发展趋势	168
复习题		168

第八章 地空导弹试验技术 … 169

第一节	概述	169
第二节	试验分类与要求	170
第三节	地面试验	172
第四节	飞行试验	181
第五节	仿真试验	191
复习题		209

参考文献 … 210

第一章 概 述

第一节 地空导弹武器系统

导弹是在第二次世界大战中出现的新式武器。它一经问世就受到了人们很大的关注。与其他武器一样，导弹也是随着战争的需要、社会生产力和科学技术的发展而产生，并逐渐从简单到复杂、从低级到高级发展起来的。现在，几乎所有国家的军队都不同程度地装备了导弹，大到飞机、军舰，小到单个士兵都可以携带并发射导弹。导弹，已成为现代战争中一种广泛使用的尖端武器。

导弹在军事上应用的种类和形式是多种多样的。通常，按作战使用可分为战略导弹和战术导弹，按飞行方式可分为飞(巡)航导弹和弹道导弹，按发射点和攻击点可分为地地导弹、地(舰)空导弹、空空导弹、空地(舰)导弹、舰舰导弹和潜地导弹等，按其他方式分还有反雷达(辐射)导弹、反弹道导弹等。

面空导弹一般是指由地面(或水面)发射，用于防御并摧毁空中来袭的多种军事目标(飞机或导弹)的导弹，它也可与歼击机、高炮、预警系统、指挥控制通信系统等武器装备共同完成防空作战任务。面空导弹大多属于战术类型的导弹，作为一种新式的防空武器，又称防空导弹。它已成为国土防空的基础、要地防空的支撑力量、部队作战行动的防空"保护伞"。

为了适应防空防天的作战需求，新一代地空导弹型号研制和选择中不但要考虑到国土和要地防空防天的需求，也要兼顾野战防空的需求。在未来作战中，对三类典型目标的防御需要认真对待，即对各种作战飞机的防御、对战术弹道导弹的防御和对巡航导弹的防御。目前，美国的"爱国者"和俄罗斯的"C-300"系列等第三代地空导弹武器系统的成功研制与应用，已基本上解决了作战飞机的防御问题，但是战术弹道导弹和巡航导弹的防御问题仍然处于进一步的验证或试验阶段。

可见，广义上地空导弹的作战对象，应当包括在大气层内飞行的各种军用飞机、导弹和在大气层外飞行的军用卫星、弹道导弹以及其他空间飞行器所构成的多种空中威胁。这里重点从狭义角度论述防御大气层内飞行的飞机和导弹的地空导弹武器系统。应指出，本书所介绍的一些基本原则和方法，同样也可应用于空间防御理论与技术研究的诸多领域。

一、任务

地空导弹武器系统是现代防空体系的重要组成部分。根据现代防空体系的战术特点，地空导弹武器系统的主要任务可分为国土防空和野战防空两大部分。其中,国土防空类型包括阻击防空、区域防空和要地防空三类;野战防空包括前沿区域防空、后方点防空和随行掩护防空三类。

(一)国土防空

国土防空是防空体系的最重要组成部分,主要用于保卫重要的经济、军事要地,包括政治、经济中心城市的防御,也包括军事指挥中心、阵地等军事要地的防御。

对于国土防空的三种类型来讲,阻击防空的目的是将空袭目标阻击在空袭中途,削弱其向内地纵深空袭的强度,为后方区域防空和要地防空创造更好的条件,战时也可加入战区防空体系而成为其中的一个重要组成部分;区域防空指在一定纵深范围内,按一个区域内分布的若干需要保卫的要地统一部署远程、中程防空,并将末端防御按各个要地单独部署或几个相近要地联合部署,从而形成的分布式区域防空体系;要地防空的目的是保卫国土范围内相对独立的重要地面目标,如大型水坝、大型核电站、战略导弹发射阵地(井)和重要桥梁等,其导弹部署也分为远程、中程和末端防御,但一般都部署在要地边界附近不大的范围内。

(二)野战防空

野战防空归属于战术防空体系,其作战任务是保卫地面作战部队免受敌战术空军或陆军航空兵的打击,包括保卫地面军事设施和运动中的地面部队。它和国土防空最大的不同点是,要求导弹火力单元和防空体系指挥控制中心具有特别高的地面机动能力,也要求武器系统反应时间短,且最好在此条件下具有全方位、全天候和多目标的拦截能力。为达到这些要求,长期以来野战地空导弹往往是以降低其射程和损失一定的单发杀伤概率为代价的。第四代地空导弹精确制导与控制技术已较好地满足了野战地空导弹高机动能力的要求。

在野战防空三种类型中,前沿区域防空主要用于掩护前沿作战部队,一般采用中远程与近中程地空导弹混合部署;后方点防空主要指靠近战场的、对保证战争胜利起着重要作用的机场、军械和军需仓库,一般需要中程和近程导弹部署;随行掩护防空用于掩护行进中的部队,打击对行进中的部队进行空袭的目标,一般采用多目标通道的近程高机动能力单车作战的地空导弹。

二、组成

地空导弹武器系统基本组成应包括多级信息指挥中心、搜索与探测设备、地面制导系统、地面发射设备、导弹系统、电源系统和维护检测设备等。其逻辑关系如图1-1所示。

多级信息指挥中心是信息的获取、传递、处理和显示设备,以供各级指挥员正确地估计威胁,对导弹系统进行指挥与控制。多级信息指挥中心的主要任务是:综合信息,提取重要的事实,作出决定和下达命令,并监视执行情况,把信息传递出去。多级信息指挥中心一般分为高级、本地和武器系统等三级。

搜索与探测设备用于接收上级信息指挥中心的信息,并对目标进行搜索与探测。它可在捕获目标信息后,及时传给本地系统信息协调中心,以指示制导系统的工作。系统搜索与探测设备通常由一部或多部搜索雷达和通信设备等组成。

地面制导系统是根据搜索与探测设备所确定的导弹与目标的相对位置或发射点的位置,形成使导弹沿理论弹道飞行的引导指令,并送至导弹以操纵其飞行的所有设备。从功能上讲,可将制导系统分为引导系统和控制系统两部分。根据引导系统的工作是否与外界发生联系,或者说根据引导系统的工作是否需要导弹以外的相关信息,制导系统可分为自主制导与非自主制导两大类。

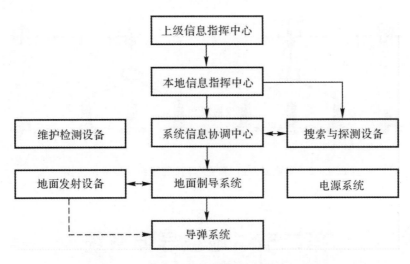

图 1-1 导弹武器系统各部分的逻辑关系图

地面发射设备根据目标的位置和运动情况,选择有利的发射时机,确定导弹的发射方向,为导弹的飞行制导提供条件。由于导弹类型很多,其发射装置也是多样的。按机动性可分为固定式、半固定式和机动式(包括单兵携带式)三种;按导弹装填方式可分为挂弹杆式、滑轨式和筒式三种。发射装置种类虽很多,但其共同的组成部分一般为基座(平台)、回转架、导轨(或发射筒、箱)、导弹的水平和垂直瞄准装置等。

电源系统和维护检测设备是武器系统正常工作的支援设备,主要用于向系统中的各设备提供工作电源和在设备自检或故障情况下提供维修与检测条件。

地空导弹武器系统是在各分系统的有机协调下完成其作战任务的。它的基本工作过程为:当出现威胁或其他任务时,系统信息协调指挥中心,根据高级和本地信息指挥中心的命令,立即控制搜索与探测设备对给定的目标进行搜索与探测,待截获到目标后,对它进行识别、判定,并将指定的目标数据及时送给选定的制导系统;制导系统进行射击诸元计算,并将发射数据送给导弹发射装置,使导弹初始发射方向对准要求方向,并在时机成熟时发射导弹;导弹发射后,在制导系统的引导与控制下飞向指定目标,当目标处于导弹战斗部的杀伤区域内时,由引信起爆战斗部杀伤目标;观察判断射击效果,结束该次制导过程。通常,一个信息协调控制中心控制多个导弹发射装置和若干个制导系统。

图 1-2 所示为美国研制的"霍克"中低空中程地空导弹武器系统组成示意图。

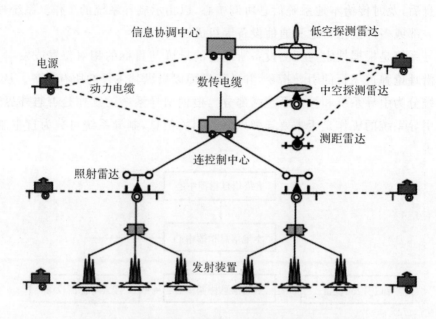

图 1-2　美国研制的"霍克"导弹武器系统组成示意图

第二节　地空导弹系统

地空导弹武器系统是基本作战单位,由作战装备和支援装备组成。作战装备一般包括导弹、发控设备、制导设备、电源和运输车辆等;支援装备包括导弹的运输和装填设备、作战装备的检测维修设备以及必要的能源设备等。

地空导弹武器系统通常都具有作战和维护两种功能。作战功能是指发现、跟踪和识别目标,使导弹按着规定的航迹和精度要求飞行到目标区,并有效地摧毁目标的能力;维护功能是指在规定的寿命期内具有保证系统正常工作的能力。

一、分类

地空导弹是随着空袭兵器的发展而发展的。现代空袭中的飞机和导弹种类很多,其特点各有不同:轰炸机是一类重要的空袭力量,它可携带核武器和常规武器,可超声速巡航,也可低空、超低空突防,航程远达一万多千米,空中不加油即可实施洲际攻击,机载电子设备既多又先进,载弹量达数十吨,既能隐身又可施放多种电子干扰;歼击轰炸机和攻击机的特点是载弹量大,对地攻击能力强,速度快,作战半径大,具有较强的低空突防和夜间突防以及隐身、电子战能力;武装直升机机动性好,活动范围大,可超低空贴地面飞行或悬停空中;战术弹道导弹的主要特点是弹头再入大气层时速度极快,弹头雷达反射面积小,飞行时间短,总飞行时间也不过几分钟,预警时间很短。为了能有效地击毁或拦截各种空袭目标,须制造不同类型的地空导弹,并使其在飞行速度、机动性等方面均优于这些目标。

对于地空导弹的分类,各国采用的方法和标准不完全一样。按作战使命可分为国土防空、野战防空和舰艇防空三种;按机动性能可分为固定式、半固定式、自行式和便携式四种;按攻击的对象可分为反飞机类、反空地导弹类和反弹道导弹类三种;按射高范围可划分为高空、中空和低空三种;按射程可分为远程、中程和近程三种。有些国家将最大射程 100 km 以上称远程,20~100 km 称中程,小于 20 km 称近程;作战高度为 20 km 以上的称高空,2~20 km 称中空,2 km 以下称低空。

二、组成

地空导弹系统一般由弹体系统、推进系统、制导系统、控制系统、引战系统和能源系统等组成。图 1-3~图 1-5 所示分别为某指令制导导弹、某寻的制导导弹和某复合制导导弹的组成示意图。

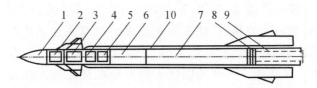

1—引信; 2—换流器; 3—俯仰和偏航伺服机构; 4—电池; 5—敏感元件和校正网络组合;
6—战斗部; 7—固体火箭发动机; 8—遥控应答机; 9—滚动伺服机构; 10—弹体

图 1-3 指令制导导弹组成示意图

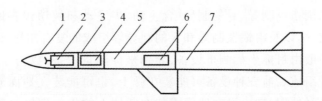

1—整流罩; 2—寻的制导设备; 3—弹体; 4—敏感元件和校正网络组合;
5—战斗部; 6—伺服机构; 7—火箭发动机

图 1-4 寻的制导导弹组成示意图

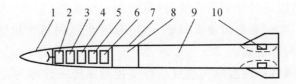

1—整流罩; 2—寻的制导设备; 3—引信; 4—遥控制导设备; 5—计算机;
6—惯测组合; 7—弹体; 8—战斗部; 9—火箭发动机; 10—伺服机构

图 1-5 复合制导导弹组成示意图

(一)弹体系统

弹体系统的主要功能为:
1)作为战斗部和弹上设备的运载器,并保证相应的工作环境和贮存环境;

2)产生空气动力,其中包括机动力和控制力;
3)承受空中飞行条件下和地面工作条件下的静载荷和动载荷。

弹体系统一般由弹身、升力面和控制面组成。现代大多数地空导弹的固体火箭发动机壳体和战斗部壳体也是弹身的组成部分。

(二)推进系统

推进系统的主要功能是产生推力,获得必要的加速度特性、速度特性和射程。在某些情况下,也可以用它来产生控制力和机动力。

现代地空导弹推进系统大多采用固体火箭发动机。在某些情况下,采用冲压发动机或火箭冲压复合推进系统具有明显的优势。采用双推力方案、脉冲推力方案和其他推力调节方案的火箭发动机也可改善导弹的速度特性和机动特性。

固体火箭发动机一般由燃烧室、喷管、推进剂和点火系统组成。液体冲压发动机系统一般由进气道、燃烧室、装有燃油的油箱、供油系统和点火系统组成。固体冲压发动机由装有助推进剂的燃烧室(既是助推进剂的燃烧室,也是主发动机的补燃室)、装有主推进剂的燃气发生器、进气道和喷管组成。现代地空导弹的固体火箭发动机或固体冲压发动机常在点火电路中使用低通滤波器,以保证在强电磁环境下的安全性。

(三)制导系统

制导系统的主要功能是按规定的制导律将导弹引向目标。

现代地空导弹采用指令制导、寻的制导(含主动、半主动和被动式三种)、由指令制导和寻的制导组成的复合制导,以及由惯性制导和寻的制导等组成的复合制导等。

制导控制系统一般由目标坐标测量设备、导弹坐标测量设备、数据处理和指令产生设备,以及指令传输设备等组成。前三种设备可能装在弹上,也可能装在地面或其他载体上。指令传输设备在指令制导时使用,它由设在地面或装在载体上的指令发射机和装在弹上的遥控应答机组成。

(四)控制系统

控制系统的主要功能是对导弹进行姿态(有时是角速度)稳定和根据制导控制系统送来的信号对导弹进行控制。它一般由角速度敏感元件(有时也采用角度敏感元件)、加速度敏感元件、校正网络和伺服机构等组成。

由敏感元件、校正网络和伺服机构组成的稳定控制系统一般称为自动驾驶仪。长期以来,地空导弹使用模拟式自动驾驶仪,近年来愈来愈多地采用数字式稳定控制系统,有时也将其称作数字式自动驾驶仪。采用捷联惯导系统的地空导弹的稳定控制系统和制导控制系统一般可使用同一套敏感元件和同一台弹上计算机,其软件根据稳定和制导要求进行设计。

(五)引战系统

引战系统的主要功能是在导弹和目标遭遇时选择最优时机有效地摧毁目标。它一般由引信、战斗部和安全引爆装置组成。

地空导弹通常采用无线电引信、激光引信或红外引信,某些导弹也采用触发式引信。无线电引信一般由发射、接收和信号处理等电路组成。红外引信为被动式引信,它由敏感元件、光学系统和电子线路组合而成,依靠敏感目标辐射的红外能量工作。

地空导弹通常采用破片、连续杆、多效应和集束杀伤等战斗部,也有少数防空导弹采用核战斗部。破片杀伤战斗部采用得最多,一般可分为飞散角式、破片聚焦式和定向破片杀伤战斗部;聚能装药杀伤战斗部内装数十个半球形聚能罩,爆炸时向四周喷射出数十股高速金属流,击中目标时使材料气化成粉末,引起二次爆炸反应;集束式战斗部也称为子母弹式战斗部。

安全引爆装置通常是利用惯性、发动机燃气压力、时间延迟装置或其他机械电气装置来维护使用和飞行过程的安全,并确保可靠起爆的一种装置。

(六)能源系统

能源系统的主要功能是提供弹上设备和装置工作时所需要的电源、液压能源、气源或其他动力源。

地空导弹的能源通常以化学能形式或机械能形式贮存。前者有电池和火药等,后者有高压空气和高压氮气等。

地空导弹可以使用共式能源系统,也可以使用分式能源系统。

共式能源系统有电池、高压空气和火药。电池除给弹上设备供电外,还可以给电动舵机或液压舵机的电机-泵组合的电机供电。高压冷气除了作为气动舵机的能源外,还是涡轮发电机的能源。火药燃气发生器一方面可作燃气舵机的动力源,另一方面可以推动燃气涡轮发电机给弹上设备供电。

分式能源系统有电池-高压空气系统和电池-火药系统。高压空气或火药一般是舵机的能源。各种类型的能源系统在应用时要结合导弹总体方案进行优化论证与设计。

三、特点

地空导弹与其他类型导弹相比,最大特点在于攻击目标时所经受的自然环境、作战环境和飞行环境更加复杂和严酷。它可攻击的目标包括飞机、直升机、无人驾驶飞行器、巡航导弹、掠海导弹、空地导弹、战术弹道式导弹和弹头等。这些目标一般具有高速、高机动、几何尺寸小和突防能力强等特点。地空导弹通常需要具有以下特点:

1)反应时间快。由于目标飞行速度快,而搜索跟踪系统的作用距离有限,因此要求导弹从接到发射准备命令到发动机点火的准备时间尽量短。例如某型导弹的反应时间为 5 s。

2)高加速性。由于拦截高速目标和保证杀伤区近界作战的需要,要求防空导弹具有高加速性。目前的最大加速度可达 $50g \sim 100g$。

3)高机动性。考虑到目标的机动能力越来越强,飞机的机动过载可达 9,要求地空导弹具有更高的机动能力。目前地空导弹的最大机动过载已达到 $25g \sim 50g$。

4)制导精度高。考虑到地空导弹小型化要求和战斗部的有限杀伤半径,要求导弹具有足够高的制导精度,因而导弹要具有良好的操纵性和稳定性。

5)引战系统效率高。由于地空导弹所拦截的目标几何尺寸和要害面积小,因而要求战斗部具有很强的摧毁能力,同时也要保证与引信有很高的配合效率。

6)具有反突防能力。考虑到空中目标具有愈来愈强的干扰能力并运用各种隐身技术,地空导弹必须具有一定的反突防能力,尤其是寻的系统、引信和遥控应答机等设计必须考虑这一因素。

7)在各种环境条件下的作战能力。环境条件包括自然环境和诱发环境条件。自然环境条件包括温度、湿度、雨、雪、风、盐、雾和霉菌等,诱发环境条件包括温度、力学和电磁环境等。

8)机动作战能力。考虑到防空任务的多变性,尤其是野战防空的需要,地空导弹必须具有一定的机动作战能力。

第三节 地空导弹系统的发展

地空导弹经过70多年的发展,现已逐渐发展到了第五代产品的试用阶段,装备的型号有80余种,形成了高、中、低、超低空,远、中、近、超近程的火力配系。如俄罗斯装备有18种型号,可覆盖高度为15 m~34 km、射程为500 m~250 km的空域范围;美国有6种型号,可覆盖高度为30 m~45 km、射程为500 m~140 km的空域范围;英国有6种型号,可覆盖20 m~27 km、射程为300 m~54 km的空域范围。

20世纪50年代的第一代地空导弹是针对中空和高空轰炸机和侦察机的威胁而研制的,主要是中高空、中远程导弹,例如美国的"波马克""奈基",苏联的"SA-2",英国的"雷鸟""警犬"等。这些导弹的最大射程为30~100 km,最大射高达30 km。然而,这些地空导弹系统都比较庞大、笨重(如"SA-2"地面设备车辆有50多部,"奈基"有30多辆),机动性差,抗电子干扰能力低。图1-6所示为"SA-2"地空导弹。

为了躲避这些中高空、中远程地空导弹,空袭兵器突防集中在低空和超低空,这样做的另一个好处是,由于地面各种雷达的低空和超低空性能差,不易发现来袭目标(所谓"盲区")。为此,20世纪六七十年代发展了第二代机动式低空近程地空导弹和便携式地空导弹,用于攻击低空、超低空突防的空袭兵器。典型型号有美国的"霍克"、苏联的"SA-6"、英国的"长剑"、法国的"响尾蛇"、德法联合研制的"罗兰特"等,它们的射程在30 km以内,射高在15 km以下,技术水平比第一代明显提高,抗电子干扰能力增强,自动化程度高,系统反应时间缩短,地面机动性强,制导精度提高。这期间出现的便携式地空导弹的典型型号有苏联的"SA-7"、美国的"红眼睛"。此类导弹可由单兵携带,扛在肩上即可发射,导弹上红外线导引头引导导弹尾追空中飞机并将其击毁。图1-7所示为"罗兰特"地空导弹。

图1-6 苏联研制的"SA-2"地空导弹

图1-7 德法联合研制的"罗兰特"地空导弹

20世纪70年代后期至今,地空导弹开始进入第三代。第三代地空导弹大体有三种类型。第一种类型是在第二代基础上,针对新的空袭兵器变化(强干扰、机动速度快、饱和攻击等),利用最新技术升级发展而成。俄罗斯的"道尔"(SA-15)、法国的"响尾蛇NG"、英国的"长剑-2000"、韩国的"柏伽索斯"等都是新一代低空近程地空导弹系统的代表。颇具特色的"道尔"(SA-15)是能完成监视、指挥、控制、发射、制导等任务的全自主式单车地空导弹,整个系统装在一辆新型履带式中型装甲运输车上,车上装有搜索雷达、相控阵跟踪雷达、电视跟踪设备、计算机、通讯设备和指挥控制设备等,导弹垂直发射。20世纪80年代以前,绝大多数地空导弹是从倾斜式发射装置上发射的,发射装置的机械部分比较复杂,而垂直发射具有许多优点,活动部件少,不受盲区影响,作战范围大,能提供半球形360°覆盖,火力强,齐射速度快,可对付多个目标,故采用垂直发射的地空导弹系统不断增多。系统可同时攻击两个目标,导弹最大射程12 km,射高范围12 m～6 km,除能攻击飞机外,还可拦截空地导弹、反辐射导弹。第二种类型是发展迅速的便携式地空导弹,有代表性的如俄罗斯的"SA-18"、法国的"西北风"、日本的"91型"地空导弹等。由于便携式地空导弹体积小、重量轻、操作简便、便于运输、价格低廉,而且用红外热成像导引头替代早期的红外点源导引头之后,其性能大为提高,能全方位、全向攻击目标,甚至可以做到"发射后不管",导弹"独立自主"地去攻击目标。导弹系统既可单兵携带、肩扛发射,也可装于机动车辆上采用多联支架发射,甚至可以将导弹、高炮、雷达等装在同一车上,形成弹炮结合武器系统。

第三代最先进类型的地空导弹,莫过于美国"爱国者"和俄罗斯的"C-300"地空导弹武器系统。图1-8和图1-9所示分别为"爱国者"和"C-300"地空导弹的发射车。

图1-8 "爱国者"地空导弹发射车

图1-9 "C-300"地空导弹发射车

"爱国者"是美国陆军现役中高空、中远程主战型地空导弹武器系统。它不仅能对付飞机,还能拦截战术弹道导弹、空地导弹、巡航导弹和隐身飞机等。该系统由一辆相控阵雷达车、一辆指挥控制车、一辆天线车、一辆电源车和6～8辆四联装导弹发射车组成。"爱国者"系统采用一部多功能相控阵雷达,能同时完成搜索、照射、跟踪、制导和敌我识别等多种功能;采用复合制导,能对付多个目标;具有抗干扰能力强、反应时间短、自动化程度高、命中概率高等特点。目前,该型号已经形成了一个系统族系,即武器系统原型(MIM-104,1982年列装)、第一阶段改型(PAC-1,1988年列装)、第二阶段改型(PAC-2,1989年列装)、第三阶段改型(PAC-3/1型,1995年列装;PAC-3/2型,1996年列装;PAC-3/3型,1999年列装)。PAC-3/3型与列装的其他5种型别的最大区别是,采用了一种小而轻且高度精确的动能拦截弹,通过直接碰撞与破片杀伤相结合摧毁目标。该拦截弹由一级固体助推火箭、制导装置、雷达寻的导引头、姿态控制与机动控制系统以及杀伤增强器等组成,作战距离30 km,作战高度15 km,最大飞行马赫数为6。

俄罗斯先进的C-300ПМУ2"骄子"地空导弹系统是当今世界上能力极强、效能很高的武器。它是一种多用途、机动式、多通道地空导弹武器系统,能对付各种高度和速度范围(包括各种复杂干扰条件下)的现役和未来的作战飞机、巡航导弹、战术及战区弹道导弹等,其最大射程为200 km,最大射高为27 km,最小射高为10 m,能同时拦截36个目标,可同时制导72枚导弹。导弹的战斗部质量为143 kg,总破片数2万余片,能保证引爆来袭导弹的弹头,提高了杀伤目标的效率。据分析,C-300ПМУ2地空导弹系统的性能要高于美国"爱国者"PAC-3的性能。C-300地空导弹系统也已形成系列家族。苏联20世纪70年代后期开始研制并于1980年交付部队使用的为C-300基本型C-300П(SA-10A),用于对付巡航导弹和高速飞机;后经改进,于1985年装备部队的为C-300ПМУ(SA-10B);俄罗斯针对C-300ПМУ没有反战术弹道导弹能力的问题及其他国家对反战术弹道导弹的需求,对C-300ПМУ系统进行改进而成为C-300ПМУ1(SA-10C),它于1993年底在俄罗斯防空军中服役;为了更好地对付巡航导弹、战术及战区弹道导弹、预警飞机和电子干扰飞机,在C-300ПМУ1的基础上,俄罗斯推出了C-300ПМУ2地空导弹系统。

俄罗斯军方最新研制出的C-400地空导弹武器系统,是在C-300基础上改进而成的,按其性能的先进程度可列入第四代地空导弹武器系统。该系统采用了最先进的无线电定位系统、微电路技术和计算机技术,总体性能比美国最先进的"爱国者"PAC-3型要好得多,是目前世界上现役型号中最先进的一种,可以对付当今多种空中威胁,包括各种作战飞机、空中预警机、战役战术导弹以及其他精确制导武器。C-400拦截飞机的最大距离为400 km,比美国正在试验中的射程最大的THAAD拦截弹要远200 km;拦截弹道导弹的最大距离是50~60 km,比美国的"爱国者"和俄罗斯的"骄子"的最大距离远10~20 km,且其拦截效率极高。C-400防空武器系统的指挥控制系统包括一辆搜索指示雷达车和一辆指挥控制车,火力单元包括一辆相控阵制导雷达车和数辆导弹发射车。每辆发射车上可装载不同类型和不同数量的导弹,导弹发射车外形与C-300ПМУ系列相类似,配置极为灵活。照射制导雷达为先进的相控阵雷达,探测、跟踪距离远,加上电子扫描,可同时完成搜索跟踪目标、制导导弹、反电子干扰、制导多枚导弹和攻击多个目标,尤其适合在未来强烈的电子干扰环境下对付空袭目标。C-400系统的最大特点是可以发射低、中、高空和近、中、远程多达8种型号的导弹,利用各型号导弹性能上的互补,构成多层次、难以突破的防空屏障。该系统所配备的导弹不仅种类多,而且数量也非常大,C-300的发射车原可携带4枚导弹,而现在可携带多达16枚导弹。

近年来,美国逐步构建起以"PAC-3"和"THAAD"等导弹系统为主的战区末段防御系统,俄罗斯也在大力发展从C-400到C-500的一系列防空反导系统。目前,国际上对于防空反导武器系统第四、五代的划分尚无统一观点,但许多学者已逐步认为,随着网络化、信息化等创新技术的加速升级运用,地空导弹武器系统已在近十年来进入第五代的发展阶段。

复 习 题

1. 简述地空导弹武器系统的组成和主要任务。
2. 简述导弹系统的组成和主要特点。

第二章 地空导弹总体技术

第一节 概 述

导弹总体参数选择与气动外形确定,是导弹研制过程中首先遇到的问题,其任务就是根据武器系统的战术技术指标,合理地选定导弹的主要总体参数,并据此确定出满足各方面要求的导弹空气动力外形。

由于导弹是一次性使用的无人驾驶飞行器,故在外形设计上应力求简单,并便于人员使用。地空导弹的总体参数选择与气动外形确定,直接影响着导弹的稳定性和机动性,也影响到对目标拦击的制导精度和杀伤概率。为了有效对付高速、高机动性能的目标威胁,地空导弹既要反应速度快,又要在任何方向上都能提供所需的强机动能力。作为地空导弹设计任务中最重要的一个环节,有关导弹总体参数选择与气动外形的确定目前已形成了一整套行之有效的设计准则和方法。图2-1中虚框部分表示了导弹参数选择与外形设计所涉及的内容、程序与相互关系。

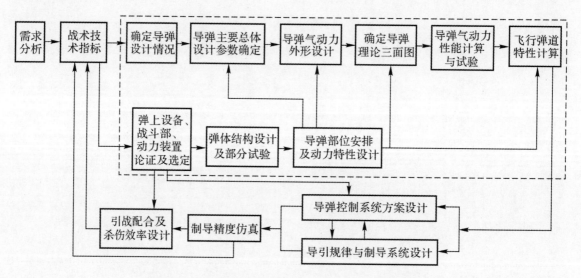

图2-1 导弹总体参数与气动布局设计程序框图

由图2-1可见,上述设计准则和方法特点,是一种反复迭代和逐次接近的过程,通常要经过理论设计循环、地面试验修正循环、飞行试验校验循环后才能完成,同时它又是一个平衡的过程。如果仅从空气动力学、推进系统、控制系统或结构力学等优化角度来设计,那结果将会大相径庭,要求也就无法实现。因此,需要综合平衡各方面的要求,来满足总体设计要求。

第二节　总体参数

确定导弹的主要总体参数及气动布局是通过进行导弹总体设计的一系列工作来完成的。它是导弹总体设计师们在对未来战争需求分析和初步论证的基础上,形成的新型导弹系统的主要技术实现途径、战术技术指标及对弹上系统的技术要求。

一、设计情况确定

由于地空导弹要在很大的作战空域内杀伤目标,因此总体参数的设计情况往往是不同的,要根据战术技术指标要求,对导弹作战过程进行全面分析,从中找出各种最严苛的作战条件,最后综合得出导弹起飞质量、发动机推力和弹翼面积等主要总体参数的设计情况。

(一) 导弹起飞质量 m_0 和火箭发动机推力 $F(t)$ 的设计情况

当导弹空载质量一定时,m_0 与 $F(t)$ 的确定主要依据下述条件。

1. 对全程主动段攻击目标的导弹

(1) 作战距离 R

对主动段攻击目标的导弹来说,作战距离越远,其火箭推进剂消耗量越大,起飞质量也越大。为此,杀伤区最大距离(即杀伤区远界)是 m_0 和 $F(t)$ 的设计情况。

(2) 作战高度 H

由于作战高度越低空气密度越大,导弹所受的空气阻力也越大,为达到相同的速度值,所消耗的推进剂自然越多。从这个意义上讲,在相同距离下,最低高度是 m_0 与 $F(t)$ 的设计情况。然而,由于受地球曲率和雷达多路径效应的影响,实际上不同高度处的最大斜距不完全相同,特别对中远程地空导弹,中高空作战远界比低空超低空远界要大,所以要综合作战距离全面考虑作战高度的影响。

(3) 目标机动过载 n_y

目标机动过载越大,导弹要付出的机动力越大,相应的导弹攻角、空气阻力越大,在最大距离处达到要求的速度所消耗的推进剂量也越大,所以目标最大机动也是 m_0 与 $F(t)$ 的一种设计情况。

2. 对非全程主动段攻击目标的导弹

当前,大部分地空导弹设计为充分利用火箭发动机能量、减轻导弹质量,采用非全程主动段攻击目标的设计方案,即在一部分作战空域内(如作战空域中的中近界),采用主动段攻击目标,在大部分作战空域内(中远界),利用导弹飞行动能,被动段攻击目标。

对这类导弹,m_0 与 $F(t)$ 的设计情况原则上与上述设计条件一致,但在具体的条件上有所区别,如在考虑推进剂质量与发动机工作时间时,既要满足不大于最大轴向过载的要求,又要在杀伤区远界满足飞行时间和导弹最大可用过载的要求。

由上述条件可知,导弹起飞质量与发动机推力的设计情况主要取决于导弹最大的作战距离、最大作战距离处的最低作战高度和目标最大机动过载。显然,制导体制与导引方法等也对确定导弹起飞质量与发动机推力有影响。

(二)弹翼面积设计情况

对于大部分地空导弹,不论采用何种控制方案,如正常式控制、鸭式控制、全动翼控制等,导弹所需机动力主要是靠弹翼提供的。因此,确定弹翼面积是设计情况研究工作的一个主要内容。

1. 最小可用过载设计情况

(1)全程主动段攻击目标的中远程地空导弹

通常作战高度越高,空气密度越小;飞行速度越高,升力系数越小。其综合结果往往是能提供机动的升力较小。在同样高度下,高近界弹道又比高中界、高远界弯曲,所需弹道需用过载大,此时质量又大,故高近界是确定弹翼面积的一种设计情况。

(2)非全程段主动攻击目标的低空近程地空导弹

由于被动段攻击目标时,作战距离增加而速度下降,同样在作战高界,其远界的可用过载要比近界低,尽管高近界弹道需用过载要大些,但综合结果,仍可能在高远界是确定弹翼面积的一种设计情况。

2. 最大需用过载设计情况

以下几种情况可能作为确定弹翼面积的设计情况。

1)相同高度,作战距离越近,其飞行弹道越弯曲,所需用过载也就越大。

2)相同作战斜距,航路捷径越大,其弹道也越弯曲,其需用过载也越大。

3)目标机动越大,飞行弹道也越弯曲,需用过载也越大。

根据上述分析,要分别找出最大需用过载设计情况与最小可用过载设计情况,经综合后找出所需弹翼面积的设计情况。

大部分地空导弹主要机动过载由弹翼提供,采用上述设计情况来确定弹翼面积是合适的;但对近代发展起来的大攻角飞行的气动布局,如条状翼布局或无弹翼布局,弹翼提供的机动过载越来越小,甚至发展到零,在此情况下,就要综合考虑弹身与舵面提供的机动过载。

(三)舵面设计情况

在线性化设计范畴内,舵面面积的确定和弹翼面积一样,取决于可用过载设计情况。也就是在弹翼面积确定后,根据最大使用攻角和静稳定度来确定舵面面积和舵偏角。

在空气动力特性出现较大非线性的情况下,往往出现确定弹翼面积设计情况与舵面设计情况不一致的问题,需要通过分析计算,找出舵面的设计情况。如对某全程主动段攻击的防空导弹,其纵向力矩系数随攻角出现明显的非线性,而且"×"字形布局与"十"字形布局也有所不同。图2-2给出了此导弹在高远界两种不同配置("×"与"十"字形布局)的力矩系数 m_a 随攻角 α 的变化曲线。从中看出在较大攻角范围,两者差别尤其明显,"×"字形飞行较"十"字形出现更大的非线性。由图中曲线得出,在同一攻角下,"十"字形静稳定度大,说明在同一攻角下,"十"字形布局需要舵面付出的控制力矩要大,为此,舵面的设计情况就要选在高远界"十"字形飞行状态(即斜平面飞行)。如在高远界速度最大,则这种非线性差别将会变得更严重,有时甚至按"十"字形设计将会比按"×"字形设计的舵面面积大一倍。

如果控制面采用燃气舵,尽管所提供控制力的形式不一样,但对燃气舵的设计要求与空气舵是一样的。

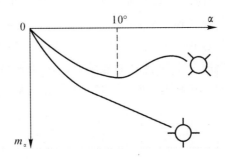

图 2-2 两种飞行姿态下力矩系数变化曲线

(四)副翼设计情况

1. 常规布局的副翼设计情况

在导弹气动外形设计时,通常不单独研究副翼设计情况;而在大攻角使用情况下,非线性空气动力对副翼面积的确定起决定作用。根据空气动力理论,在线性空气动力范围内,轴向对称布局的导弹(如"×"字形配置),在任意滚动角 γ 下滚动力矩为零,为此,不需要副翼付出控制力矩来克服空气动力不对称产生的滚动力矩。实际上,空气动力性能不是线性的,特别是随着飞行攻角的增加,导弹头部气流分离形成的旋涡,对后部翼面处产生不对称的下洗流,这种不对称洗流产生非线性滚动力矩。图 2-3 给出了"×"字形配置在不同滚动角下的滚动力矩系数 m_y,从中看出在 $\gamma=22.5°$ 附近将出现较大的滚动力矩。

在杀伤区高远界,所需攻角大,飞行速度也大,非线性滚动力矩自然大,而此时由于空气密度小,副翼法向力系数小,所以控制力矩小。为平衡非线性滚动力矩与其他不对称带来的滚动力矩,需要付出很大的控制力矩,这可能成为确定副翼面积(或偏角)的设计情况。

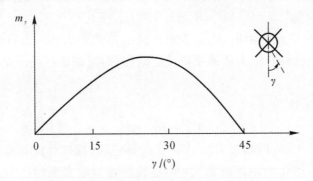

图 2-3 滚动力矩系数随滚角的变化曲线

在某中远程地空导弹研制中,由于副翼采用较大的展弦比,使同样的面积下滚动控制力矩增加了近 40%,解决了高空滚动控制力矩不足的问题。

2. 非常规布局的副翼设计情况

随着飞行控制与计算机技术等的飞速发展,导弹总体设计师们正在发展 BTT(Bank to Turn Technology)导弹技术,即倾斜转弯技术。它的特点就是采用与飞机类似的"一"字形配置翼面,当攻击目标时,控制导弹快速滚转到需用过载方向。这种先进的控制方式与布局将给导弹性能带来明显的好处。对这种 BTT 布局的导弹,其副翼的功能已不再局限于滚动稳定的需要,而要作为控制手段,快速产生控制力矩来满足滚动角速度的要求。因此,对这类非常规布局的导弹来说,要根据全空域内飞行控制的特点来寻求确定副翼面积及其偏角的设计情况。

(五)铰链力矩设计情况

在控制面设计中,铰链力矩设计将是一个重要问题,它不但直接影响舵机功率大小,而且若设计不当,在飞行过程中控制面将会出现较大的反操纵。反操纵对某些以气压舵机组成的舵系统将是灾难性的,有时甚至会引起系统发散,造成导弹空中解体的严重事故。因此,在控制面设计时,要考虑控制面弦向压心中心变化尽可能小。

对各种地空导弹来说,铰链力矩设计情况是不完全一致的,通过对全空域飞行控制弹道的分析,综合出铰链力矩最大设计点作为设计情况,再加上控制系统对舵面偏转速率的要求,来确定舵机功率。

二、速度特性与发动机推力特性

下述主要论述平均速度、最大速度与发动机平均推力设计问题。

(一)速度特性设计

根据杀伤空域、拦截目标、制导精度及目标探测跟踪距离等总体性能要求,对导弹平均速度 V_{av} 与最大速度 V_{max} 等提出要求。根据下式可以估算出目标最大有效有踪距离:

$$L_R = R_{max} + V_T(t_{max} + t_R) \qquad (2-1)$$

式中,L_R 为目标最大有效跟踪距离;R_{max} 为杀伤区远界的距离;V_T 为目标飞行速度;t_{max} 为导弹飞行到遭遇点的最长时间;t_R 为武器系统反应时间,即跟踪雷达给出第一次目标指示到导弹发射的时间。

导弹远界的平均速度为

$$V_{av} = R_{max}/t_{max} \qquad (2-2)$$

由式(2-1)、式(2-2)可知,当 R_{max},V_T 与 t_R 确定后,能选择的就是 L_R 与 V_{av}。导弹平均速度越小,要求跟踪雷达作用距离就越大,而这往往是很难实现的。为此,在系统设计时,要经过对 L_R 与 V_{av} 协调平衡,才能提出对导弹平均速度的要求。导弹速度特性就是在满足此要求的前提下,根据需要与可能,设计出满足各方面要求的导弹飞行速度变化曲线。

通常根据导弹纵向运动方程式和选定的发动机特性,可以初步估算出导弹的速度特性曲线,即

$$m\frac{dV}{dt} = F\cos\alpha - X - mg\sin\theta \qquad (2-3)$$

式中：m 为导弹质量；V 为导弹的飞行速度；F 为火箭发动机推力；X 为气动阻力；g 为重力加速度；θ 为飞行弹道倾角。

由式(2-3)可知，如选定了推力曲线 $F(t)$，则可以方便地计算出 $V(t)$ 曲线。

分析表明，全程主动段攻击导弹与部分被动段攻击导弹的推力曲线设计的出发点是一致的，即均需满足各特征点平均速度与机动过载的需要，且最大推力要满足弹体结构设计与弹上环境条件要求。

(二) 推力特性设计

火箭发动机平均推力可由下式表示，即

$$F_{av} = m_F I_a / t_F \tag{2-4}$$

式中：m_F 为发动机推进剂质量；t_F 为发动机工作时间；I_a 为发动机比冲。

当确定了发动机工作时间、比冲和推进剂质量后，就可得出平均推力值 F_{av}。

根据全空域弹道设计需要，在发动机的总冲与比冲确定的前提下，通过优化推力曲线来满足速度特性要求，最后可得出需要的推力曲线。

三、弹翼面积

(一) 弹翼面积的计算公式

弹翼面积主要取决于对导弹的机动性要求，也就是根据机动过载的设计情况来确定弹翼面积。弹翼面积的计算公式为

$$S_W = k \frac{m n_k}{C_{YWB}^{\alpha} \alpha_{max} q} \tag{2-5}$$

式中：q 为飞行动压；m 为导弹质量；n_k 为导弹可用过载；C_{YWB}^{α} 为翼身组合段升力系数斜率；α_{max} 为导弹允许的最大可用攻角；$k = C_{YWB}/C_Y$，C_{YWB} 为翼身组合段升力系数，C_Y 为由弹身、翼身段与舵身段三部分升力系数合成的全弹升力系数。

k 值表示翼身段升力系数占全弹升力系数的百分比，与导弹的气动布局有关。如对静稳定导弹，鸭式布局的 k 值比正常式布局或全动翼布局的都要小。为此，鸭式布局导弹的弹翼面积要小一些；如采用静不稳定导弹，则正常式布局的尾翼法向力与弹翼法向力同方向，k 值就明显减小，弹翼面积也就可以减小。

(二) 可用过载 n_k 的确定

设计弹翼面积关键是确定 n_k 值。对大部分被动段拦截目标的导弹来说，高空远界可用过载最小，它可能是可用过载设计中应考虑的情况。可用过载可表示为

$$n_k = n + \Delta n \tag{2-6}$$

式中：n 为弹道过载；Δn 为过载余量。

式(2-6)中过载余量 Δn 是导弹为补偿质量、纵向加速度和控制指令起伏所需要的机动过载，这是导弹实现制导所必需的，否则就会增加脱靶量。

通常，对低空近程地空导弹，为满足在远界高概率的拦截目标要求，过载余量取 $5 \sim 7$；对

中高空地空导弹,过载余量就要求比低空导弹小些。

(三) 导弹最大可用攻角 α_{max} 的选定

由式(2-5)可知,当最大可用攻角 α_{max} 提高时,为满足要求的可用过载 n_k,其弹翼面积可成比例地缩小,但可用攻角不能随意增大,因为其增大受以下因素限制。

1. 受气动力非线性的限制

随着使用攻角的增大,导弹空气动力性能出现明显的非线性,特别反映在纵向静力矩特性更是如此。图2-4给出了某两型导弹力矩系数随攻角的变化曲线。

由图2-4可以看出,随着攻角的增大,这两型导弹的力矩系数都出现明显的非线性,到了某个攻角范围,力矩系数随攻角变化缓慢,甚至可能出现零值。当力矩曲线斜率为零时,所对应的攻角为极限攻角 α^*,此时出现中立稳定,攻角再增大,将会出现静不稳定。

因此,对应大部分按静稳定准则设计的导弹,其允许最大可用攻角应满足:

$$\alpha_{max} < \alpha^* \tag{2-7}$$

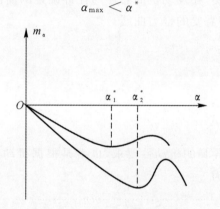

图 2-4 力矩系数变化曲线

2. 受三通道交叉耦合的限制

当攻角增大到25°~30°以后,在低速飞行时,弹身头部将会出现严重的不对称体涡,这不但会引起法向力,同时还产生了侧向力和诱导滚动力矩,造成了俯仰、偏航和滚动三个通道耦合。风洞试验表明,所产生的侧向力是随机的,它随攻角增加而增大。

在高马赫数下,有侧滑角的组合情况同样出现这种三通道的耦合,而这种交叉耦合给控制系统工作带来很大的困难。为了保证系统的稳定性,要限制三通道的交叉耦合,根本上就是要限制最大使用攻角。

3. 受引战配合效率的限制

随着攻角增大,战斗部动态飞散角的不对称将加剧,不同方位脱靶时战斗部破片覆盖目标的面积和位置不同,使引战配合及战斗部杀伤效率不同。为此,从引战配合效率角度考虑,要求可用攻角不要太大。

4. 受其他条件的限制

最大可用攻角除受上述因素限制外,有时还受使用发动机形式的限制,如采用冲压发动机,则受发动机对最大使用攻角要求的限制等。

四、舵面面积

气动控制面设计包括确定舵面与副翼面积和偏角。

(一) 确定舵面面积

在空气动力线性范围内,导弹在舵面偏转下,其全弹升力可表示为

$$Y = Y^{\alpha}\alpha + Y^{\delta}\delta \tag{2-8}$$

式中:α 为攻角;δ 为偏航角;$Y^{\alpha} = C_Y^{\alpha} \cdot \frac{1}{2}\rho V^2 S$,为全弹升力线斜率;$Y^{\delta} = C_Y^{\delta} \cdot \frac{1}{2}\rho V^2 S$,为舵面升力线斜率。其中,$S$ 为参考面积,ρ 为空气密度,V 为导弹飞行速度,C_Y^{α} 为升力线斜率,C_Y^{δ} 为舵偏角变化下升力系数的变化率。

若导弹处于静平衡条件下,则有

$$M_z^{\alpha}\alpha = M_z^{\delta}\delta \tag{2-9}$$

式中,$M_z^{\alpha} = Y^{\alpha}(X_T - X_d)$,$M_z^{\delta} = Y^{\delta}(X_T - X_P)$,其中 X_T 为导弹质心离头部尖端距离,X_d 为导弹压力中心离头部尖端距离,X_p 为舵面压力中心离头部尖端距离。即

$$Y^{\delta} = \frac{Y^{\alpha}(X_T - X_d)\alpha}{(X_T - X_p)\delta} \tag{2-10}$$

在弹翼面积和舵面面积设计情况已确定,且 $\alpha = \alpha_{\max}$,$\delta = \delta_{\max}$、静稳定度 $(X_T - X_d)$ 及舵轴位置 X_p 等已确定的情况下,根据舵面选定外形的升力系数 C_Y^{δ},即可求出舵面面积 S_T。

上述估算出的舵面面积是第一次初步的估算值,经过反复迭代优化,可能得出所需的舵面面积、舵偏角及合适的外形。

(二) 确定副翼效率

确定副翼效率意味着要确定副翼面积、副翼偏角和副翼翼展,特别是翼展。这对舵面效率影响不大,而对副翼效率 $M_x^{\delta_e}$ 却影响甚大,即

$$M_x^{\delta_e} = Y^{\delta} l_e \tag{2-11}$$

式中,l_e 为一对副翼舵压力中心的展向距离,翼展越大,l_e 也越大。根据上述副翼舵设计情况,可以确定副翼舵面积,则有

$$M_x^{\delta_e}\delta_e = M_x + \Delta M_x \tag{2-12}$$

式中:M_x 为设计情况下所产生的最大滚动力矩;ΔM_x 为根据经验所需增加的副翼效率余量。

对于单独作副翼用的气动外形设计,可按式(2-12)设计副翼舵。如果是舵面与副翼舵合在一起,既作舵面,又起副翼舵作用的气动外形,则选定控制面外形及面积和偏角时,两者都要满足。

应当指出,导弹舵面效率和副翼效率设计必须考虑导弹附仰、偏航和滚动三个方向运动的动态特性。这必须和导弹控制稳定系统进行一体化设计,并通过仿真试验甚至飞行试验才能最后确定控制面参数。

(三) 铰链力矩设计

在舵系统设计时,首先要确定负载力矩,而负载力矩为

$$M_D = M_j + M_f + M_i \qquad (2-13)$$

式中,M_j 为铰链力矩;M_f 为摩擦力矩;M_i 为操纵机构的惯性力矩。

通常,舵系统的 M_f 与 M_i 基本是恒定的,且数值较小,而 M_j 是负载力矩的主要项。因此,如何正确计算铰链力矩,并控制铰链力矩在某一设定范围,是舵面气动力设计的重要方面。由于舵面控制力是根据机动过载要求设计的,所以铰链力矩设计实际上是压力中心与舵轴之间距离(力臂)的设计。对某些舵系统,如以气压舵机操纵的舵系统,不但要控制铰链力矩的大小,而且对反操纵量有严格要求。当反操纵量达到某一数值时,将会引起系统发散的严重后果。

五、燃气舵

燃气舵安装在发动机喷管出口处(喷口内或喷口外),利用燃气流作用在燃气舵上产生的力,实现对导弹俯仰、偏航和滚动等三个方向的控制。空气舵是依靠空气流的作用,产生气动力与控制力矩。当燃气舵用作垂直发射导弹快速转弯时,燃气舵提供的控制力,除了要满足导弹快速转弯要求外,还要有足够的能力用来克服大攻角下由不对称涡引起的偏航力矩和滚动力矩。

通常在燃气舵设计时,要求控制力大,推力损失小,压力中心随舵偏角和烧蚀变化的移动量要小,且烧蚀率符合要求,使用维护方便。因此,在燃气舵外形设计上,除了要考虑与气动舵一致的展弦比、根梢比、前缘后掠角、翼剖面形状与相对厚度外,还要考虑燃气舵处在高温、高速、多相流动冲刷等特殊的工作环境。

六、前翼

前翼通常用于正常式布局的导弹。设计前翼的目的,是在部位安排与气动布局已定的条件下,解决导弹对静稳定性的要求。前翼是调节静稳定性的有效措施。

大量风洞试验与飞行试验结果表明,对正常式气动布局的导弹来说,在头部曲线段附近设置小翼面,由于前翼对后翼面下洗的影响,其自身产生的升力被其后翼面洗流损失的升力近似抵消,而全弹压力中心却有一定幅度的前移。因此,在导弹总体设计上,常选取不同前翼面积来满足静稳定性调节需要。

第三节 气动外形

导弹外形设计涉及气动布局的形式和外形几何参数的确定,它是导弹研制过程中首先遇到的系统设计问题,也是导弹初步设计工作中的一个重要组成部分。一个导弹外形的确定,绝不是空气动力工程师单方面的工作,而是导弹领域中各方面专业人员共同努力的结果。为此,导弹外形设计的任务,就是在确定了导弹主要设计技术要求和选定了弹上主要设备和推进系统、战斗部等的基础上,分析研究外形配置与几何参数的影响,设计出具有良好气动力性能和满足机动性、稳定性和操纵性要求的导弹外形。

一、气动布局与控制特点

(一)气动布局的要求

气动布局设计必须满足以下具体要求:

1)满足导弹战术技术指标和弹上各系统工作要求;

2)充分利用最佳翼身干扰和翼面间干扰以及外挂物与翼身的干扰,设计出最优升阻比的外形配置;

3)在作战空域内,导弹要满足机动性、稳定性与操纵性要求;

4)通常要保证在最大使用攻角范围内的空气动力学特性,特别是力矩特性,尽可能处于线性范围,减少非线性对系统带来的不利影响,研究适合大攻角飞行的布局形式;

5)气动控制面设计要保证在使用攻角和速度范围内,压力中心变化尽可能最小,以减少铰链力矩对伺服系统设计的过高要求;

6)便于运输、贮存与实战使用。

(二)弹翼沿弹身径向布置形式

根据作战任务与实际需要,弹翼沿弹身径向布置主要有如图 2-5 所示的几种形式。

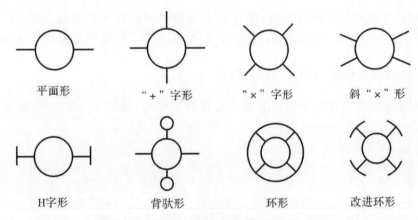

图 2-5 弹翼沿弹身径向布置的几种形式

1. 平面形

平面形布置是由飞机移植而来。它与其他多翼面布置相比,具有翼面少、质量轻、阻力小的特点。由于航向机动靠倾斜才能产生,因此,航向机动能力低,响应时间慢,多用于远距离飞航式导弹。

为了发挥平面形布局的优点,克服它的缺点,伴随控制技术的进展,出现了倾斜转弯技术(BTT)。它利用控制高速旋转弹体的技术,使平面翼产生过载的方向始终对着要求机动的方向。这样,既充分利用了平面形布置升阻比大等优点,又满足了地空导弹在任何方向具有相等机动过载的要求。

2. "十"字形与"×"字形

这两种翼面布置的特点是各个方向都能产生最大的机动过载,且在任何方向产生升力都具有快速的响应特性,这就大大简化了可控制与制导系统的设计。然而,由于翼面多,必然质量大,阻力大,升阻比低,为了达到相同的速度特性,需要多损耗一部分能量。同时,在大攻角情况下,将引起大的滚动干扰。随着BTT技术的发展,采用"一"字形和非圆截面弹体提高升力,采用4个舵面进行俯仰和滚动控制,并消除侧滑的布局方案将成为可能。

3. 背驮形

这种布置的目的是为了安装外挂式发动机。美国的"警犬"地空导弹就是采用这种形式。这种布置既可提高发动机的进气效率,简化导弹部位安排,也可利用发动机头锥对翼面的有利气动干扰来改善空气动力性能。然而,这种气动干扰如果应用不当,将会带来灾难性的后果,且这种布置也会给结构设计带来额外负担。

4. 环形翼

鸭式舵控制有很多优点,但其对翼面产生的反滚动力矩是一个缺点,特别在鸭式舵既起舵面又起副翼作用的情况下更为严重。研究表明,环型翼布置具有克服反滚动力矩的效果,但这种布局纵向性能差,阻力大。试验数据表明,在超声速情况下,阻力要比通常弹翼增加16%~22%,并存在着滚动发散现象,同时结构也较复杂。

5. 改进环形

由T字型翼片组成的改进环型翼,既具备了克服鸭式舵带来的反滚力矩问题,又具备了较环型翼更高的升阻比,结构简单,并可使鸭式舵与副翼合一的气动布局成为可能。

(三)翼面沿弹身纵向配置形式与控制特点

按照弹翼与舵面沿弹身纵轴相对配置关系和控制特点,通常有6种布局形式。其中鸭式布局与正常式布局是最常用的形式。

1. 正常式布局

(1) 配置形式

正常式布局弹翼配置在弹身中段,舵面处于弹身尾段,且两组翼面通常为×-×型配置,其布局形式如图2-6(a)所示。有时为了满足全弹道飞行的静稳定性与机动性要求,在弹身头部配上一组固定小前翼或可调节的小前翼。

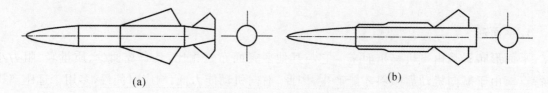

图2-6 正常式与正常式改进型条状翼气动布局
(a)正常式气动布局; (b)条状翼气动布局

伴随空中威胁目标的发展,要求地空导弹提高可用过载,而提高使用攻角是一种有效的途径,为此出现了小展弦比大后掠角弹翼的布局。这方面的进一步发展,就成了极小展弦比的条状翼,如图 2-6(b)所示。研究表明,采用这种条状翼作弹翼,可以充分利用翼体干扰来提高升力,减小结构质量和阻力,且压力中心变化小,有利于布局的设计和设备的安排。由于翼展小,适于舰上使用和箱式发射,如美国的"标准"导弹就是典型的条状翼布局。

(2)正常式气动布局的特点

对正常式气动布局的受力情况分析表明,在静稳定布局的条件下,由于舵面负偏转角产生一个使头部上抬的俯仰力矩,所以舵面偏转角和弹体攻角相反,舵面产生的控制力的方向也始终与弹体攻角产生的升力方向相反。因此,导弹响应特性就比较差,与全动翼和鸭式控制相比,正常式响应特性是最慢的;但是,由于其弹翼固定不偏转,对其后舵面带来的洗流影响要小些,空气动力的线性程度要比其他两种布局好,再加上某些布局安排上的优点,许多地空导弹还是采用了这种布局。

2. 无翼式布局

随着空中威胁的发展,要求地空导弹具有很高的机动性,也即要求导弹能提供大的机动过载和舵面效率。这种要求可由增大升力面来实现,也可由提高使用攻角来达到。增大升力面导致了阻力和质量的增加,从而使全弹起飞质量和几何尺寸增加,降低了导弹的战术技术性能和使用维护性能。因此,无翼式气动布局近些年被愈来愈广泛地采用。无翼式气动布局如图2-7所示。

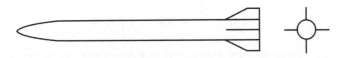

图 2-7 无翼式气动布局

这种布局具有细长弹身和"×"字形舵面,最大使用攻角可由通常的10°～15°提高到30°;最大使用舵偏角度可由20°增加到30°。这样,既可达到减小结构质量和零升阻力的目的,又有利于解决高、低空过载要求的矛盾。大量研究表明,这种布局具有以下特点:易满足所需要的过载特性;大大改善非对称气动力特性;舵面效率较高,纵向静稳定性满足需要;质量和气动阻力较小;结构简单,操作方便,使用性能好。

3. 鸭式布局

(1)鸭式布局的形式

这种布局的翼面配置与正常式相反,舵面位于弹身前部,弹翼位于弹身的中后部,其布局形式与受力情况如图 2-8 所示。法国的"响尾蛇"地空导弹就采用了这种气动布局。

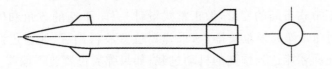

图 2-8 鸭式气动布局

(2)性能特点

由图 2-8 可以看出,鸭式舵偏转方向始终与攻角一致,故其升阻比大;由于舵直接提供升力,故其反应快;由于舵在前部,其舵面效率高;舵面与安定翼远离质心,便于静稳定度的调整;

由于舵面翼展小,面积小,对其后翼面下洗影响小,但由于鸭式舵在翼面前,舵面产生的升力近乎被下洗而减少的部分抵消,全弹升力几乎与舵面升力无关。综上种种特点,使许多防空导弹采用这种布局,特别是中近程防空导弹尤多采用。

鸭式布局的主要缺点是鸭式舵面很难作滚动控制。当鸭式舵作副翼偏转时,舵面后缘拖出的涡在尾翼处形成不对称洗流场,在尾翼上诱导出一个与鸭式舵产生的滚动力矩相反的滚动力矩,称之为诱导滚动力矩。这个力矩会减少甚至完全抵消鸭式舵的副翼效率,有时甚至会产生与舵偏效果相反的滚动力矩。为此,作为这种布局的解决办法,一般采用两套控制面与控制机构,前面鸭式舵专起俯仰、偏航控制作用,其安定翼上加后缘副翼作滚动控制。

4. 全动弹翼布局

全动弹翼布局为弹翼可偏转控制,而尾翼是固定的布局形式。正常式或鸭式布局控制都是通过偏转舵面,使弹体绕质心转动,从而改变攻角来产生升力,而全动弹翼布局主要依靠弹翼偏转直接产生需要的升力。这种布局的常用形式如图2-9所示。

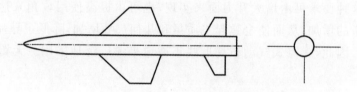

图 2-9 全动弹翼式气动布局

由图2-9可见,通过逐渐增大鸭式舵面,并且把鸭式舵后移,同时减小固定安定翼的面积,最终可形成这种全动弹翼布局。为此,尽管全动弹翼布局有它独特的性能,但它还是鸭式布局的变形布局。意大利"斯帕达"防空导弹与美国的"黄铜骑士"舰空导弹就采用了这种气动布局。

全动布局的优点是:动态特性好,系统响应快,过渡过程振荡小;飞行攻角小,有利于吸气式发动机进气道设计和采用自寻的制导的布局设计。缺点是:升力小,阻力大,铰链力矩大,且空气动力具有明显的非线性,给控制系统设计提出较高的要求。因此,它一般多用于近程导弹和要求较小攻角飞行的导弹上。

5. 无尾式布局

在保持短翼展的前提下,要求增大翼面来增加机动过载,就得采用增长弹翼根弦的小展弦比大后掠翼。这样使弹翼增大到与尾翼连在一起,在结构上弹翼与尾翼连在一起,取消了单独的尾翼,把尾翼直接装在弹翼的后缘,就成了这种无尾式气动布局。

无尾式布局是正常式布局的变形,像正常式设计一样,平衡的攻角和舵偏角符号相反,即$\alpha/\delta<0$。它的主要问题是弹翼很难安排,如果弹翼位置放得偏后,使稳定性过大,需要有过大的舵偏角或采用大舵面才能达到预期的机动过载;如果弹翼位置放得偏前,又会降低舵面效率与气动阻尼。

由于无尾式布局具有以上特点,故适用于高空高速的防空导弹上,美国"霍克"地空导弹就采用了无尾式气动布局,其后缘尾翼既起舵面作用,又起副翼作用,其外形如图2-10所示。

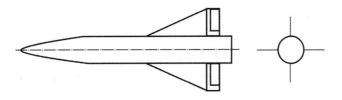

图 2-10　无尾式气动布局

6. 自旋式单通道控制导弹布局

自旋式单通道控制导弹，是由炮弹自旋稳定概念演变而来的，最初用于反坦克导弹，后来逐步用于小型近程防空导弹上。这种导弹通常采用鸭式布局，通过调整弹翼的安装角，或筒内旋转加发射后弹翼上的调整片，或者使发动机喷口倾斜，来获得导弹旋转需要的控制力，通常导弹旋转速度在 $5\sim15$ r/s。其典型的布局外形如图 2-11 所示。

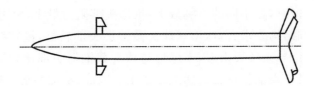

图 2-11　旋转单通道控制气动布局

这种导弹布局采用单通道控制，用一对鸭式舵面或一对燃气舵产生控制力来控制导弹的空间运动，它较其他双通道控制简单。由于要采用一对舵面在空间任意方向产生控制力，就需要舵面偏转规律采用继电式脉冲调宽控制方式。当舵面输入正信号时，舵面处于正的最大偏角；当舵面输入负信号时，舵面偏角为负的最大角。旋转一周其合成控制力的最大值约为瞬时控制力的 64%。

这种控制形式的弹上控制系统简单，设备尺寸和质量小，再加上翼面做成可折叠式，大大缩小了径向尺寸，使发射装置小型化，形成了单兵肩射的防空武器的主要布局形式；它最大的缺点是控制效率较低，所以只能用于机动性要求较低的导弹。同时，由于旋转导弹在整个飞行过程中均处于非定常状态，其空气动力特性不仅取决于瞬时攻角、舵偏角和转速等，而且还取决于它们随时间的变化率。由此给自旋导弹空气动力性能设计与计算带来了一定的难度。

除了上述的 6 种布局的控制形式外，还有喷气推进布局和随控布局。前者利用喷气推进的反作用力来进行控制，后者通过控制前翼面积（如伸出或缩进弹身）来控制静稳定度。

二、弹身外形

弹身的功用是装载有效载荷、各种设备及推进装置等，并将弹体各部分连接在一起。通常，弹身由头部、中部和尾部组成，故弹身的外形设计，就是指头部、中部、尾部的外形选择和几何参数确定。

(一)弹身几何外形的选择

1. 头部

头部外形通常有锥形、抛物线形、尖拱形、半球形和球头截锥形等数种,其外形如图2-12所示。

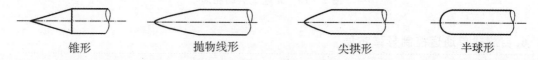

图 2-13 几种头部外形示意图

选择头部外形,要综合考虑空气动力性能(主要是阻力)、容积、结构及制导系统要求,其中制导要求往往是决定因素。通过比较,各种头部外形性能各具特点:从空气动力性能看,当头部长度与弹身直径比一定时,在不同的马赫数下,锥形头部阻力最小,抛物线头部适中,而球形头部阻力最大;从容积和结构要求看,球形和球头截锥形头部较好,抛物线形和尖拱形头部一般,而锥形头部较差;从制导系统要求看,半球形与球头截锥形头部比较适合红外导引头工作要求,抛物线头部与尖拱形头部较符合雷达工作要求。因此,头部外形要根据具体指标要求综合确定。应当指出,半球形头部前端加针状物可以改变激波状况,减小阻力。

2. 尾部

尾部形状通常有平直圆柱形、锥台形和抛物线形三种。为满足特殊需要,也有倒锥形尾部等。其外形如图2-13所示。

图 2-13 几种尾部外形示意图

尾部外形选择主要考虑内部设备的安排和阻力特性,在满足设备安排的前提下,尽可能选用阻力小、加工简单的尾部外形,如锥台形尾部。

3. 弹身中部

弹身中部一般为圆柱形,但也有的地空导弹弹身中段采用台锥形和非圆截面,以提高导弹升阻比和减小弹身压力中心的变化量。

(二)弹身几何参数的确定

弹身的几何参数包括头部长细比、尾部长细比、弹身长细比和弹身直径等。其中,头部长细比对头部阻力影响较大,而头部阻力又占弹身阻力的很大部分,头部长细比越大,阻力系数越小;尾部长细比和收缩比的确定是在设备安置允许的条件下,按阻力最小的要求来确定的,尾部长细比和收缩比增加,尾部阻力减小,但又会带来负升力和负力矩,所以要综合考虑各方面因素;弹身长细比增大,波阻系数减小,但摩擦力因数又增大,故在某一特定马赫数下弹身长细比有一个最优值;弹身直径的确定,往往受发动机直径、导引头、战斗部直径等影响,另外还与导弹生产的工艺和设备等有关。

三、弹翼与控制面外形

弹翼与控制面外形设计,对全弹空气动力特性和总体性能有重要影响,而且它还直接影响翼面结构强度与刚度等性能。

(一)弹翼(或控制面)的主要几何参数

弹翼(或控制面)外形的主要几何参数包括翼弦、相对厚度、翼展、后掠角、展弦比和尖削比等。

(二)主要几何参数对弹翼(或控制面)的影响

弹翼的平面形状由前缘后掠角、展弦比、尖削比和翼面积决定。

展弦比增大,会使翼面升力曲线斜率增加,但随着马赫数的增加,这一影响会变得越来越不明显;对一定的翼展,展弦比增加会使平均几何弦长减小,而使摩擦阻力增加,也会使波阻增加,特别在低速时更为明显。可见,对展弦比的选择既要照顾升力特性、阻力特性,又要满足实际使用的需要,因此往往存在着一个性能的折中。

翼面后掠角主要对阻力特性有影响。采用后掠翼主要有两个作用:一是提高弹翼的临界马赫数以延缓激波的出现,使阻力系数随马赫数提高而平缓变化;二是降低阻力系数的峰值。为此,大多数低超声速导弹,均采用大后掠角弹翼,速度再提高后,延缓激波出现已对降低波阻无实际意义,故高速导弹常不需要采用大后掠角弹翼。

在其他几何参数不变的情况下,翼面尖削比对空气动力特性影响较小,但三角翼的升阻比要较梯形翼稍高些。

随着相对厚度的增加,阻力也相应增加,为此在满足刚度的前提下,要求相对厚度尽量小些,相对厚度对阻力的影响在高速时要比低速时更大,所以低速翼面一般相对厚度可大些。

总之,对控制面几何参数的确定,除了考虑上述弹翼的影响因素外,还要考虑控制面所遇到的一些特殊问题,如为尽量减少铰链力矩,要求压力中心变换要小等。

四、气动布局与稳定性

在导弹气动布局设计时,研究、协调并确定静稳定度(或静不稳定度)要求,是导弹总体设计的重要任务之一。

通常为了保证导弹在飞行中具有良好的稳定性,经典的设计方法是把导弹气动布局设计成具有足够的(或一定的)静稳定度。这是多少年来导弹总体设计上一直沿用的方法。

导弹在飞行中,当舵偏角为零时,如压力中心位于质心之后,称为静稳定;压力中心位于质心之前,称静不稳定;压力中心与质心重合,称为中立稳定。导弹处于静稳定设计下,当受到外力干扰时,姿态角会发生变化,但干扰去掉后,在无控制情况下,能恢复到原来的状态;静不稳定不能恢复到原来的状态;同样,中立稳定与静不稳定相类似,干扰去掉后也不能恢复到原始状态。

导弹在飞行中,速度由亚声速加速到超声速,甚至达到高超声速,压力中心位置有较大的变化;而随着推进剂的消耗,其质心位置也发生相应的变化,这些变化将导致导弹稳定性随飞行过程而改变。显然,传统的静稳定导弹设计,对导弹总体布局提出了苛刻的要求,这就限制了导弹性能的提高和气动效率的改进。

近年来,随着系统工程、自动控制与计算机技术的飞速发展,新一代导弹的要求不断变化,促使导弹设计思想与设计方法发生了很大变化。已采用的综合稳定回路设计技术,可以放宽对静稳定度的要求,实现中立稳定(甚至小的静不稳定)导弹总体布局设计。

采用放宽静稳定度设计后,可使导弹升力加大,升阻比提高,导弹质量减轻,从而提高导弹的机动性;但同时也使导弹自身动态稳定性变差。为保证导弹飞行过程的稳定性,已经采用飞行稳定控制回路(自动驾驶仪)中自适应的增稳措施。

研究结果表明,导弹飞行稳定控制回路允许的最大静不稳定度,与综合稳定回路的频带宽度成正比,与导弹长度成正比,与速度和飞行高度成反比。静不稳定导弹的稳定控制回路作用,不但改善了导弹系统的动态品质,而且使静不稳定导弹在稳定控制回路参与下,变成了飞行稳定的等效稳定导弹系统。

第四节 部位安排与质心定位

一、任务与要求

(一)任务

部位安排与质心定位的任务是对弹上有效载荷(引信、战斗部)、各种设备(如自动驾驶仪、遥控应答机等)、动力装置(如发动机)及伺服系统(如舵机、操纵系统)等进行合理的安排设计,使其满足总体设计的各项要求。

部位安排与导弹外形设计是同时进行的,是一项综合性很强的设计任务,它要与各方面反复协调、综合平衡、不断调整,才能将导弹外形与各部分位置确定下来,才能设计出导弹外形图(三面图)及部位安排图。基于这种设计图计算得到的气动性能与质量、质心、转动惯量等,作为导弹各系统设计的总体参数依据。

(二)要求

部位安排同气动布局的设计一样,都是在满足特定设计要求下确定的,其设计所遵循的基本原则是一致的,都必须满足下述技术要求。

1. 稳定性与操纵性

部位安排设计要保证导弹在整个飞行过程中满足导弹总体对稳定性和操作性的要求。为此,它必须与气动布局和外形尺寸的确定统筹考虑。

2. 工作环境

部位安排要考虑弹上各组成系统的某些特殊要求,以保证其在良好的工作环境下工作。

3. 使用维护

要考虑作战使用与维护检测的需要，以满足导弹快速反应、方便使用的总体要求。

4. 结构与工艺

部位安排为满足空间位置紧凑、设备安排合理、结构质量最小，要求设备与弹体外形间、设备与设备间的形状要协调一致；固定方式与弹体结构形状相适应，并考虑生产加工方便、装配调工艺性好等。

上述要求是互相影响，又是互相矛盾的。部位安排过程中应对各部件的要求具体分析，并协调它们之间的矛盾，保证满足主要性能要求。

二、部位安排

(一)部位安排与稳定性和操纵性设计

部位安排设计的一项重点工作是设计导弹质心位置与全弹压力中心之间的距离，满足静稳定度要求。同时，还要满足操纵性的要求。

(二)部位安排的具体设计

在具体安排弹上设备与发动机系统等时，必须满足它们的某些特殊工作要求，使它们能在良好的环境下工作，以发挥最大的潜力。

1. 战斗部

战斗部属危险部件，又是全弹中质量较大的设备，为便于使用维护与最大可能发挥战斗部的杀伤威力，要求战斗部独立形成一个舱段，并安置在发动机前方；要求战斗部外壳尽可能就是舱体的外壳，其外部不允许有其他较强的结构件(如弹翼、尾翼等)。

2. 近炸引信

近炸引信要求安置于导弹前部，避免其他外部结构件等对引信天线的遮挡，且应尽量靠近战斗部，以免电路引入干扰，影响战斗部动作。对红外近炸引信，应安置在导弹的头部；对无线电近炸引信，天线应安置在前弹身舱段的内表面或外表面。

3. 安全引爆装置

要根据多级保险的机理，选择合适的安装位置。近代安全引爆装置利用发动机热燃气实现一级保险功能，又利用其内部的雷管来引爆战斗部，因此其安装位置一头紧靠发动机前封头，另一头紧靠战斗部。

4. 导引头

由于雷达型或光学型导引头都要求其天线正前方有很大的视野，以进行对目标的搜索、捕获和跟踪，所以凡是采用导引头的导弹，一定将其安置在头部位置。

5. 遥控应答机

遥控应答机的安置应尽量接近遥控天线，而天线要求安装在导弹尾部或安定尾翼的外端，以保证与地面遥控线的畅通。

6. 弹上稳定与控制系统

为测试维护方便,要求弹上稳定与控制系统所属的电子组合与惯性器件安装在一个舱段内,并尽量接近导弹质心。舵系统要求安置在与舵轴相连的舱段内。

7. 推进系统

发动机一般安置在导弹的尾部,对于固体火箭发动机,为解决其质心靠后的问题,常采用长尾喷管的方案;而对于液体火箭发动机,则要求其燃料和氧化剂尽量对称安置在质心附近,以减少推进剂消耗给质心移动带来的影响。

8. 其他要求

部位安排要保证质心变化最小,生产工艺性好,使用维护方便。

三、质心定位

进行部位安排过程中和部位安排之后,都要对导弹进行质心定位计算。质心定位设计要满足静稳定性、操纵性与机动性的要求,具体包括对全弹质心位置的计算和转动惯量的计算。部位安排过程中要反复调整各部件的位置,同时要计算质心位置,所以部位安排及质心定位计算是同时交错进行的。初步确定了各部件位置后再进一步计算导弹在整个飞行过程中质量、质心及转动惯量的变化规律。

(一)质心定位计算

部位安排和质心定位,采用逐渐逼近的过程,其步骤如下:
1)绘制导弹外形及各部件位置划分的简图,并在图中标注出各部件的质心位置和全弹的质心位置;
2)确定各零部件的质心位置,并在图中标注出各部件的质量;
3)计算确定各零部件的质心坐标,一般都是以导弹的理论顶点为坐标原点进行计算;
4)将各零部件对坐标原点(即导弹的理论顶点)取矩,求静力矩;
5)根据力矩平衡原理,求导弹的质心位置。

(二)转动惯量计算

转动惯量计算之前,先对各零部件进行简化,确定计算模型,求出各零部件绕其自身质心的转动惯量,再对过全弹质心的各轴求转动惯量。同样,可将不变质量与可变质量的组元分开计算。

部位安排,质心定位及质量、转动惯量的计算,是相当复杂的。可将这些计算模型经过简化处理之后,编出计算程序,利用计算机辅助部位安排,质心定位及质量、转动惯量的计算。

通过部位安排与质心定位设计,最后可以设计出满足导弹总体要求的导弹理论外形图与部位安排图。

第五节　总体参数确定与优化

一、总体参数的确定原则

在导弹设计中需要分析确定的参数是很多的,但对导弹性能有重要影响的只有少数几个,称之为"主要设计参数"。因此,在设计工作中,首先要分清主要的设计参数,并恰当地确定它们的数值。

导弹的总体设计与战术技术要求关系最为密切,或者说影响最大的参数就是主要设计参数。确定主要设计参数的原则,应该是使导弹性能达到"最优"。具体地讲,就是在规定战术技术要求的条件下,选择设计参数以使消耗的资源最少,成本最低。例如,使导弹燃料消耗最少,导弹起飞质量最小。或者把问题反过来,就是在一定消耗(或同样燃料消耗)的条件下,使导弹飞行性能达到最佳,如使射程达到最大。因此,在导弹初步设计中,常把"导弹起飞质量最小"作为优化的准则。

必须指出,由于导弹的设计参数很多,各主要设计参数不仅与性能参数有关,与设计参数也密切相关。因此,在确定设计参数和进行优化的过程中,根据战术性能要求,优化准则或寻优的"目标"可以有一个或多个。换言之,"导弹起飞质量最小"并不是唯一的优化准则。例如,反坦克导弹设计中,有时常把最快地摧毁目标,即导弹达到一定射程的"飞行时间最短"作为一条优化准则;反飞机导弹设计中,常把"脱靶距离最小"作为优化准则。总之,需要在优化过程中进行多目标决策,这是一个相当复杂的问题。

各主要设计参数之间或主要设计参数与性能参数之间常常存在矛盾。例如,翼展小而翼面大,对提高导弹机动性有利,但弹翼面积大又会使导弹阻力及弹翼结构质量增大。为达到战术性能要求,势必增大燃料消耗量,这就导致起飞质量大。同样,飞行时间短,要求速度高,使阻力损失的燃料消耗量加大,也将导致起飞质量大。因此,确定导弹主要设计参数的过程中,必须妥善解决各种矛盾,寻求真正最优的参数。这种真正最优的参数往往并不是某一参数最优,而是综合考虑各参数关系后,使全局最优的一组参数。

二、主要参数的确定方法

导弹是一个复杂的大系统,设计时需要确定的参数很多,参数之间的关系也很复杂,所以导弹设计方法及设计参数的选择与确定方法是灵活多样的。这里只研究一些主要设计参数的选择与确定的基本原则和思路。归纳起来,处理参数选择与确定的方法有经验试算法和理论分析法两大类型。

经验试算法的基本思路就是,根据战术技术指标,以同类产品的某些设计参数作参考,求解描述各主要设计参数的方程组,经多次循环和逐渐逼近,求得一组比较满意的参数。这种方法的偶然性大,很难得到最优参数,特别是对于复杂的导弹系统,其计算工作量很大,往往经过多次修改也难以得到满意结果。这种方法的优点是直观、明显,通过每一次试算都能取得一定的经验,这些经验在设计开始阶段对分析选择参数是很有参考价值的,所以这种方法在初步设计阶段是简单可行的,有时甚至是唯一可行的方法。

理论分析法则是先建立设计对象运动过程的物理模型和数学模型,系统地研究设计参数的变化对性能的影响,从中找出规律,并按照这些规律确定各设计参数。这种方法能够获得最优解,并能充分利用计算机进行大量的计算和分析研究。其缺点是,对于导弹这样的大型复杂系统,由于影响其系统性能的因素很多,往往为了建立其关系模型,必须进行大量的简化,这就导致计算结果很不准确,有时甚至失去参考价值。特别是在初步设计阶段,很多数据都不具备的情况下,这种方法就很难采用。因此,在实际设计过程中,常常是将经验试算法和理论分析法结合起来使用。

三、参数优化的一般原理

关于优化的一般原理和方法,在第一章中已简要介绍,这里结合导弹主要设计参数的确定再作具体叙述。

(一)基本概念

1. 设计变量、变量区间和变量数目

(1)设计变量

设计变量,又称独立变量,是确定导弹系统或设计方案的一组相互独立(或正交的)的变量,即一组独立的设计参数,如导弹设计的独立变量有起飞质量 m_0、燃料比冲 I_S、推力 F、弹长 L、弹体直径 D、弹翼面积 S_W 等。设计弹翼的独立变量有弹翼面积 S_W、展弦比 λ、梯形比 η、后掠角 χ 等,而弹翼的翼展 $l=\sqrt{S_W \lambda}$,在 S_W 和 λ 作为设计变量后,l 就不能再成为独立变量了。

一组相互独立的设计变量,就代表一个新的设计方案。若一组设计变量有 n 个,分别为 $x_1, x_2, x_3, \cdots, x_n$,则可用向量或矩阵表示为

$$\boldsymbol{X} = \begin{bmatrix} x_1 \\ x_2 \\ \vdots \\ x_n \end{bmatrix} = \begin{bmatrix} x_1 & x_2 & \cdots & x_n \end{bmatrix}^{\mathrm{T}} \qquad (2-14)$$

由于设计变量是向量,因而它就具有几何意义。假设 x_1 与 x_2 分别为向量 $\boldsymbol{X}$ 在相互垂直(正交)的两个轴上的投影分量,由 x_1 和 x_2 决定的向量 $\boldsymbol{X}$ 表示一个确定的设计方案。如矩形弹翼的面积 $S_W = lb$,翼展 l 和弦长 b 就决定了弹翼面积的设计。同样,n 个独立设计变量,可用 n 维空间中的一个向量 $\boldsymbol{X}$ 表示,这些设计变量在 n 维空间内相互正交。向量 $\boldsymbol{X}$ 则表示一个具有 n 个独立设计变量的确定方案。

(2)变量区间与变量空间

优化设计过程中,对每个设计变量进行搜索的范围可大可小,由设计者根据经验事先确定。若区间确定过大(最大为 $-\infty \sim +\infty$),则搜索计算时间长,浪费机时多;若经验丰富,则可估计到最优点的大致区间,从而使搜索范围取小些,这样就可节省机时而很快得到结果;但若范围取得太小,则有可能找不到最优点,所以在把握不大时,可将搜索范围扩大一些。总之,

不管区间大小,总要确定一个搜索范围,对应于每个设计变量所选定的搜索范围称为变量空间。若干个设计变量确定的方案,以各个独立设计变量正交线为轴、以各个变量区间为界所形成一个多维搜索空间称为该设计方案的变量空间,或称为变量搜索空间。例如,二维变量空间是一个有界的矩形平面;三维变量空间是一个有界的长方体;n 维变量空间可设想为一个有界的 n 维封闭体,而空间内任一点集则代表一个设计方案。

(3) 变量数目

关于独立设计变量的数目,在导弹系统的参数选择中,要注意一个普遍的法则,就是设计变量的数目不能少于"等式约束"的数目。这是因为,每一个独立的设计变量都可以看作是设计中的一个自由度,n 个独立设计变量就代表了 n 个设计自由度,而每一个等式约束都是给这些设计变量所加的一个限制条件,都能消去一个独立变量,即消去一个自由度。如果设计参数(变量)数目为 n,等式约束数目为 $n-1$,则独立变量或设计自由度的数目为 $n-(n-1)=1$。在这一个自由度范围内,通常仍可进行参数优化。若等式约束也是 n 个,则选择自由度为零,这时满足约束的解是唯一的,设计参数可以确定,但不存在"优化"问题。若等式约束超过 n 个,则一般情况下系统无解,这种情况说明对设计参数的分析和规定是不恰当的,或者说对该系统所提出的战术技术要求是不合理的,不可能通过设计来实现。

2. 目标函数和质量分析

简单地说,目标函数就是优化的准则,它是评价设计方案好坏的指标。目标函数就是各个独立设计变量 $\boldsymbol{X}(x_1, x_2, \cdots, x_n)$ 的函数,一般用 $f(\boldsymbol{X})$ 来表示。

在对导弹设计参数进行优化的过程中,常常将导弹质量作为评价设计方案的指标。也就是参数选择工作的目标之一,即在满足战术技术要求的条件下,使设计出来的导弹起飞质量越小越好。通过质量分析可以建立导弹质量与各设计参数之间的函数关系,即

$$m_0 = M(F, I_s, m_p, L, D, S_W) \tag{2-15}$$

式中,m_0 为导弹的起飞质量;F 为发动机推力;S_W 为弹翼面积;I_s 为燃料比冲量;m_P 为燃料质量;L 为导弹全长;D 为导弹直径。一般可将导弹质量与各设计参数之间的关系用函数关系式表示为

$$m_0 = M(x_1, x_2, \cdots, x_n) \tag{2-16}$$

若将导弹质量与设计参数间的函数关系作为使导弹设计满足"质量为最小"的设计准则,就称为目标函数,故式(2-16)可写为

$$\min m_0 = M(x_1, x_2, \cdots, x_n) \tag{2-17}$$

然而,"以导弹起飞质量最小为目标函数"这个命题并非是绝对的。在实践中有时会遇到不止一个目标函数的情况。例如,反坦克导弹设计中,一般要求飞行时间越短越好;反飞机导弹设计中,一般要求脱靶距离越小越好。这样,就需在几个目标函数之间进行分析,以寻求某种折中的解决方案,或将多目标决策理论用于优化设计中,以解决导弹总体参数优化的问题。

3. 约束条件

"约束"是指对设计方案或系统所规定的数量要求指标。这些指标以一定的数量或数学表达式描述,并形成对设计参数的限制条件。例如,设计一个导弹系统,在其战术技术要求中确定它必须满足一定的射程、速度、作战高度、机动性、命中精度和威力等,这些指标就构成了导弹主要设计参数的约束条件。

约束条件分为等式约束与不等式约束两种。当要求性能指标等于某个定值,约束条件用等式描述时,称为等式约束;当要求性能指标大于或小于某个值,约束条件用不等式描述时,称为不等式约束。一般表示为

$$\left.\begin{array}{l} g_i(\boldsymbol{X}) = 0 \quad (\text{等式约束}) \\ g_i(\boldsymbol{X}) > 0 \text{ 或 } g_i(\boldsymbol{X}) < 0 \quad (\text{不等式约束}) \end{array}\right\} \quad (2-18)$$

例如,在导弹设计中,通常进行弹道分析,就是把导弹射程与导弹设计参数间的关系用数学式表达出来,并按战术技术要求,写成一个关于各设计参数 $x_i(i=1,2,\cdots,n)$ 的一般形式,即

$$X(x_1, x_2, \cdots, x_n) - x_m = 0 \quad (2-19)$$

这个方程就是弹道分析方程,或称射程方程。它表示,为了满足最大射程 x_m,导弹各设计参数之间的关系应满足方程式(2-19)的条件。这个条件就是一种"等式约束"条件。

显然,只要 $n \geq 2$,总可能找出无穷多的导弹设计参数点 $(x_1, x_2, \cdots, x_n)$ 满足方程式(2-19),这样的设计参数点的集合可表示为 $\{(x_1, x_2, \cdots, x_n) \mid X(x_1, x_2, \cdots, x_n) - x_m = 0\}$。

又例如,反飞机导弹要求其续航段的飞行速度必须大于目标的最大速度 $V_{\max}$,并将这种要求作为导弹设计参数确定的限制条件,用数学关系式表示为

$$V(x_1, x_2, \cdots, x_n) > V_{\max} \quad (2-20)$$

式(2-20)就是一个"不等式约束"条件。

(二) 优化问题的数学描述

在给定约束条件之后,进行设计参数选择的目的,就是要从满足约束条件的变量空间(参数集合)中选取一个特定的参数点,使得目标函数达到最小值(或最大值)。

根据式(2-17)、式(2-19)和式(2-20),可把导弹设计参数优化问题的数学描述表示为

$$\begin{cases} \min m_0 = M(x_1, x_2, \cdots, x_n) \\ \text{s.t } X(x_1, x_2, \cdots, x_n) - x_m = 0 \\ V(x_1, x_2, \cdots, x_n) - V_{\max} > 0 \end{cases}$$

若变量空间为 $\boldsymbol{E}$,设计变量为 $\boldsymbol{X}$,目标函数为 $f(\boldsymbol{X})$,则优化问题可描述为:求一特定方案 $\boldsymbol{X} \in \boldsymbol{E}$,使其满足

$$\begin{cases} g_i(\boldsymbol{X}) = 0 & (i=1,2,\cdots,n) \\ g_j(\boldsymbol{X}) > 0 \text{ 或 } g_j(\boldsymbol{X}) < 0 & (j=1,2,\cdots,m) \end{cases}$$

并达到 $\min f(\boldsymbol{X})$ 或 $\max f(\boldsymbol{X})$。即求在变量空间 $\boldsymbol{E}$ 内的一个最优设计方案 $\boldsymbol{X}$(一个最优向量),它应在满足一系列约束条件下,使目标函数达到最小(或最大)。

由于极小值问题和极大值问题是等价的,所以,优化问题求目标函数的最大值和最小值也是等价的。如在导弹设计参数优化中,目标函数为质量,求起飞质量最小的设计或求负的起飞质量为最大的设计,其结果所得最优参数应相同。有时甚至也可把问题提法反过来,以导弹起飞质量为约束条件,选择参数使导弹射程达最大,这时的数学描述也变成了求极大值问题,即

$$\begin{cases} \max x_m = X(x_1, x_2, \cdots, x_n) \\ \text{s.t } M(x_1, x_2, \cdots, x_n) - m_0 = 0 \\ V(x_1, x_2, \cdots, x_n) - V_{\max} > 0 \end{cases}$$

实践中也常采用这种方法对导弹的设计参数进行选优。这样,射程给定为约束条件,目标函数为质量最小,与质量给定为约束条件,目标函数为射程最大,进行优化以后所求得的最优

设计参数是相同的。这就是优化方法中的"对偶原理"。

复 习 题

1. 地空导弹主要总体参数设计包含哪些方面的内容？

2. 按弹翼和舵面沿弹身纵轴配置的相对位置，地空导弹通常可有哪些气动布局？其控制特点是什么？

3. 简述地空导弹对战斗部、引信、导引头、遥控应答机、推进系统以及弹上稳定与控制系统等在弹上的部位安排有哪些要求？

第三章 地空导弹推进技术

第一节 概 述

地空导弹的推进系统是指提供并保证导弹正常飞行所需动力装置的组合或系统,亦称动力装置。推进系统是地空导弹必须具备的一个系统,保证导弹获得所需要的作战射程和飞行速度特性,其性能的高低对导弹总体性能有着重要影响。

推进系统包括发动机以及保证发动机正常工作所需要的部件和组件。如液体火箭发动机推进剂(氧化剂、燃料)的储存、输送和调节部件,发动机的固定支架以及有关附件等。

在导弹总体设计时,对推进系统的总体技术要求和有关依据应考虑以下几方面因素:

1)所选定的推进系统将用于哪一种类别的导弹,对于多级导弹将用于导弹的哪一级;
2)发动机的总冲量、比冲量(比推力)、推力-时间曲线(推力形式);
3)发动机燃气流的特殊要求,如对排气烟雾的限制,"无烟"和"少烟"特性,排气产物对无线电波衰减作用的限制;
4)总质量、结构质量,质心及其变化的要求;
5)发动机直径、燃烧室长径比、贮箱直径、喷管尺寸等;
6)布局设计及结构对接要求;
7)推力、总冲量及工作时间的偏差,质量、质心偏差,推力偏斜、偏心要求等;
8)电点火过程及推力初始上升特性;
9)环境条件、贮存要求、运输要求;
10)可靠性及寿命期;
11)标准化、系列化、模块化设计要求;
12)安全性要求;
13)经济性(产品成本、研制费用);
14)生产工艺性;
15)其他要求等。

总之,推进系统在设计时,除应满足总冲量、推力等能量特性基本技术要求的同时,还应兼顾上述多项技术要求。一般在满足基本性能指标的前提下,应力求减轻质量,缩小体积,提高可靠性和安全性,降低研制费用和生产成本,提高效费比等。作为一种非寿命型的"长期贮存、一次使用"产品,导弹的推进系统要经受导弹全寿命周期内各种自然和贮运环境、严苛的飞行综合环境和复杂的电磁环境,以保证安全、可靠地工作。

推进系统的设计研制工作要在满足导弹总体设计提出的基本功能和任务要求的同时,配合导弹总体及其有关分系统做好特殊的协同设计工作。比如,为满足导弹总体调整静稳定度要求,发动机需要长尾喷管;为调整全弹质心随推进剂消耗的变化规律,装药设计要有特别的药型设计;对于有翼式导弹,弹翼的主、副接头需要配置在发动机壳体外侧等。

第二节 推进系统分类

现代导弹采用的发动机一般是利用喷气流的直接反作用力驱动,不需要另外的驱动装置(例如将空气质量往后推的螺旋桨)。推进剂燃烧所形成的气体产物直接给发动机推力室的内表面以分布作用力,此力与喷气流方向相反,因而称这种发动机为反作用式发动机。反作用式发动机可分为喷气发动机和火箭发动机两种类型。

喷气发动机利用空气参加燃烧反应产生喷气流。为此,需要在空气进入发动机燃烧室之前,将空气进行压缩并与燃料混合,在燃烧时将化学能转化成为发动机喷出气体的动能。按照空气在喷入燃烧室之前进行压缩的方法,可分为有压气机式和无压气机式两种喷气发动机。防空导弹经常采用无压气机式的冲压喷气发动机。

火箭发动机是在空气不参与的情况下,靠发动机燃烧室中形成的喷气流的反作用力产生推力。火箭发动机所利用的能量是化学能或核能。化学能是物质在氧化(燃烧)或者分解过程中释放出来的,核能可通过重元素的裂变或轻元素的聚变得到。化学能火箭发动机分为固体推进剂火箭发动机、液体推进剂火箭发动机以及固-液混合型火箭发动机。固体推进剂火箭发动机的推进剂放置在燃烧室内;液体推进剂火箭发动机是从推进剂箱向燃烧室输送液体推进剂进行工作的;固-液混合型火箭发动机采用的是固-液型推进剂。

若将火箭发动机装在冲压喷气发动机内部则可组合为火箭-冲压组合发动机,从而应用于防空导弹的发射段和续航飞行。按照火箭发动机推进剂的类型不同,又可分为固体火箭-冲压发动机和液体火箭-冲压发动机。

战术导弹采用的动力装置中,常用的有涡轮式空气喷气发动机、冲压式空气喷气发动机、液体燃料火箭发动机、固体燃料火箭发动机和冲压组合发动机(火箭发动机与冲压发动机组成的组合式发动机)。

表 3-1 所示为发动机的分类表。

表 3-1 导弹发动机分类表

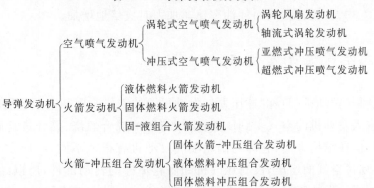

一、涡轮式空气喷气发动机

涡轮式空气喷气式发动机(简称"涡轮喷气发动机")由进气道、压气机、燃烧室、涡轮和尾喷管五部分组成。空气由进气道进入发动机,经压缩过程、等压加热过程(燃烧)、膨胀过程和等压放热过程4个阶段后从尾喷管高速喷射而出,从而产生推力。图3-1所示为涡轮喷气发动机剖视图和工作原理示意图。

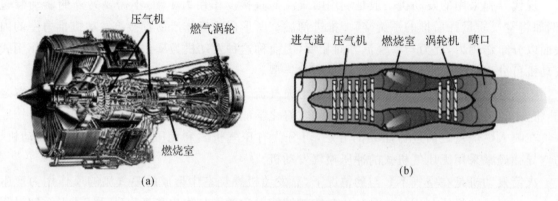

图 3-1 涡轮喷气发动机
(a)涡轮喷气发动机剖视图; (b)涡轮喷气发动机工作原理示意图

涡轮喷气发动机最早出现在20世纪30年代末,到五六十年代得到广泛应用。由于涡轮喷气发动机的推力是从高速排出的高温燃气获得的,所以在得到推力的同时,有不少由燃料燃烧所获得的能量以燃气的动能与热能的形式推出发动机,能量损失较大,其燃料消耗率为 $0.082 \sim 0.102 \ kg/N \cdot h$(即产生1N的推力在1h内所消耗的燃料量)。

目前,大量使用的涡轮喷气发动机的单台推力约为 $(20 \sim 160) \times 10^3 \ N$,其推重比一般为 $40 \sim 60 \ N/kg$。涡轮喷气发动机主要是在喷气式飞机上使用,但在少数射程达150 km的飞航式地空导弹、空地导弹和巡航导弹上也曾使用,其他导弹上不适宜采用这种发动机。

为了在短期内提高涡喷发动机的推力,可在尾喷管前安装加力燃烧室,在需要增加推力时,向燃气发生器排出的燃气中补充喷入燃油进一步燃烧,以提高燃气由尾喷口排出的速度,达到增加推力的目的,此时的推力称为加力状态的推力,简称"加力推力"。加力时,由于排出的燃气温度与速度均大大提高,因而耗油率比非加力时成倍地增加。

二、冲压式空气喷气发动机

冲压式空气喷气发动机(简称"冲压喷气发动机")的工作原理基本上与涡轮喷气发动机相同,也同样包括进入发动机的空气受到压缩、空气与燃油混合燃烧、燃气进行膨胀并喷出这三个基本工作过程;但在结构方面,它却与涡轮喷气发动机有很大不同,冲压发动机利用进气道的冲压作用来实现对空气的增压,没有压气机和涡轮那样的转动部件,所以结构很简单,质量小得多。图3-2所示为冲压喷气发动机的剖视图和工作原理示意图。

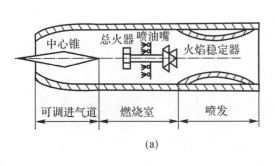 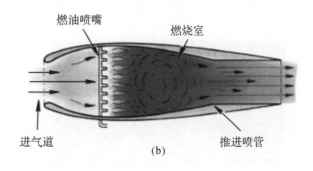

图 3-2 冲压喷气发动机
(a)冲压喷气发动机剖视图； (b)冲压喷气发动机工作原理示意图

冲压式空气喷气发动机是一种应用广泛、发展变化大且有应用前途的空气喷气发动机。目前其飞行的速度可以分为亚声速、超声速、高超声速三种。近几年来，$Ma=5\sim15$ 的高超声速冲压喷气发动机的研究也取得了较大进展。

与涡轮喷气发动机和火箭发动机相比，冲压喷气发动机有很多优点：①构造简单、质量轻、成本低，据估计，若以 $Ma=2$ 飞行时，冲压喷气发动机的质量是涡轮喷气发动机质量的 1/5，制造成本只有 1/20；②在高速飞行状态下($Ma>2$ 时)，经济性好，燃料消耗率低；③冲压喷气发动机的比冲量比火箭发动机的比冲量大得多。据报导，先进的冲压喷气发动机比冲可达到 1 300 s(用煤油)～3 100 s(用液氢)，而固体燃料火箭发动机比冲为 280 s 左右，一般液体燃料火箭发动机比冲为 240～260 s，氢氧烃(三组元)比冲也只能达到 345～375 s。因此，在发射条件相同的条件下，使用冲压喷气发动机可使导弹的射程增加许多。

然而，冲压喷气发动机也存在一些固有的缺点：①低速飞行时推力小，燃料消耗率高，在静止时根本不能产生推力，所以它不能用作起飞发动机，一般要配用固体燃料火箭发动机作为助推器，使导弹飞行速度达到一定值时，冲压喷气发动机才开始工作；②冲压喷气发动机的工作状态对飞行条件的变化很敏感，当飞行速度、高度、飞行攻角及燃烧后的剩余空气量等参数变化时，都直接影响发动机工作中的进气量，即它的工作状态只允许参数在比较小的范围内变化，或者发动机上要配装自动调节系统；③随着推力增加，冲压喷气发动机所要求的体积和直径都将增大，这不仅会引起阻力增大，而且给导弹设计带来了困难，如导弹外形设计、进气道的结构设计、部位安排等都会碰到一些难以解决的技术问题。此外，冲压喷气发动机的制造工艺上也还有一些技术问题有待研究，如燃烧稳定性、点火可靠性和燃烧室壁的冷却技术等。

上述缺点和问题的存在，使得冲压喷气发动机目前大多被用作大型地空导弹、飞航式导弹、巡航导弹的续航发动机，其马赫数范围在 2～5，高度在 25～30 km 以下，燃料消耗率为 0.265～0.306 kg/(N·h)，推重比为 10 N/kg 左右。

三、液体燃料火箭发动机

液体燃料火箭发动机用液态燃烧剂与氧化剂作为燃料。发动机开始工作之前，燃烧剂与氧化剂分别贮存在各自的贮箱中，发动机工作时通过增压设备与输送系统将燃烧剂与氧化剂输送到燃烧室中混合雾化后，再点火燃烧，从而产生推力。图 3-3 所示为液体燃料火箭发动机的剖视图和工作原理示意图。

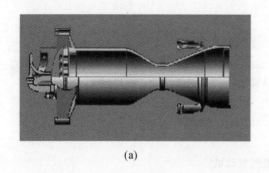 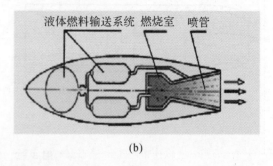

(a)　　　　　　　　　　　　　　(b)

图 3-3　液体燃料火箭发动机
(a)液体燃料火箭发动机剖视图；(b)液体燃料火箭发动机工作原理示意图

液体燃料火箭发动机的特性可以用比推力（或比冲量）I_S 来表征，而比推力 I_S 是发动机推力 F 与每秒燃料消耗量 $\dot{m}_p$ 之比。比推力的大小取决于燃料性能和燃烧室的压力等，其中燃料性能是主要因素，因此应选择性能良好的推进剂作燃料，以利于减小导弹的质量，或使其在同样的起飞质量下达到较高的飞行性能。

液体燃料火箭发动机具有这样一些特点：①发动机的推力和比推力不受导弹飞行速度影响，飞行高度变化对其影响也很小，因而它比空气喷气发动机的工作性能更稳定；②可调节推力大小，可控制开车与停车时间，可根据要求随意控制燃烧室的工作；③本身携带燃烧剂与氧化剂，其工作不受环境条件限制；④工作时间一般可达到几十秒至几百秒，最长可达上千秒，甚至几十分钟，比固体火箭发动机的工作时间更长；⑤在导弹飞行时间较长的情况下，可以比固体火箭发动机的质量更轻。凭借这些特点，液体火箭发动机广泛用于各类导弹。它不仅可以作为主发动机，也可以作起飞发动机，但是很多情况下是利用它作为续航发动机的。

液体燃料火箭发动机的动力装置系统复杂，不宜用于小型近程导弹。此外，因液体燃料对金属贮箱有腐蚀作用，因此不能装在导弹中长期贮存，需在发射使用前临时加注燃料，这使得地面勤务处理麻烦，地面设备复杂，整个导弹武器系统的机动性变得很差。尽管近几年出现了可贮存、腐蚀性小、性能较稳定的推进剂，但仍需一定的检查准备时间，贮存期限也较短。这些作战使用上的缺陷，使液体燃料火箭发动机正逐渐被固体燃料火箭发动机所代替。因此，除远程战略导弹（由于其飞行时间长）外，其他近程导弹（包括地对地的弹道式导弹）都趋向于采用固体燃料火箭发动机。

四、固体燃料火箭发动机

固体燃料火箭发动机所用的推进剂是由固态燃烧剂、氧化剂和添加剂混合组成的固体燃料，故又称为固体推进剂火箭发动机，常简称为"固体火箭发动机"。固体火箭发动机的实物图和剖视图如图 3-4 所示。

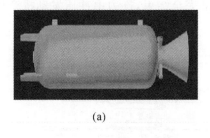 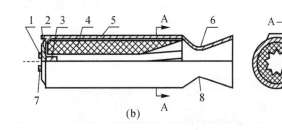

(a) (b)

1—电爆管； 2—前盖； 3—点火器； 4—推进剂装药；
5—壳体； 6—尾喷管； 7—压力信号器； 8—底板

图 3-4 固体火箭发动机

(a)固体火箭发动机实物图； (b)固体火箭发动机剖视图

固体燃料火箭发动机具有以下诸多优点：

1)结构简单。固体火箭发动机由燃烧室、喷管、推进剂药柱、点火装置与药柱支撑架组成，推进剂药柱直接装在发动机的燃烧室内，无需其他附件。

2)可提供的推力范围很宽。通过装药设计调整燃烧面，能在几十或几百毫秒内产生几万牛顿的推力，也可以使设计推力的范围小到几十牛顿，甚至几牛顿。

3)固体燃料可放在燃烧室中长期贮存，使用、维护、操作都很简单，工作可靠性也很高。

4)配备固体燃料火箭发动机的导弹可随时发射使用，无需加注与检测设备，系统组成简单，转移、运输也很方便，使整个武器系统的机动性很高。

5)适用范围广。可作为主发动机、加速(助推)发动机，也可用作燃气发生器、增程助推器、启动加速器等。因此，固体燃料火箭发动机目前已极为广泛地应用于战术导弹上。反坦克导弹的全部、空空导弹的大部、地空导弹所有的助推器和大部分主发动机都使用固体火箭发动机。此外，在地地战术与战略导弹上和宇宙飞行器的运载火箭中，也大量使用这种发动机。

同样，固体火箭发动机也存在一些缺点：燃烧产物对喷管的烧蚀、冲刷严重，需采取防烧蚀的材料和结构；燃烧产物喷出的火光与浓烟较大，使导弹发射阵地隐蔽性差；发动机的工作时间不能太长；等等。这在一定程度上限制了其应用范围。目前，固体燃料的研究正在使上述问题得到不同程度的改善。

五、火箭-冲压组合发动机

火箭-冲压发动机是一个内部装有火箭发动机的冲压发动机。它同时具有火箭发动机与冲压发动机的特性，能够在缺乏冲压的情况下产生大推力，弥补了冲压发动机无法起飞助推的缺点。其能量特性比火箭发动机要好，飞行速度和高度范围比冲压发动机要大。因此，火箭-冲压发动机具有比冲压发动机更大的推力，具有比固体火箭发动机更高的比冲。图 3-5 所示为固体火箭冲压发动机的剖视图和工作原理示意图。

固体火箭-冲压发动机助推器的火药柱与冲压喷气发动机共同使用一个燃烧室。其助推器和主发动机的推进剂都是固态的，分为两层，第一层是固体助推器的推进剂，第二层是冲压发动机的固体燃料。当发动机开始工作时，首先点燃第一层，在它燃烧完后，导弹加速到预定的速度，第二层开始燃烧。第二层是冲压发动机的贫氧燃料，与进气道中进来的空气中的氧气混合进行燃烧。当冲压发动机开始工作时,助推器工作已完全结束,推力由冲压发动机产生。

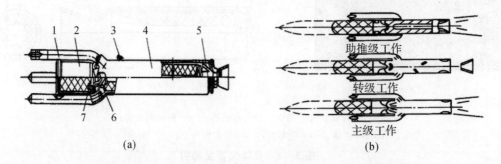

1—进气道; 2—燃气发生器; 3—压力继电器; 4—助推补燃器;
5—助推/冲压组合喷管; 6—助推发动机点火器; 7—燃气发生器点火器

图 3-5 整体式固体火箭冲压发动机
(a)火箭冲压发动机剖视图; (b)火箭冲压发动机工作过程示意图

火箭-冲压组合发动机的优点很多:①具有很高的比冲量,可达到 5 000～12 000 s;②发动机的结构简单,工作可靠,勤务处理方便,作战机动性高;③可获得较高的飞行速度和加速度,能适应高速和高加速机动飞行;④比用火箭发动机或冲压发动机的导弹结构紧凑,尺寸小,携带的燃料少,有利于减轻导弹的质量。例如,对于地空导弹,如果战斗部质量一定,射程为 120～130 km,速度 $Ma=4$,使用组合冲压发动机的导弹能比用火箭发动机的导弹直径减小 1/2,长度缩短 1/4,质量减轻 1/3。

苏联的 SA-6 导弹率先实现了整体式固体火箭发动机与冲压发动机组合,即将固体火箭发动机用作助推器,将冲压发动机作为主发动机,实现了整体式组合化设计。鉴于火箭-冲压组合发动机的优良性能,目前国内已外对其高度重视,但因燃烧过程控制比较困难,技术难度较大,仍有待进一步研究和发展。

第三节 推进系统主要参数

表征推进系统(或动力装置)性能和工作质量的基本参数包括推力、喷气速度、流率、推力系数、总冲量、比冲量(或比推力)和推重比等,下述分别介绍它们的定义、影响及相互关系。

一、推力

推力是火箭发动机的一个主要性能参数。发动机的推力是指发动机工作时作用于发动机全部表面(包括内外表面)上的气体压力的合力。飞行器依靠发动机的推力起飞加速,克服各种阻力,完成预定的飞行任务。

如果用 $F_内$ 表示发动机内表面上气体的作用力,$F_外$ 表示发动机外表面上气体的作用力,则整个发动机的推力为

$$F=F_内+F_外 \tag{3-1}$$

通常以喷管出口的边缘作为内外表面的衔接线。$F_内$ 是燃气对发动机内表面的作用力,

是推力的组成部分。火箭发动机工作时,燃气受发动机的作用而加速,得到了向后的动量,根据作用力与反作用力的力学第三定律,燃气气流必定以大小相等、方向相反的反作用力作用于发动机上,这就是 $F_内$。与此相反,发动机作用于燃气气流的力便是 $-F_内$。

$F_外$ 是外界大气对发动机外表面的作用力。这里只考虑大气静压强的作用。它是垂直于发动机外表面的。在飞行中,如果发动机表面直接与相对运动的气流接触,还有切向的空气阻力,阻力的大小与飞行器外形结构和飞行条件有关,与发动机的工作无关。因此,切向作用力计入飞行器的阻力,发动机的推力只考虑垂直于发动机外表面的大气静压强。这样,发动机的推力不受飞行速度的影响,可以在试车台上进行静止试验予以测定。

图 3-6 所示为火箭发动机的简图。

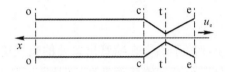

图 3-6 火箭发动机简图

发动机的推力公式可根据气体动量变化进行推导。假定喷管中燃气的流动是一维定常流,因而同一横截面上各点的气流参数都相同。由于发动机的形状大多是轴对称的,在这种情况下,各种作用力在垂直于发动机轴线方向的分力互相抵消,所以只需要考虑沿发动机轴线方向各参数的变化。在图 3-6 中,取火箭前进方向为坐标正向。发动机内燃气在由 o-o 截面至 e-e 截面运动的过程中,流速由 0 增加到 u_e。这两个截面之间的燃气所受的外力是发动机内表面的作用力 $-F_内$ 和在 e-e 截面(截面面积为 A_e,压强为 p_e)上对燃气的压力 $p_e A_e$。

根据动量定理,气体的动量变化率等于气体所受到的外力。设气体的质量流率为 $\dot{m}$,则有

$$\dot{m}[(-u_e) - 0] = -F_内 + p_e A_e \tag{3-2}$$

式中,u_e 和 $F_内$ 前面的负号表示它们的方向与 x 轴方向相反。由式(3-2)可得

$$F_内 = \dot{m} u_e + p_e A_e \tag{3-3}$$

由于发动机后端是开口的,所以作用在发动机外表面的外界大气压力是不平衡的。若外界大气压强是 p_a,则不平衡力的数值为 $-p_a A_e$,其方向与 x 轴线方向相反,故用负号。

发动机内外表面上所受的力的合力就是发动机的推力 F,即

$$F = \dot{m} u_e + (p_e - p_a) A_e \tag{3-4}$$

按照国际单位制(SI 制),式(3-4)中推力 F 的单位是 N,质量流率 $\dot{m}$ 的单位是 kg/s,喷气速度 u_e 的单位是 m/s,压强 p_e、p_a 的单位是 N/m²,面积 A_e 的单位是 m²。

上述推力公式(3-4)适用于各种类型的火箭发动机。由式可见,推力的组成可以分成两项来讨论。

1) $\dot{m} u_e$ 称为动推力,其大小取决于燃气的质量流率和喷气速度,它是推力的主要组成部分,通常占总推力的 90% 以上。在火箭发动机设计中,为了获得更高的喷气速度,要采用能量高的推进剂,并保证推进剂的化学能在发动机内尽可能多地转换为燃气的动能。在这一基础上,再依靠改变燃气的质量流率来改变推力,以达到设计的要求。

2) $(p_e - p_a) A_e$ 称为静推力,它是由于喷管出口处燃气压强 p_e 与外界大气压强 p_a 不一致所产生的,不一致的程度与喷管工作状态有关,对喷管尺寸已定的发动机,则与工作高度有

关。从推力公式(3-4)可看出,当喷管出口压强等于外界大气压强 p_a 时,静推力这一项就消失了,只有动推力一项。发动机只有在某个特定的高度上工作才能满足 $p_a = p_e$,所以称 $p_a = p_e$ 的状态为设计状态,这时的推力称为特征推力,有

$$F_{特征} = \dot{m} u_e \tag{3-5}$$

当发动机在真空中工作时,$p_a = 0$,这时的推力称为真空推力 F_v,则有

$$F_v = \dot{m} u_e + p_e A_e \tag{3-6}$$

可见,随着工作高度增加,外界大气压强 p_a 逐渐减小,推力则逐渐增大,这是火箭发动机推力的一个重要特点。

二、喷气速度

火箭发动机动推力的大小取决于燃气在喷管出口处的喷气速度和质量流率。在火箭设计中,为了获得大的推力,要求获得更高的喷气速度,为此要采用能量高的推进剂,并保证推进剂的化学能在发动机内尽可能转换为燃气的动能。

由喷管中燃气的能量转换关系可得

$$u_e = \sqrt{2 c_p (T_f - T_e)} = \sqrt{2 c_p T_f \left(1 - \frac{T_e}{T_f}\right)} \tag{3-7}$$

式中:c_p 为燃气的比定压热容;T_f 为燃烧室出口处燃气的总温,也就是推进剂的等压燃烧温度;T_e 为喷管出口处的燃气温度。

由于实际情况中,测量压强比测量温度方便,根据等熵条件 $T_e/T_f = (p_e/p_c)^{\frac{k-1}{k}}$,并设计 $c_p = \frac{k}{k-1} R = \frac{k}{k-1} \frac{R_0}{u}$,则也可将式(3-7)改写为

$$u_e = \sqrt{\frac{2k}{k-1} \frac{R_0}{u_m} T_f \left[1 - \left(\frac{p_e}{p_f}\right)^{\frac{k-1}{k}}\right]} \tag{3-8}$$

式中:R 为燃烧产物的气体常数;u_m 为燃烧产物的平均摩尔质量;R_0 为通用气体常数,$R_0 = 8.3144 \text{ kJ/kmol} \cdot \text{K}$;$k$ 为燃气的比热比。

从式(3-8)可见,喷气速度 u_e 与推进剂性能(推进剂的燃烧温度 T_1、燃气的比热比 k 和平均摩尔质量 u_m)有关,也与喷管的膨胀压强比 p_e/p_c 有关。

三、流率

喷管的质量流率是决定推力大小的重要因素,也是发动机工作的重要参数之一。在稳态工作条件下,发动机喷管的燃气流率也就是推进剂的消耗率。

一般情况下,按照质量守恒定律,通过喷管任意截面的流率都是一样的,即

$$\dot{m} = \rho u A = \rho_1 u_1 A_1 = 常量 \tag{3-9}$$

式中,下角标 1 表示喷管临界截面,ρ 为燃气密度。

参照式(3-8),喷管任意截面处的流速为

$$u = \sqrt{\frac{2k}{k-1} R T_1 \left[1 - \left(\frac{\rho}{\rho_0}\right)^{\frac{k-1}{k}}\right]} \tag{3-10}$$

由状态方程及等熵过程方程可得 $p=\rho RT$，$\rho/\rho_0=(p/p_c)^{1/k}$，并将它们代入式(3-9)，最后可得流率公式为

$$\dot{m}=A\sqrt{\frac{2k}{k-1}p_c\rho_c\left[\left(\frac{p}{p_c}\right)^{1/k}-(p/p_e)^{\frac{k+1}{k}}\right]} \quad (3-11)$$

从流率公式(3-11)可知，流率与喷管入口滞止压强 p_c 和临界截面积成正比，与燃烧产物的 RT_f 平方根成反比。p_c 影响气流密度，直接影响流率。RT_f 增大时虽然可使流速增大，但却使密度减小，流速与 $\sqrt{RT_f}$ 成正比，密度却与 RT_f 成反比，因此质量流率与 $\sqrt{RT_f}$ 成反比。

四、推力系数

为了估计发动机的推力，推力还可以写成推力系数形式。

推力系数是一个无因次系数，它表征喷管的特性，c_p 越大，燃气在喷管中进行膨胀越完善。影响 c_p 的因素有燃气比热比、喷管膨胀比、喷管截面积比和外界大气压力与燃烧室压力之比等。

五、总冲与比冲

(一) 总冲

总冲量(简称"总冲")是火箭发动机的重要性能参数，它包括发动机推力和推力所持续的时间，反映了发动机的综合工作能力的大小，导弹所能达到的飞行速度和射程取决于发动机的总冲。发动机总冲越大，则火箭射程越远或发射的载荷越重。要达到同样的总冲，可以采用不同的推力与工作时间的组合，这需要根据火箭的用途来选择。例如，助推器宜用大推力、短工作时间；续航发动机宜用小推力、长工作时间。

火箭发动机的总冲是指发动机推力的冲量。在推力不变的情况下，总冲就是推力与时间的乘积，在一般情况下，推力是随时间变化的，因此发动机的总冲量定义为对时间的积分，即

$$I=\int_0^{t_e}Pdt \quad (3-12)$$

式中，t_e 为发动机的总工作时间。总冲的国际单位制是 N·s。

在某些特殊情况下，推力 F 若视为常量，则发动机的总冲就等于推力与工作时间的乘积 $I=F\cdot t_a$。

由式(3-12)可见，总冲与等效喷气速度和装药质量有关。要增大发动机总冲，主要靠增加装药质量来实现，对固体火箭发动机来说，由于装药质量的大小直接影响发动机尺寸，所以总冲的大小就反映了发动机的大小。

(二) 比冲与比推力

发动机的比冲量(简称"比冲")，是燃烧 1 kg 推进剂所产生的冲量，用符号 I_s 表示。因此，比冲是推力冲量与消耗推进剂质量之比。

发动机在工作阶段的平均比冲可用下式计算，即

$$I_s = \frac{I}{M_p} \tag{3-13}$$

式中,M_p 为推进剂装药质量。比冲的量纲,在国际单位制中是 N·s/kg 或 m/s。

发动机的比推力,是指每秒钟消耗 1 kg 的推进剂所产生的推力,即推力与质量流率之比,用符号 F_s 表示为

$$F_s = \frac{F}{\dot{m}} \tag{3-14}$$

比推力的量纲,在国际单位制中是 N·kg/s 或 m/s。

比冲与比推力在定义和物理意义上有区别,但在数值上是相同的,它们可以取瞬时值,也可以取发动机工作过程中某一时间间隔的平均值,视应用场合而定。对固体火箭发动机来说,在发动机试验中,精确测量推进剂流率较困难,所以通常是利用试验中记录的推力-时间曲线,整理出总冲值,除以推进剂质量求得平均比冲,所以采用比冲这个参数较为方便。

比冲是发动机的重要质量指标之一,它主要取决于推进剂本身能量的高低,也与发动机中工作过程的完善程度有关。比冲对火箭性能有重要影响。若发动机的总冲已给定,比冲越高,则所需要的推进剂质量也越小,因此发动机的尺寸和质量都可以减小。若推进剂质量给定,比冲越高,则发动机总冲也越大,可使火箭的射程或载荷相应地增加。目前固体火箭发动机的实际比冲在 2 100～2 600 m/s 之间。

六、各类发动机性能比较

目前,上面所讨论的各类发动机都已在实际中获得应用,其主要参数也各有异同。从导弹设计的总体需求考虑,通常要求发动机质量轻,迎面阻力小,所耗的燃料量少,以便所设计的导弹具有最好的性能——起飞质量最小。

各类发动机常用推进系统性能方面的比较见表 3-2。

表 3-2 常用推进系统性能比较

性能指标	固 体	液 体	冲 压	涡 喷
推力质量比/(N·kg^{-1})	>100	75∶1	(12～25)∶1	5∶1
比冲/(m·s^{-1})	>230	250～450	1 000～1 700	2 400～7 200
推进剂耗率/(kg·s^{-1})	>150	80～140	25～35	5～15
推力受飞行姿态影响	无	无	较大	有
适用速度范围	不限	不限	$Ma>2$ 时好	低速时好
结构复杂性	最简答	较复杂	较简单	很复杂
使用维护	简单	较繁	简单	较繁
发展潜力	有一定潜力	不很大	较大	有一定潜力

第四节 推力方案与推进装置选择

一、推力方案选择

发动机的推力方案取决于导弹的速度方案,应根据导弹在全航程上的飞行速度方案来确定发动机的推力方案。一般来说,一定的速度方案,要求一定的推力方案与其相对应。如等推力方案对应于导弹的等加速度飞行,增推力方案对应的加速度愈来愈大,减推力方案对应的加速度愈来愈小。

战术导弹所用的发动机,一般都选用等推力方案,这样对导弹动力装置的设计更有利。需要大加速度起飞,等速巡航飞行,或需要高加速起飞,低加速续航飞行的导弹,一般都采用两级或三级推力方案,在起飞段上发动机具有很大的推力。续航段上只需要很小的推力。在增速段上可根据要求采用中等大小的推力。

采用变推力发动机,对减小质量和体积都是有利的。然而,由于技术上实现比较复杂,而且在起飞推力和续航推力相差很大的情况下,采用一个发动机常常无法满足要求,即使能设计出单室双推力方案的发动机,有时实现起来也很困难,往往不得不把发动机分为起飞发动机和续航发动机两级。

二、推进装置选择

导弹系统设计中,推进系统类型选择一般有两种途径:一是由上级下达或军方论证所提出的战术技术指标要求中明确规定推进系统类型;二是由导弹总体设计部门会同推进系统研制部门论证并确定推进系统类型。

当前,国内外防空导弹正在应用或可供选用的推进系统有固体火箭发动机、固冲组合发动机和液体火箭发动机系统等:固体火箭发动机应用较为广泛,对于近程导弹、中程导弹和远程导弹均可使用,单级导弹和两级导弹的应用均不受使用高度的限制;固冲组合发动机一般应用于中程导弹和远程导弹,作战斜距大时,其优势更为明显;液体火箭发动机可用于两级中远程导弹的第二级,当前已较少选用改型发动机。

在选择发动机时,首先根据不同的性能参数作出各种性能曲线来进行比较,最终再由性能曲线和使用范围曲线作出初步选择。

导弹总体根据作战空域内拦截目标要求提出的速度特性要求,即速度随时间的变化曲线,来制定固体火箭发动机推力程序,是推力曲线的基本依据。实现等加速度曲线,可用单级推力;实现助推加续航速度曲线,可用两级变推力(一级推力加速,二级推力续航),也可用可分离的两个发动机来实现。推力曲线的设计实现可通过推进剂装药几何形状、燃烧方式、燃速大小的适当选择来完成。药柱的几何形状和燃烧表面不同时,其推力随时间有不同的变化规律。端面燃烧的药柱,仅在推力很小、工作时间长的发动机中使用;侧面燃烧药柱的外表面燃烧情况要解决燃烧室壳体的防热问题,可以通过改变侧燃药柱的横截面形状来实现不同的推力及推力变化要求。

第五节 推进技术的发展

地(舰)空导弹发展的特点是力图扩大作战空域和具备对付各种飞机或导弹来袭的能力,并逐渐演变为小型化的反导武器,在一定程度上代表着导弹技术的发展方向。

在美国近年来大力发展的战区导弹防御系统中,ERINT低空拦截弹是爱国者导弹PAC-3的小型化后继型,采用单级固体发动机,直径255 mm,长度2 877 mm,发动机重197.3 kg,质量比0.84,选用T-800碳纤维/环氧壳体,最大工作压强达20.5 MPa,爆破压强28.7 MPa;高空拦截弹THAAD发动机长度3 845 mm,直径343 mm,碳纤维壳体,HTPB推进剂;美国海军全战区防御系统中的SM-3标准型舰空导弹第一级继承了SM-2Block的发动机,第二级改为直径534 mm的碳纤维/环氧复合材料壳体,第三级为碳纤维壳体的固体轴向级双脉冲发动机,有摆角可达5°的柔性接头摆动喷管。

俄国防空导弹的典型代表是S-300及其改进型系列。1998年俄罗斯火炬设计局研制成用于S-300PMU1和S-300PMU2系统的小型化的防空导弹9M96E和9M96E2,直径约为0.5 m,由24个微型发动机组成的"侧向推力发动机"末段燃气动力控制系统,减轻了战斗部质量,提高了制导精度。这两类小型导弹还将成为S-400两级导弹的第二级,最大作战距离可达400 km。

固体发动机本身所固有的一些优点,使它在导弹武器、航天器、飞机助飞器、探空火箭等各个领域中,都获得了极其广泛的应用。特别是在防空导弹领域中,采用固体发动机作动力装置的已占绝对优势。为了适应高性能防空导弹发展的要求,不断改进现有发动机性能,本节主要介绍几项关键技术。

一、高能推进剂技术

选择高能推进剂可以满足高性能防空导弹的需求,如负压强指数推进剂、无烟或少烟推进剂、高燃速推进剂、低燃速推进剂、推进剂新材料等都应是今后的发展方向。近年来,高能、钝感、低特征信号、低成本是战术导弹固体推进剂的主要发展方向。HMX,RDX/NEPE推进剂成为发展研究的热点。这是各国经多年探索、研究后找到的一条切实可行的发展高能推进剂的技术途径。

目前广泛采用的三组元推进剂具有良好的综合性能,在高压强的条件下,也能发挥出较高的性能,要尽可能采用。硝胺/NEPE型推进剂等均已得到实际应用,可满足反导武器对高性能的要求,但因属于A级危险品,故在使用中要根据具体要求作钝感度实验,并采取相应的安全措施。

(一)基本组成

这类推进剂的氧化剂主要是HMX、RDX、ADN、CL-20;黏合剂主要是聚乙二醇(PEG)、四氢呋喃-环氧丙烷共聚醚(PET)和缩水甘油叠氮聚醚(GAP)等;含能增塑剂主要是硝化甘油(NG)、丁三醇三硝酸酯(BTTN)、三甘醇二硝酸酯(TEGN)等。

(二)燃烧性能

HMX,RDX/NEPE推进剂燃烧时,在燃面附近有暗区存在。在固相,推进剂仅预热。在近表面附近,HMX,RDX开始融化、气化,出现分解并形成泡沫层。推进剂各组分各自独立分解燃烧,缺少关键的相互作用。因此,HMX,RDX的粒度对燃速没有显著影响,也没有找到调节燃速的催化剂。对双基药起作用的铅盐,也因为RDX燃烧温度较高、缺少固相碳而不起多大作用。这类推进剂的燃速较高,燃速压强指数也较高,调节燃速和降低燃速压强指数成为一项难题。

(三)安全性能

HMX,RDX/NEPE,GAP推进剂属于A级危险品,其安全性能倍受关注。实验结果表明,与HTPB推进剂相比,HMX/NEPE推进剂的摩擦感度、冲击感度和静电火花感度略高,在实际研制中可通过使用条件下的运输、冲击和振动试验等环境工程实验考核,在一定条件下使用。

二、壳体材料技术

新一代防空导弹固体发动机壳体应具有高强度、高刚度和高质量比,在复杂飞行条件下可承受高过载和各种外载荷。目前,复合材料、陶瓷结构材料、非晶态材料、烧蚀性能更好的防热材料、全塑喷管等新型材料均是该领域技术研究的重要方向。

选择壳体材料与对发动机的具体研制条件有关。对于性能要求不十分苛刻的发动机,目前仍较多采用低合金钢。如国内的30CrMnSi和D406A、美国的D6AC等。马氏体时效钢属高合金钢,成本比低合金钢高出8~10倍,应用不广,但国内外都有应用实例。日本的M-5火箭第一、二级发动机采用了HT-230钢,拉伸强度为2 250 MPa。印度的PSLV运载火箭第一级发动机采用18Ni马氏体时效钢,拉伸强度为1 750 MPa。由于避免了高温淬火,壳体的几何精度和外表面质量都很好。钛合金和铝合金在发动机壳体上有较多应用。例如,美国星系列卫星用发动机(Star-37,Star-48)采用钛合金制造壳体;俄国C-300地空导弹发动机采用铝合金,用反向挤压工艺制作发动机壳体。钛合金和铝合金还广泛用在复合材料壳体和喷管的金属件上。在有机纤维中,目前应用的主要是APMOC纤维。它的强度比Kevlar纤维高出16%,层间剪切强度高出25%,模量高出20%,表现出很好的综合性能。

20世纪80年代以来,碳纤维在力学性能方面取得重大突破。目前,高强中模碳纤维,如IM-7,T-800,T-1000等,其比强度和比模量是最高的,并且还有发展潜力。碳纤维/环氧壳体的层间剪切强度和纤维强度转化率也较高,可获得较高的压力容器特性系数,特别适用于小尺寸、高内压、承受高过载引起的外压、外力作用下的反导拦截武器的发动机。因此,碳纤维材料是壳体材料当前的首选。

近年来,美国在固体发动机研制中大量采用了碳纤维。特别是对于高速、高加速反导拦截导弹,为了满足高强度、高刚度要求,几乎无例外地采用了碳纤维/环氧壳体。例如,ERINT低空拦截弹,THAAD高空拦截弹,标准SM-3拦截弹的第二、三级发动机都采用了碳纤维壳体;GBI地基拦截弹使用的是已有发动机,第一级为德尔塔运载火箭助推器 GEM 发动机,采用 IM-7 碳纤维/环氧壳体,第二、三级采用 Orbusl 发动机,选用的是 T-40 碳纤维/环氧壳体。

三、推力矢量控制技术(TVC)

为了适应反导拦截作战的需求,当前防空导弹普遍采用了高过载机动飞行弹道,因此,要求发动机具有 TVC 能力。固体火箭发动机推力矢量控制的功用是根据导弹控制指令采用机械的或非机械的方法改变发动机喷气流排出方向,使其与发动机轴线偏斜一定角度,从而改变反作用力——推力的方向。这样,发动机推力可以分解为两个力:一个力沿导弹轴方向,称轴向推力;一个力沿导弹径向,称侧向控制力。轴向推力用于推动导弹飞行,侧向控制力用于导弹绕三个轴(俯仰、偏航和滚动)姿态的控制与稳定。

当导弹飞行速度很低又需要较大侧向控制力时,空气动力面往往不能提供所需的力。例如,地空导弹垂直发射后进行转弯控制时,需要进行快速弹道转弯,应采用推力矢量控制系统提供所需的侧向控制力。导弹侧向控制力要根据飞行弹道以及克服干扰等因素综合确定。

固体火箭发动机通常在其喷管部分对推力矢量进行控制。推力矢量控制系统的分类方法很多,按工作原理和伺服系统不同,可分为机械式和流体二次喷射两大类。机械式系统需要专门的液压伺服系统,而流体二次喷射时,则需要一套二次流体供应系统。其中,柔性喷管技术成熟,特别适于在高压强条件下工作,其结构设计和摆动力矩与伺服作动器的安装方式关系很大,是推力矢量控制技术的首选方案;直接侧向力控制则是在导弹质心附近装一台控制发动机,沿弹体圆周均布4个径向喷管,在导弹接近目标时,按指令打开所需方向的喷管,产生指向目标的侧向力;燃气舵是一种结构简单的固定喷管推力矢量控制系统,近来发展及应用较多,其工作原理与空气舵完全相同,依靠燃气舵产生所需的侧向控制力,当导弹不需要侧向控制力时,燃气舵仅处于零位,相对燃气流没有攻角,不产生升力,只引起阻力。

由此可见,推力矢量控制技术和推进剂能量的提高与大型发动机设计和制造技术一样,是固体火箭发动机发展的主要关键技术。为此,各国对推力矢量控制技术进行了大量的专门研究,研制出了各种各样、名目繁多的推力矢量控制系统,有很多系统已被应用到不同类型的导弹发动机上,成功地完成了各种飞行使命。

四、推力调节技术

目前,导弹发动机推力调节主要有两种方式:一是按预定规律调节,如单室双推力、多推力固体发动机,研究的重点是可变推力并具有高性能;二是推力随机调节,如采用可调喷管、采用旋流阀控制喉径变化,实现推力无级调节。所谓旋流阀,就是在喷管喉部位置切向喷入两股或几股气流,在喷注截面上产生旋流(即旋流室),由于旋流从外边缘到中心的流速不同,从而建立了径向压强梯度,对通过这个截面的轴向主流产生阻力,使流量下降,相当于减小了喉径,起到控制燃烧压强的作用,也调节了推力的大小。这种固体发动机要用负压强指数推进剂。以上两种调节方式的关键是使用耐高温、抗烧蚀的材料和负压强指数推进剂。

五、双脉冲发动机技术

作为一项技术贮备,开展以脉冲发动机和固体动能拦截器(Kinetic Kill Vehicle,KKV)发动机的预先研制工作也是必要的,包括发展两脉冲及三脉冲技术,而解决最佳脉冲点火控制及药柱隔离是技术的关键。

当前,双脉冲发动机技术已在防空导弹上得到应用,其优势包括:在同样装药条件下,扩大了导弹的拦截作战空域;在同样硬件条件下,易于改变作战任务能力;在导弹接近目标时,能提供较大的横向过载以提高命中精度。值得指出,在同一燃烧室和喷管的条件下,双脉冲的药量分配应是 50/50。否则,小药量脉冲将在很低压强下工作,比冲效率会很低;同时,双脉冲发动机在起飞时很难提供足够的起飞过载,一般要用在第二、三级发动机上,也可能带来一些装药的工艺问题,因此,在采用时要作审慎的比较。

除以上几项关键技术外,如固体发动机工作过程的仿真、极限设计方法等也是值得研究的关键技术。总之,由于地空导弹固体发动机的尺寸和质量均受到严格限制,其发展与提高更应着眼于各组成部分综合效果的改进与提高,完善其优点,克服其缺点,发展新材料,应用新概念、新理论进行发动机设计,应是发动机技术发展的主要方向。当前防空导弹所用固体发动机的水平大约是:固体发动机比冲为 $1\,961 \sim 2\,443\ \text{N}\cdot\text{s/kg}$;固体发动机质量比与其尺寸有关,一般防空导弹固体发动机直径都不大,其质量比远比大型固体发动机的低。根据部分资料统计,一般直径为 100 mm 左右的固体发动机,质量比达 $0.55 \sim 0.60$;直径为 200 mm 左右的固体发动机,质量比达 $0.6 \sim 0.7$;直径为 300 mm 左右的固体发动机,质量比达 $0.7 \sim 0.73$;直径为 400 mm 左右的固体发动机,质量比可达 0.82 左右。

尽管固体发动机存在比冲不高、工作时间有限、推力调节较困难等缺点,但其突出的优点给使用带来了更大的好处,所以其应用前景仍十分广阔。随着固体发动机技术的不断发展及其诸多缺点的克服,固体发动机还将得到更进一步、更普遍的应用。

复 习 题

1. 在导弹总体设计时,对推进系统的总体技术要求有哪些?
2. 简述发动机推力的概念和描述形式,其总冲和比冲有何区别?
3. 在进行推力方案与推进装置的选择时,应考虑哪些因素?

第四章 地空导弹制导技术

第一节 概　述

导弹的制导系统是以导弹为控制对象的一种自动控制系统,它是导弹武器系统的核心组成部分。

一、制导系统的任务

导弹在飞行过程中应按照预先规定的弹道或根据目标的运动情况随时修正自己的弹道,使之命中目标。这样,就要对导弹进行导引和控制,这就是制导系统的任务。

为了完成这个任务,导弹制导系统必须具备下述功能:
1)导弹在飞向目标的过程中,要不断地测量导弹的实际运动与理想运动之间的偏差;
2)据此偏差的大小和方向形成控制指令,将指令送到操纵元件,控制导弹改变运动状态,消除偏差;
3)稳定导弹运动姿态角,使导弹始终保持所需的姿态角。

二、制导系统的组成

导弹制导系统包括导引系统和控制系统两部分,如图4-1所示。

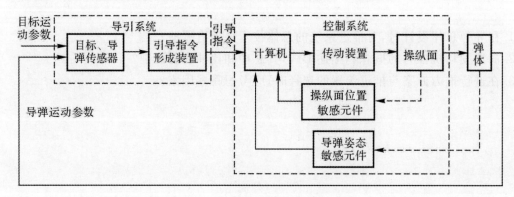

图 4-1　导弹制导系统的基本组成

导引系统一般由测量装置和导引计算机(装置)组成。其功能是由测量装置测量导弹相对理论弹道或目标运动的偏差,按照预定的导引规律,由导引计算机形成导引指令,并把引导指令送给控制系统。弹上控制系统依据导引指令控制导弹的飞行。

控制系统一般由姿态敏感器件、控制计算机和伺服机构组成。其功能是直接操纵导弹,迅速而准确地执行导引系统发出的导引指令,控制导弹飞向目标;控制系统的另一项功能是保证导弹在每一飞行段稳定地飞行,因此常称其为稳定回路或稳定控制系统。

三、制导系统的分类

由于各种导弹对付的目标各不相同,现代的制导系统应用了多种工作原理和多种设备,构成了种类繁多的系统。制导系统按照导引系统的特点来分类,见表 4-1。

表 4-1 制导系统分类图

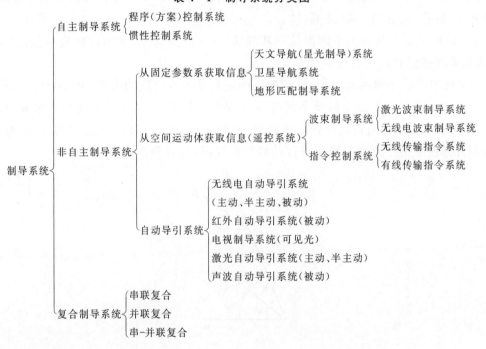

四、导引规律

导弹是在制导系统的控制下飞行的。导弹的制导系统可分为两个基本类型:自主制导和非自主制导。采用非自主制导的导弹又称为导引导弹,在这类导弹飞向目标的过程中,制导系统按照预定的导引规律,不断改变导弹在空间运动的轨迹,以达到最终命中目标的目的。导弹在空间的飞行轨迹称为弹道。导弹的弹道特性与所采用的导引规律有很大关系,如果导引规律选择得当,就能改善导弹的飞行特性,充分发挥导弹武器系统的作战性能。所谓导引规律(方法)就是指导弹在向目标接近的整个过程中应满足的运动学关系。

目前各种导引方法可以归纳为两类:
1)两位置导引法,简称"两点法",这类导引方法只确定导弹与目标两者之间的相对运动;
2)三位置导引法,简称"三点法",这类方法确定制导站、导弹及目标三者之间的相对运动。这里所指的相对运动方程是指描述两个运动物体之间相对运动关系的方程。相对运动方程既可以用来描述导弹和目标之间的相对运动关系,也可以用来描述导弹(或目标)和引导站之间的相对运动关系。相对运动方程是研究各种导引规律运动学特性的基础。

(一)两点法导引时的相对运动方程

所谓两点法导引时的相对运动方程,实际上就是研究导弹和目标之间相对运动的方程。

为了研究问题方便起见,假设某一时刻目标处于 M 点,而导弹处于 D 点,并认为导弹运动的速度矢量和目标运动的速度矢量同处于一个平面内,如图 4-2 所示。该平面被称为攻击平面或攻击面,如果假定导弹在攻击目标的过程中,此平面在空间与地面坐标之间的夹角关系保持不变,即导弹和目标始终在空间某一固定平面内运动,则导弹和目标之间的相对运动关系可以用平面极坐标来描述。

r 表示导弹与目标之间的相对距离,当导弹命中目标时 $r=0$。导弹和目标的连线 $\overline{DM}$ 称为目标瞄准线,简称"目标线"或"瞄准线"。

q 表示目标瞄准线与攻击平面内某一基准线 $\overline{Dx}$ 之间的夹角,称为目标线方位角(简称"视角"),从基准线逆时针转向目标线为正。

σ_D、σ_M 分别表示导弹速度向量、目标速度向量与基准线之间的夹角,从基准线逆时针转向速度向量为正。当攻击平面为铅垂平面时,σ 就是弹道倾角 θ;当攻击平面是水平面时,σ 就是弹道偏角 ψ_V。η_D、η_M 分别表示导弹速度向量、目标速度向量与目标线之间的夹角,称为导弹前置角和目标前置角。速度矢量逆时针转到目标线时,前置角为正。

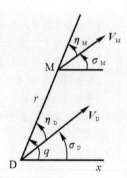

图 4-2 导弹与目标的相对位置

由图 4-2 可见,导弹速度向量 V_D 在目标线上的分量 $V_D\cos\eta_D$ 是指向目标的,它使相对距离 r 缩短,而目标速度向量 V_M 在目标线上的分量 $V_M\cos\eta_M$ 则背离导弹,它使 r 增大。dr/dt 为导弹到目标的距离变化率。显然,相对距离 r 的变化率 dr/dt 等于目标速度向量和导弹速度向量在目标线上分量的代数和。即

$$\frac{dr}{dt} = V_M\cos\eta_M - V_D\cos\eta_D$$

式中,dq/dt 表示目标线的旋转角速度。显然,导弹速度向量 V_D 在垂直于目标线方向上的分量 $V_D\sin\eta_D$,使目标线逆时针旋转,q 角增大;而目标速度向量 V_M 在垂直于目标线方向上的分量 $V_M\sin\eta_M$,使目标顺时针旋转,q 角减小。由理论力学可知,目标线的旋转角速度 dq/dt 等于导弹速度向量和目标速度向量在垂直于目标线方向上分量的代数和除以相对距离 r。即

$$\frac{dq}{dt} = \frac{1}{r}(V_D\sin\eta_D - V_M\sin\eta_M)$$

再考虑图 4-2 中的几何关系,可以列出自动瞄准的相对运动方程组为

$$\left.\begin{aligned}\frac{\mathrm{d}r}{\mathrm{d}t}&=V_\mathrm{M}\cos\eta_\mathrm{M}-V_\mathrm{D}\cos\eta_\mathrm{D}\\r\frac{\mathrm{d}q}{\mathrm{d}t}&=V_\mathrm{D}\sin\eta_\mathrm{D}-V_\mathrm{M}\sin\eta_\mathrm{M}\\q&=\sigma_\mathrm{D}+\eta_\mathrm{D}\\q&=\sigma_\mathrm{M}+\eta_\mathrm{M}\\\varepsilon_1&=0\end{aligned}\right\} \quad (4-1)$$

方程组(4-1)中包含 8 个参数:$r, q, V_\mathrm{D}, \eta_\mathrm{D}, \sigma_\mathrm{D}, V_\mathrm{M}, \eta_\mathrm{M}, \sigma_\mathrm{M}$。$\varepsilon_1=0$ 是导引关系式,它反映出各种不同导引弹道的特点。在两点法导引系统中常用的导引规律有追踪法、平行接近法和比例接近法。这些导引规律的定义和数学描述方法如下。

1. 追踪法

追踪法就是指导弹在接近目标的过程中,导弹的速度向量永远指向目标,也就是导弹的前置角永远等于零。其理想控制方程可表示为

$$\eta \equiv 0 \quad (4-2)$$

2. 平行接近法

平行接近法就是指导弹在接近目标的过程中,目标视线始终保持平行,即 $\dfrac{\mathrm{d}q}{\mathrm{d}t}\equiv 0$,或者说 q 保持为常数。平行接近法的理想控制方程可以表示为

$$\frac{\mathrm{d}q}{\mathrm{d}t}\equiv 0 \quad (\text{或 } q\equiv q_0) \quad (4-3)$$

即

$$\sin\eta_\mathrm{D}=\frac{V_\mathrm{M}}{V_\mathrm{D}}\sin\eta_\mathrm{M}=\frac{1}{P}\sin\eta_\mathrm{M}$$

式中,q_0 为开始制导瞬时的目标视线角。

3. 比例接近法

比例接近法就是指导弹在接近目标的过程中,导弹速度向量的转动角速度正比于目标视线的转动角速度,即

$$\frac{\mathrm{d}\sigma_\mathrm{D}}{\mathrm{d}t}=K\frac{\mathrm{d}q}{\mathrm{d}t} \quad (4-4)$$

式中,K 为比例导引法的比例系数。

分析相对运动方程组(4-1)可以看出,导弹相对目标的运动特性由以下三种因素来决定:
1)目标的运动特性,如飞行高度、速度及机动性能;
2)导弹飞行速度的变化规律;
3)导弹所采用的导引方法。

在导弹研制过程中,不能预先确定目标的运动特性,一般只能根据所要攻击的目标,在其性能范围内选择若干条典型航迹,例如,等速直线飞行或等速盘旋等。只要典型航迹选得合适,导弹的导引特性大致可以估算出来。这样,在研究导弹的导引特性时,认为目标运动的特性是已知的。

(二)三点法导引时的相对运动方程

三点法导引时的相对运动方程就是通过导弹和导引站之间的相对运动关系以及目标和引导站之间的相对运动关系来描述。

为了使问题简单化,假设导弹、目标和引导站都在同一平面内运动。它们之间的相对运动学的几何关系如图 4-3 所示。

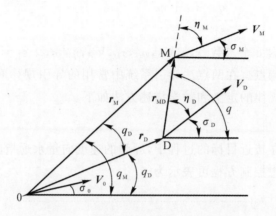

图 4-3 三点法导引时的运动学关系

图 4-3 中,O、D、M 分别表示导引站、导弹和目标在任意瞬时在空间所占的位置;V_0,V_M,V_D 分别表示导引站、目标和导弹的运动速度向量;r_M,r_D 分别表示导引站到目标的距离向量和引导站到导弹的距离向量;q_M,q_D 分别表示 r_M 和 r_D 与参考线之间的夹角,q_M 称目标为视线角,q_D 称为导弹视线角;σ_0 为速度向量 V_0 与参考线之间的夹角。

根据图 4-3,可以求得导引站和导弹之间的距离变化率和导弹视线角的变化率分别为

$$\frac{dr_D}{dt} = -V_0\cos(q_D-\sigma_0) + V_D\cos(q_D-\sigma_D) \tag{4-5}$$

$$r_D\frac{dq_D}{dt} = V_0\sin(q_D-\sigma_0) - V_D\sin(q_D-\sigma_D) \tag{4-6}$$

同样可以求得导引站和目标之间的距离变化率和目标视线角的变化率分别为

$$\frac{dr_M}{dt} = -V_0\cos(q_M-\sigma_0) + V_M\cos(q_M-\sigma_M) \tag{4-7}$$

$$r_M\frac{dq_M}{dt} = V_0\sin(q_M-\sigma_0) - V_M\sin(q_M-\sigma_M) \tag{4-8}$$

从式(4-5)~式(4-8)中可以看出,在 V_0,V_M,V_D,σ_M 随时间的变化关系均为已知的条件下,需要求解 r_M,r_D,q_M,q_D,σ_0,σ_D 共 6 个变量。这时方程的参数少于需要求解参数的数目,故方程组不封闭,还不能解出变参数来。为了使各求解的参数能解出来,需要再补充两个方程。这两个方程是通过描述导引方法的方程来求得:① 导引站和目标之间所应满足的导引关系方程;② 导引站(或目标)和导弹之间应满足的导引关系方程。活动的引导站若自动追踪目标,这时可以采用两点法导引时的导引规律。当导引站固定不动时,情况就简单得多了。导弹和制导站(或目标)之间应满足的导引关系,可按三点法导引规律确定。常用的三点法导引规律有三点重合法和前置量法等。

1. 三点重合法

三点重合法就是指导弹在攻击目标的飞行过程中,使导弹、目标和导引站始终在同一条直线上。导引站可以是在相对地球运动着的活动物体上,如飞机、军舰和车辆等,也可以是相对地球静止的,如有的"地对空"导弹的引导站就是相对地面静止的。其导引关系式为

$$\varepsilon_D = \varepsilon_M; \quad \beta_D = \beta_M \tag{4-9}$$

式中,ε_D 和 β_D,ε_M 和 β_M 分别为导弹和目标在导引站中测得的高低角和方位角。

2. 前置量法

前置量法就是指在导弹攻击目标的飞行过程中,导弹与导引站的连线应超前于目标与引导站连线一个角度。其导引关系式为

$$\varepsilon_D = \varepsilon_M + A_\varepsilon \Delta r; \quad \beta_D = \beta_M + A_\beta \Delta r \tag{4-10}$$

式中,Δr 为目标与导弹的斜距差,A_ε、A_β 分别为高低角和方位角方向的前置系数。

五、制导系统的基本要求

为了完成导弹的制导任务,导弹制导系统需满足很多要求,最基本的要求是关于制导系统的制导准确度、对目标的鉴别力、可靠性和抗干扰能力等方面的。

(一)制导准确度

导弹与炮弹之间的差别在效果上看是导弹具有很高的命中概率,而其实质上的不同则在于导弹是被控制的,所以制导准确度是对制导系统的最基本也是最重要的要求。

制导系统的准确度通常用导弹的脱靶量表示。所谓脱靶量,是指导弹在制导过程中与目标间的最短距离。从误差性质看,造成导弹脱靶量的误差分为两种,一种是系统误差,另一种是随机误差。系统误差在所有导弹攻击目标过程中是固定不变的,因此系统误差为脱靶量的常值分量;随机误差分量是一个随机量,其平均值等于零。

导弹的脱靶量允许值取决于很多因素,主要取决于给出的命中概率、导弹战斗部的质量和性质、目标的类型及其防御能力。目前,战术导弹的脱靶量可以达到几米,有的甚至可与目标相碰,战略导弹由于其战斗部威力大,目前的脱靶量可达到几十米。

为了使脱靶量小于允许值,就要提高制导系统的制导准确度,也就是减小制导误差。

(二)作战反应时间

作战反应时间指从发现目标起到第一枚导弹起飞为止的一段时间,一般来说应由防御的指挥、控制、通信系统和制导系统的性能决定,但对攻击活动目标的战术导弹,则主要由制导系统决定。当导弹系统的搜索探测设备对目标识别并进行威胁判定后,立即计算目标诸元并选定应攻击的目标。制导系统便对被指定的目标进行跟踪,并转动发射设备,捕获目标,计算发射数据,执行发射操作等。制导系统执行上述操作所需要的时间称为作战反应时间。随着科学技术的发展,目标速度越来越快,由于难以实现在远距离上对低空目标的搜索、探测,因此制导系统的反应时间必须尽量短。

(三)制导系统对目标的鉴别力

如果要使导弹去攻击相邻几个目标中的某一个指定目标,导弹制导系统就必须具有较高的距离鉴别力和角度鉴别力。距离鉴别力是制导系统对同一方位上、不同距离两个目标的分辨能力,一般用能够分辨出的两个目标间的最短距离来表示;角度鉴别力是制导系统对同一距离上,不同方位的两个目标的分辨能力,一般用能够分辨出的两个目标与控制点连线间的最小夹角来表示。

(四)制导系统的抗干扰能力

制导系统的抗干扰能力是指在遭到敌方袭击、电子对抗、反导对抗和受到内部、外部干扰时,该制导系统保持其正常工作的能力。对多数战术导弹而言,都要求其具有很强的抗干扰能力。

(五)制导系统的可靠性

可靠性是指产品在规定的条件下和规定的时间内完成规定功能的能力。制导系统的可靠性,可以看作是在给定使用和维护条件下,制导系统各种设备能保持其参数不超过给定范围的性能,通常用制导系统在允许工作时间内不发生故障的概率来表示。这个概率越大,表明制导系统发生故障的可能性越小,也就是系统的可靠性越好。

(六)体积小、质量轻、成本低

在满足上述基本要求的前提下,尽可能地使制导系统的仪器设备结构简单、体积小、质量轻、成本低,对弹上的仪器设备更应如此。

(七)控制容量

控制容量是指制导系统能同时观测的目标和制导的导弹数量。在同一时间内,制导一枚或多枚导弹只能攻击同一目标的制导系统,叫单目标信道系统;制导多枚导弹能攻击多个目标的制导系统,叫多目标、多导弹信道系统。

第二节 自主制导技术

导弹的自主制导,就是根据发射点和目标的位置,事先拟定好一条弹道,制导中依靠导弹内部的制导设备,测出导弹相对于预定弹道的飞行偏差,形成控制信号,使导弹飞向目标。这种控制和导引信息是由导弹自身产生的制导称为自主制导。

自主制导系统不需要导弹以外的任何信息,即自主制导系统不需要从目标或制导站获取信息,导引信息完全由弹上制导设备产生,控制导弹沿预定弹道飞向目标。自主制导根据控制信号形成的方法不同,可分为方案制导(程序制导)、惯性制导等。

一、方案制导

所谓方案,就是根据导弹飞向目标的既定航迹拟制的一种飞行计划。方案制导系统能引导导弹按这种预先拟制好的计划飞行。导弹在飞行过程中不可避免地产生实际参量值与规定参量值间的偏差,导弹舵的位移量就决定于这一偏差量,偏差量越大,舵相对中立位置的位移量越大。方案制导系统实际上是一个程序控制系统,所以方案制导也叫程序制导。

(一)方案制导系统的组成

方案制导系统一般由方案机构和弹上控制系统两个基本部分组成,如图 4-4 所示。

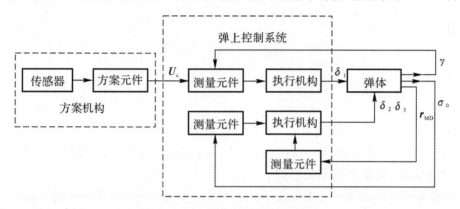

图 4-4 方案制导系统简化框图

方案制导的核心是方案机构,它由传感器和方案元件组成。传感器是一种测量元件,可以是测量导弹飞行时间的计时机构,或测量导弹飞行高度的高度表等,它按一定规律控制方案元件运动。方案元件可以是机械的、电气的、电磁的和电子的,可以是一般函数电位器或凸轮机构,方案元件的输出信号 U_c 可以是代表导弹俯仰角随飞行时间变化的预定规律,或代表倾角随导弹飞行高度变化的预定规律等,U_c 就是导弹的控制信号。在制导中,方案机构按一定程序产生控制信号 U_c,送入弹上控制系统。弹上控制系统还有俯仰、偏航、滚动三个通道的测量元件(陀螺仪),不断测出导弹的俯仰角 ϑ、偏航角 ψ 和滚动角 γ。当导弹受到外界干扰处于不正确姿态时,相应通道的测量元件就产生稳定信号,并和控制信号 U_c 综合后,操纵相应的舵面偏转,使导弹按预定方案确定的弹道稳定地飞行。

导弹飞行方案设计也就是导弹飞行轨迹设计。飞行方案设计的主要依据是使用部门提出的技术战术指标和使用要求,包括发射载体、射程、巡航速度和高度、制导体制、动力装置、导弹几何尺寸和质量、目标类型等。在进行飞行方案设计时,除了要掌握导弹本身的总体特性外,还要了解发射载体和目标特性。只有充分发挥各系统的优点,扬长避短,才能设计出理想的飞行方案。

(二)铅垂平面内的方案飞行

飞航式导弹、空地导弹和弹道式导弹的方案飞行段,基本上是在铅垂面内。

1. 导弹运动基本方程

将地面坐标系的 Ox 轴选取在飞行平面（铅垂平面）内，则导弹质心的坐标 z 和弹道偏角 ψ_v 恒等于零。假定导弹的纵向对称平面 x_1Oy_1 始终与飞行平面重合，则速度倾斜角 γ_v 和侧滑角 β 也等于零。这样，导弹在铅垂平面内的质心运动方程组为

$$\left.\begin{array}{l} m\dfrac{\mathrm{d}V}{\mathrm{d}t}=P\cos\alpha-X-mg\sin\theta \\[4pt] mV\dfrac{\mathrm{d}\theta}{\mathrm{d}t}=P\sin\alpha+Y-mg\cos\theta \\[4pt] \dfrac{\mathrm{d}x}{\mathrm{d}t}=V\cos\theta \\[4pt] \dfrac{\mathrm{d}y}{\mathrm{d}t}=V\sin\theta \\[4pt] \dfrac{\mathrm{d}m}{\mathrm{d}t}=-m_s \\[4pt] \varepsilon_1=0 \\[2pt] \varepsilon_4=0 \end{array}\right\} \qquad (4-11)$$

在导弹气动外形给定的情况下，平衡状态的阻力 X、升力 Y 取决于 V,α,y，因此方程组 (4-11) 中共含有 7 个未知数：V,θ,α,x,y,m,P，分别表示导弹的飞行速度、弹道倾角、攻角、铅垂位移、水平位移、质量和发动机推力。

导弹在铅垂平面内的飞行方案取决于：① 飞行速度的方向，其理想控制关系式为 $\varepsilon_1=0$；② 发动机的工作状态，其理想控制关系式为 $\varepsilon_4=0$。

飞行速度的方向或者直接用飞行方案要求的弹道倾角 $\theta_*(t)$ 来给出，或者间接地用俯仰角 $\vartheta_*(t)$、攻角 $\alpha_*(t)$、法向过载 $n_{y_2}(t)$、高度 $H_*(t)$、速度 $V_*(t)$ 给出，这里的下标"$*$"表示方案要求值。因为方程组 (4-11) 中各式的右端项均与坐标 x 无关，所以在积分此方程组时，可以将第 3 个方程从中独立出来，在其余方程求解之后再进行积分。

2. 几种典型飞行方案

理论上，可采用的飞行方案有弹道倾角 $\theta_*(t)$、俯仰角 $\vartheta_*(t)$、攻角 $\alpha_*(t)$、法向过载 $n_{y_2}(t)$ 和高度 $H_*(t)$。下面分别给出各种飞行方案的理想操纵关系式。

（1）给定弹道倾角

如果给出弹道倾角的飞行方案 $\theta_*(t)$，则理想控制关系式为 $\varepsilon_1=\theta-\theta_*(t)=0$ [即 $\theta=\theta_*(t)$] 或 $\varepsilon_1=\dot\theta-\dot\theta_*(t)=0$ [即 $\dot\theta=\dot\theta_*(t)$]。其中，$\theta$ 为导弹实际飞行的弹道倾角。

选择飞行方案的目的是为了使导弹按所要求的弹道飞行。例如飞航式导弹以 θ_0 角发射并逐渐爬升，然后转入平飞，这时飞行方案 $\theta_*(t)$ 可以设计成各种变化规律，可以是直线，也可以是曲线。

利用函数 $\theta_*(t)$ 对时间求导，得到 $\dot\theta_*(t)$ 的表达式，改写方程组 (4-11) 中的第二式，得

$$\frac{\mathrm{d}\theta}{\mathrm{d}t}=\frac{g}{V}(n_{y_2}-\cos\theta)$$

无倾斜飞行时，$\gamma_v=0$，故法向过载 $n_{y_2}=n_{y_3}$。

平衡状态下得法向过载为

$$n_{y_3} = n_{y_3 b}^{\alpha} \alpha + (n_{y_3 b})_{\alpha=0} \qquad (4-12)$$

式中

$$n_{y_3 b}^{\alpha} = \frac{1}{mg}\left(P + Y^{\alpha} - \frac{m_z^{\alpha}}{m_z^{\delta_z}} Y^{\delta_z}\right)$$

$$(n_{y_3 b})_{\alpha=0} = \frac{1}{mg}\left(Y_0 - \frac{m_{z_0}}{m_z^{\delta_z}} Y^{\delta_z}\right)$$

由式(4-12)可得

$$\alpha = \frac{1}{n_{y_3 b}^{\alpha}}\left[\frac{V}{g}\frac{\mathrm{d}\theta}{\mathrm{d}t} + \cos\theta - (n_{y_3 b})_{\alpha=0}\right]$$

对于轴对称导弹，$(n_{y_3 b})_{\alpha=0}=0$。于是描述按给定弹道倾角方案飞行的运动方程组为

$$\left.\begin{aligned}
\frac{\mathrm{d}V}{\mathrm{d}t} &= \frac{P\cos\alpha - X}{m} - g\sin\theta \\
\alpha &= \frac{1}{n_{y_3 b}^{\alpha}}\left[\frac{V}{g}\frac{\mathrm{d}\theta}{\mathrm{d}t} + \cos\theta - (n_{y_3 b})_{\alpha=0}\right] \\
\frac{\mathrm{d}x}{\mathrm{d}t} &= V\cos\theta \\
\frac{\mathrm{d}y}{\mathrm{d}t} &= V\sin\theta \\
\theta &= \theta_*(t)
\end{aligned}\right\} \qquad (4-13)$$

联立上述方程组得第 1、2、4、5 方程，进行数值积分，就可以解得其中的未知数 V, α, y, θ。然后再积分第 3 式，就可以解出 $x(t)$，从而得到按给定弹道倾角飞行的方案弹道。

如果 $\theta_*(t)=C$（常数），则方案飞行弹道为直线。如果 $\theta_*(t)=0$，则方案飞行弹道为水平直线（等高飞行）。如果 $\theta_*(t)=\pi/2$，则导弹作垂直上升飞行。

(2) 给定俯仰角

如果给出俯仰角的飞行方案 $\vartheta_*(t)$，则理想控制关系式为

$$\varepsilon_1 = \vartheta - \vartheta_*(t) = 0$$

即

$$\vartheta = \vartheta_*(t)$$

式中，ϑ 为导弹飞行过程中的实际俯仰角。

在进行弹道计算时，还需引入角度关系式 $\alpha = \vartheta - \theta$，于是描述按给定俯仰角方案飞行的运动方程组为

$$\left.\begin{aligned}
\frac{\mathrm{d}V}{\mathrm{d}t} &= \frac{P\cos\alpha - X}{m} - g\sin\theta \\
\frac{\mathrm{d}\theta}{\mathrm{d}t} &= \frac{1}{mV}(P\sin\alpha + Y - G\cos\theta) \\
\frac{\mathrm{d}x}{\mathrm{d}t} &= V\cos\theta \\
\frac{\mathrm{d}y}{\mathrm{d}t} &= V\sin\theta \\
\alpha &= \vartheta - \theta \\
\vartheta &= \vartheta_*(t)
\end{aligned}\right\} \qquad (4-14)$$

此方程组包含 6 个未知参量：V, θ, α, x, y 和 ϑ。解算这组方程就能得到这些参量随时间的

变化规律,同时也就得到了按给定俯仰角的方案弹道。这种飞行方案的控制系统最容易实现。利用三自由度陀螺测量,或者通过捷联惯导系统测量、解算得到导弹实际飞行时的俯仰角,与飞行方案 $\vartheta_*(t)$ 比较,形成角偏差信号,经放大送至舵机。升降舵的偏转规律为

$$\delta_z = K_\vartheta [\vartheta - \vartheta_*(t)]$$

式中,K_ϑ 为放大因数。

(3) 给定攻角

给定攻角的飞行方案,是为了使导弹爬升得最快,即希望飞行所需的攻角始终等于允许的最大值;或者是为了防止需用过载超过可用过载而对攻角加以限制;若导弹采用冲压发动机,为了保证发动机能正常工作,也必须将攻角限制在一定范围内。

如果给出了攻角的飞行方案 $\alpha_*(t)$,则理想控制关系式为

$$\varepsilon_1 = \alpha - \alpha_*(t) = 0$$

即

$$\alpha = \alpha_*(t)$$

式中,α 为导弹飞行过程中的实际攻角。

由于目前测量导弹实际攻角的传感器的精度比较低,所以一般不直接采用控制导弹攻角参量,而是将 $\alpha_*(t)$ 折算成俯仰角 $\vartheta_*(t)$,通过对俯仰角的控制来实现对攻角的控制。

(4) 给定法向过载

给定法向过载的飞行方案,往往是为了保证导弹不会出现结构破坏。此时,理想控制关系式为

$$\varepsilon_1 = n_{y_2} - n_{y_2*}(t) = 0$$

即

$$n_{y_2} = n_{y_2*}(t)$$

式中,n_{y_2} 为导弹飞行的实际法向过载。

在平衡状态下,由式(4-12)和 $\gamma_v = 0$,得

$$\alpha = \frac{n_{y_2} - (n_{y_2 b})_{\alpha=0}}{n_{y_2 b}^\alpha}$$

按给定法向过载方案飞行,可以采用方程组描述为

$$\left.\begin{aligned}
\frac{\mathrm{d}V}{\mathrm{d}t} &= \frac{P\cos\alpha - X}{m} - g\sin\theta \\
\frac{\mathrm{d}\theta}{\mathrm{d}t} &= \frac{g}{V}(n_{y_2} - \cos\theta) \\
\frac{\mathrm{d}x}{\mathrm{d}t} &= V\cos\theta \\
\frac{\mathrm{d}y}{\mathrm{d}t} &= V\sin\theta \\
\alpha &= \frac{n_{y_2} - (n_{y_2 b})_{\alpha=0}}{n_{y_2 b}^\alpha} \\
n_{y_2} &= n_{y_2*}(t)
\end{aligned}\right\} \quad (4-15)$$

这组方程包含未知参量 V, θ, α, x, y 及 n_{y_2}。解算这组方程,就能得到这些参量随时间的变化量,并可得到给定法向过载飞行的方案弹道。

由方程组(4-15)可知,按给定法向过载的方案飞行实际上是通过相应的 α 来实现的。

(5) 给定高度

如果给出导弹高度的飞行方案 $H_*(t)$,则理想控制关系式为

即
$$\varepsilon_1 = H - H_*(t) = 0$$
$$H = H_*(t)$$

式中，H 为导弹的实际飞行高度。

将上式对时间求导，可得

$$\frac{dH}{dt} = \frac{dH_*(t)}{dt} \tag{4-16}$$

式中，$dH_*(t)/dt$ 为给定的导弹飞行高度变化率。

对于近程战术导弹，在不考虑地球曲率时，存在关系式

$$\frac{dH}{dt} = \frac{dy}{dt} = V\sin\theta \tag{4-17}$$

由式(4-16)和式(4-17)解得

$$\theta = \arcsin\left[\frac{1}{V}\frac{dH_*(t)}{dt}\right] \tag{4-18}$$

参照给定弹道倾角方案飞行的运动方程组，描述给定高度的方案飞行的运动方程组为

$$\left.\begin{aligned}
\frac{dV}{dt} &= \frac{P\cos\alpha - X}{m} - g\sin\theta \\
\alpha &= \frac{1}{n_{y_3b}^\alpha}\left[\frac{V}{g}\frac{d\theta}{dt} + \cos\theta - (n_{y_3b})_{\alpha=0}\right] \\
\frac{dx}{dt} &= V\cos\theta \\
\frac{dy}{dt} &= \frac{dH_*(t)}{dt} \\
\theta &= \arcsin\left[\frac{1}{V}\frac{dH_*(t)}{dt}\right]
\end{aligned}\right\} \tag{4-19}$$

联立上述方程组，就可以求出其中的未知数 V,α,x,y,θ，从而得到按高度飞行的方案弹道。

(三) 水平面内的方案飞行

1. 水平面内飞行的方程组

当攻角和侧滑角较小时，导弹在水平面内的质心运动方程组为

$$\left.\begin{aligned}
m\frac{dV}{dt} &= P - X \\
(P\alpha + Y)\cos\gamma_v &- (-P\beta + Z)\sin\gamma_v - G = 0 \\
-mV\frac{d\psi_v}{dt} &= (P\alpha + Y)\sin\gamma_v + (-P\beta + Z)\cos\gamma_v \\
\frac{dx}{dt} &= V\cos\psi_v \\
\frac{dz}{dt} &= -V\sin\psi_v \\
\frac{dm}{dt} &= -m_s \\
\varepsilon_2 &= 0 \\
\varepsilon_3 &= 0 \\
\varepsilon_4 &= 0
\end{aligned}\right\} \tag{4-20}$$

在这个方程组中含有 9 个未知数：$V, \psi_v, \alpha, \beta, \gamma_v, x, z, m, P$。

在水平面内的方案飞行取决于下述给定的条件：

1) 给定飞行方向，其相应的理想控制关系式为 $\varepsilon_2 = 0, \varepsilon_3 = 0$。飞行速度的方向可以由 $\psi_{v*}(t)[$或 $\dot{\psi}_{v*}(t)$，或 $n_{z_2*}(t)], \beta_*(t)[$或 $\psi_*(t)], \gamma_{v*}(t)$ 中的任意两个参量的组合给出，但是导弹通常不作既操纵倾斜又操纵侧滑的水平面飞行，因为这样将使控制系统复杂化。

2) 给定发动机的工作状态，其相应的理想控制关系式为 $\varepsilon_4 = 0$。如果飞行方案是由偏航角的变化规律 $\psi_*(t)$ 给出的，或者需要确定偏航角，则方程组(4-20)中还需补充一个方程，即

$$\psi = \psi_v + \beta$$

因为方程组(4-20)右端与坐标 x, z 无关，所以积分此方程组时，第 4 式和第 5 式可以独立出来，在其余方程积分之后，单独进行积分。下面讨论水平面内飞行的攻角。由方程组(4-20)中的第 2 式可以看出：水平飞行时，导弹的重力被空气动力和推力在沿铅垂方向上的分量所平衡。该式可改写为

$$n_{y_3} \cos\gamma_v - n_{z_3} \sin\gamma_v = 1$$

攻角可以用平衡状态下的法向过载来表示，即

$$\alpha = \frac{n_{y_3} - (n_{y_3 b})_{\alpha=0}}{n_{y_3 b}^{\alpha}}$$

在无倾斜飞行时，$\gamma_v = 0$，则 $n_{y_2} = n_{y_3} = 1$，于是

$$\alpha = \frac{1 - (n_{y_3 b})_{\alpha=0}}{n_{y_3 b}^{\alpha}} \tag{4-21}$$

在无侧滑飞行时，$\beta = 0$，则 $n_{z_3} = 0$，于是

$$\alpha = \frac{1/\cos\gamma_v - (n_{y_3 b})_{\alpha=0}}{n_{y_3 b}^{\alpha}} \tag{4-22}$$

比较式(40-21)和式(4-22)可知：在具有相同动压头时，作倾斜的水平曲线飞行所需攻角比侧滑飞行时要大些。这是因为倾斜飞行时，须将升力和推力的铅垂分量 $(P\alpha + Y)\cos\gamma_v$ 与重力相平衡。同时还可看出，在作倾斜的水平机动飞行时，因受导弹临界攻角和可用法向过载的限制，速度倾斜角 γ_v 不能太大。

2. 无倾斜的机动飞行

假设导弹在水平面内作侧滑而无倾斜的曲线飞行，导弹质心运动方程组可改写为

$$\left. \begin{aligned} \frac{dV}{dt} &= \frac{P - X}{m} \\ \alpha &= \frac{1 - (n_{y_3 b})_{\alpha=0}}{n_{y_3 b}^{\alpha}} \\ \frac{d\psi_v}{dt} &= \frac{1}{mV}(P\beta - z) \\ \frac{dx}{dt} &= V\cos\psi_v \\ \frac{dz}{dt} &= -V\sin\psi_v \\ \psi &= \psi_v + \beta \\ \varepsilon_2 &= 0 \end{aligned} \right\} \tag{4-23}$$

此方程组中包含有 7 个未知参量：$V, \psi_v, \alpha, \beta, x, z$ 和 ψ。

方程组(4-23)中描述飞行速度方向的理想控制关系方程 $\varepsilon_2 = 0$ 可以用下列不同的参量表示：弹道偏角 ψ_v 或弹道偏角的变化率 $\dot\psi_v$、侧滑角 β 或偏航角 ψ、法向过载 n_{z_2}。

(1) 给定弹道偏角的方案飞行

如果给出弹道偏角的变化规律 $\psi_{v*}(t)$，则理想控制关系式为

$$\varepsilon_2 = \psi_v - \psi_{v*}(t) = 0$$

或

$$\dot\varepsilon_2 = \dot\psi_v - \dot\psi_{v*}(t) = 0$$

描述按给定弹道偏角的方案飞行的运动方程组为

$$\left.\begin{aligned}
&\frac{\mathrm{d}V}{\mathrm{d}t} = \frac{P-x}{m} \\
&\alpha = \frac{1-(n_{y_3b})_{\alpha=0}}{n_{y_3b}^\alpha} \\
&\beta = -\frac{V}{g}\frac{\dfrac{\mathrm{d}\psi_v}{\mathrm{d}t}}{n_{z_3b}^\beta} \\
&\frac{\mathrm{d}x}{\mathrm{d}t} = V\cos\psi_v \\
&\frac{\mathrm{d}z}{\mathrm{d}t} = -V\sin\psi_v \\
&\psi_v = \psi_{v*}(t)
\end{aligned}\right\} \quad (4-24)$$

式中，$n_{z_3b}^\beta = \dfrac{1}{mg}[-P + Z^\beta - (m_y^\beta / m_y^{\delta_y}) Z_y^\delta]$，可参照式(4-12)进行推导得到。

(2) 给定侧滑角或偏航角的方案飞行

如果给出侧滑角的变化规律 $\beta_*(t)$，则控制系统的理想控制关系式为

$$\varepsilon_2 = \beta - \beta_*(t) = 0$$

描述给定侧滑角的方案飞行的运动方程组可写成

$$\left.\begin{aligned}
&\frac{\mathrm{d}V}{\mathrm{d}t} = \frac{P-x}{m} \\
&\alpha = \frac{1-(n_{y_3b})_{\alpha=0}}{n_{y_3b}^\alpha} \\
&\frac{\mathrm{d}\psi_v}{\mathrm{d}t} = \frac{1}{mV}(P\beta - z) \\
&\frac{\mathrm{d}x}{\mathrm{d}t} = V\cos\psi_v \\
&\frac{\mathrm{d}z}{\mathrm{d}t} = -V\sin\psi_v \\
&\beta = \beta_*(t)
\end{aligned}\right\} \quad (4-25)$$

如果给出偏航角的变化规律 $\psi_*(t)$，则控制系统的理想控制关系式为

$$\varepsilon_2 = \psi - \psi_*(t) = 0$$

描述按给定偏航角方案飞行的运动方程组为

$$\left.\begin{aligned}&\frac{\mathrm{d}V}{\mathrm{d}t}=\frac{P-x}{m}\\&\alpha=\frac{1-(n_{y_3b})_{\alpha=0}}{n_{y_3b}^{\alpha}}\\&\frac{\mathrm{d}\psi_v}{\mathrm{d}t}=\frac{1}{mV}(P\beta-z)\\&\frac{\mathrm{d}x}{\mathrm{d}t}=V\cos\psi_v\\&\frac{\mathrm{d}z}{\mathrm{d}t}=-V\sin\psi_v\\&\beta=\psi-\psi_v\\&\psi=\psi_*(t)\end{aligned}\right\} \quad (4-26)$$

(3) 给定法向过载的方案飞行

如果给出法向过载的变化 $n_{z_2*}(t)$，则控制系统的理想控制关系式为

$$\varepsilon_2=n_{z_2}-n_{z_2*}(t)=0$$

描述按给定法向过载方案飞行的运动方程组为

$$\left.\begin{aligned}&\frac{\mathrm{d}V}{\mathrm{d}t}=\frac{P-x}{m}\\&\alpha=\frac{1-(n_{y_3b})_{\alpha=0}}{n_{y_3b}^{\alpha}}\\&\frac{\mathrm{d}\psi_v}{\mathrm{d}t}=-\frac{g}{V}n_{z_2}\\&\beta=\frac{n_{z_2}}{n_{z_2b}^{\beta}}\\&\frac{\mathrm{d}x}{\mathrm{d}t}=V\cos\psi_v\\&\frac{\mathrm{d}z}{\mathrm{d}t}=-V\sin\psi_v\\&n_{z_2}=n_{z_2*}(t)\end{aligned}\right\} \quad (4-27)$$

3. 无侧滑的机动飞行

导弹在水平面内作倾斜而无侧滑的机动飞行时，导弹质心的运动方程组为

$$\left.\begin{aligned}&\frac{\mathrm{d}V}{\mathrm{d}t}=\frac{P-x}{m}\\&(P\alpha+Y)\cos\gamma_v-G=0\\&\frac{\mathrm{d}\psi_v}{\mathrm{d}t}=\frac{1}{mV}(P\alpha+Y)\sin\gamma_v\\&\frac{\mathrm{d}x}{\mathrm{d}t}=V\cos\psi_v\\&\frac{\mathrm{d}z}{\mathrm{d}t}=-V\sin\psi_v\\&\varepsilon_3=0\end{aligned}\right\} \quad (4-28)$$

上述方程组中描述飞行速度方向的理想控制关系方程 $\varepsilon_3=0$ 可以由下列参量表示：速度倾斜角 γ_v，或法向过载 n_{y_3}，或者攻角 α；弹道偏角 ψ_v，或者弹道偏角的变化率 $\dot{\psi}_v$，或者弹道曲率半径 ρ。

（1）给定速度倾斜角的方案飞行

如果给出速度倾斜角的变化规律 $\gamma_{v*}(t)$，则控制系统的理想控制关系方程为

$$\varepsilon_3 = \gamma_v - \gamma_{v*}(t) = 0$$

描述按给定速度倾斜角方案飞行的运动方程组为

$$\left. \begin{aligned} & \frac{\mathrm{d}V}{\mathrm{d}t} = \frac{P-x}{m} \\ & \alpha = \frac{\dfrac{1}{\cos\gamma_v} - (n_{y_3 b})_{\alpha=0}}{n_{y_3 b}^{\alpha}} \\ & \frac{\mathrm{d}\psi_v}{\mathrm{d}t} = -\frac{g}{V}\sin\gamma_v \left[n_{y_3 b}^{\alpha}\alpha + (n_{y_3 b})_{\alpha=0} \right] \\ & \frac{\mathrm{d}x}{\mathrm{d}t} = V\cos\psi_v \\ & \frac{\mathrm{d}z}{\mathrm{d}t} = -V\sin\psi_v \\ & \gamma_v = \gamma_*(t) \end{aligned} \right\} \quad (4-29)$$

（2）给定法向过载 n_{y_3} 的方案飞行

如果给定法向过载的变化规律 $n_{y_3 *}(t)$，则理想控制关系方程为

$$\varepsilon_3 = n_{y_3} - n_{y_3 *}(t) = 0$$

在水平面内作无侧滑飞行时，法向过载 n_{y_3} 与速度倾斜角 γ_v 之间的关系为

$$n_{y_3} = \frac{1}{\cos\gamma_v}$$

可得按给定法向过载的方案飞行的运动方程组为

$$\left. \begin{aligned} & \frac{\mathrm{d}V}{\mathrm{d}t} = \frac{P-x}{m} \\ & \alpha = \frac{n_{y_3} - (n_{y_3 b})_{\alpha=0}}{n_{y_3 b}^{\alpha}} \\ & \frac{\mathrm{d}\psi_v}{\mathrm{d}t} = -\frac{g}{V} n_{y_3} \sin\gamma_v \\ & \frac{\mathrm{d}x}{\mathrm{d}t} = V\cos\psi_v \\ & \frac{\mathrm{d}z}{\mathrm{d}t} = -V\sin\psi_v \\ & n_{y_3} = n_{y_3 *}(t) \end{aligned} \right\} \quad (4-30)$$

（3）给定弹道偏角的方案飞行

如果给定弹道偏角的变化规律 $\psi_{v*}(t)$，求导数得到 $\dot{\psi}_{v*}(t)$，则相应的控制系统的理想控制关系方程为

$$\varepsilon_3 = \psi_v - \psi_{v*}(t) = 0$$

描述按给定弹道偏角方案飞行的运动方程组为

$$\left.\begin{aligned}
&\frac{\mathrm{d}V}{\mathrm{d}t}=\frac{P-x}{m} \\
&\alpha=\frac{\frac{1}{\cos\gamma_v}-(n_{y_3b})_{\alpha=0}}{n_{y_3b}^{\alpha}} \\
&\tan\gamma_v=-\frac{V}{g}\frac{\mathrm{d}\psi_v}{\mathrm{d}t} \\
&\frac{\mathrm{d}\psi_v}{\mathrm{d}t}=\frac{V}{\rho} \\
&\frac{\mathrm{d}x}{\mathrm{d}t}=V\cos\psi_v \\
&\frac{\mathrm{d}z}{\mathrm{d}t}=-V\sin\psi_v \\
&\psi_v=\psi_{v*}(t)
\end{aligned}\right\} \quad (4-31)$$

(4) 按给定弹道曲率半径的方案飞行

若给定水平面内转弯飞行的曲率半径 $\rho_*(t)$,则控制系统的理想控制关系方程为

$$\varepsilon_3=\rho-\rho_*(t)=0$$

导弹在水平面内曲线飞行时,曲率半径与弹道切线的转动角速度 $\dot{\psi}_v$ 之间的关系为

$$\rho=\frac{V}{\dfrac{\mathrm{d}\psi_v}{\mathrm{d}t}}$$

描述按给定弹道曲率半径的方案飞行的运动方程组为

$$\left.\begin{aligned}
&\frac{\mathrm{d}V}{\mathrm{d}t}=\frac{P-x}{m} \\
&\alpha=\frac{\frac{1}{\cos\gamma_v}-(n_{y_3b})_{\alpha=0}}{n_{y_3b}^{\alpha}} \\
&\tan\gamma_v=-\frac{V}{g}\frac{\mathrm{d}\psi_v}{\mathrm{d}t} \\
&\frac{\mathrm{d}\psi_v}{\mathrm{d}t}=\frac{V}{\rho} \\
&\frac{\mathrm{d}x}{\mathrm{d}t}=V\cos\psi_v \\
&\frac{\mathrm{d}z}{\mathrm{d}t}=-V\sin\psi_v \\
&\rho=\rho_*(t)
\end{aligned}\right\} \quad (4-32)$$

二、惯性制导

导弹的惯性制导也叫惯性导航。所谓惯性制导,就是指利用弹上装置的惯性元件,测量导弹相对于惯性空间的运动参数(如加速度等),并在给定运动的初始条件下,在完全自主的基础

上,由制导计算机算出导弹的速度、距离、位置及姿态等参数,形成控制信号,以引导导弹顺利完成预定飞行的一种自主制导技术。惯性制导是建立在牛顿第二定律基础上的,而牛顿第二定律的应用又是以惯性空间作为参考系的,它是通过测量导弹内部物体的惯性力来确定其运动加速度的,所以把这种制导称为惯性制导。

研究惯性制导时,参考系不能任意选择,即在应用牛顿第二定律时,应选用惯性参考系。所谓惯性参考系,是原点取在不动点,且又无转动的参考系,简称"惯性系",它和惯性空间固联。惯性制导中使用的陀螺和加速度计,都是根据牛顿定律工作的,陀螺测量相对惯性空间的角运动,加速度计测量相对惯性空间的线运动。将这两种惯性元件安装在导弹上,它们测得的角运动和线运动的合成,便是导弹相对惯性空间的运动。这样,导弹相对惯性空间的运动和位置便可得知。

惯性制导有独特的优点,由于不依赖外界的任何信息,不受外界电磁波、光波和周围气候条件等的干扰,也不向外发射任何能量,所以它有较强的抗干扰能力和良好的隐蔽性。此外,它还能提供全球导航的能力。因此,惯性制导不仅在导弹中获得广泛应用,在潜艇、飞机、宇宙飞行器中也得到了广泛应用。惯性制导对惯性元件的要求严格,如陀螺仪长时间工作时,会出现陀螺漂移并引起制导误差,且时间愈长,漂移量越大,使制导误差随之增大。因此,惯性制导的距离受到限制。

惯性导航可分成两大类,一类是平台式惯导,另一类是捷联式惯导。在平台式惯导中,以实体的陀螺稳定平台确定的平台坐标系来精确地模拟某一选定的导航坐标系,从而获得所需的导航数据;在捷联式惯导中则通过计算机实现的数学平台来替代实体平台,由此带来的好处是可靠性高、体积小和价格便宜。

(一)惯性制导的基本原理

根据牛顿第二定律,一个质量为 m 的物体,当受到力 F 作用后,就会产生一个相对于惯性坐标系的加速度 a,它们的关系为

$$F = ma$$

当用加速度计测出运动物体的加速度 a 时,只要把这个加速度对时间进行一次积分,即可得到运动物体的速度

$$V = V_0 + \int_0^t a \mathrm{d}t \tag{4-33}$$

式中,V_0 为运动物体的初速度。

若对速度 V 积分一次,即可得到运动物体所经过的路程 S,则有

$$S = S_0 + \int_0^t V \mathrm{d}t \tag{4-34}$$

式中,S_0 为以参考点为准计算的路程起始值。

上面所述的是物体沿某一方向运动的情况。如果上述物体在空间运动,要想测出它在惯性空间的加速度 a_X, a_Y, a_Z,必须把敏感方向互相垂直的三个加速度计放置在惯性空间稳定的三轴平台上,从而得到加速度矢量 a 在惯性坐标三个正交轴上的投影值 a_X, a_Y, a_Z,此时运动物体沿 X, Y, Z 方向的速度分量为

$$V_X = V_{0X} + \int_0^t a_X \mathrm{d}t$$

$$V_Y = V_{0Y} + \int_0^t a_Y \mathrm{d}t$$

$$V_Z = V_{0Z} + \int_0^t a_Z \mathrm{d}t$$

相应地,运动物体的位置为

$$X = X_0 + \int_0^t V_X \mathrm{d}t$$

$$Y = Y_0 + \int_0^t V_Y \mathrm{d}t$$

$$Z = Z_0 + \int_0^t V_Z \mathrm{d}t$$

加速度计测量的实际是力,因此它不仅对惯性加速度矢量敏感,而且还对重力加速度敏感。因此,加速度计测量的加速度矢量 W 应为

$$W = a - g \tag{4-35}$$

式中:W 为加速度计测量得到的加速度矢量;a 为惯性加速度矢量;g 为重力加速度矢量。

这样,由加速度计测出的加速度,必须去掉重力加速度的影响,才能得到惯性加速度,而重力加速度为导弹在惯性坐标系内位置(或相对地心的位置)的函数。

从上述讨论可见,一个惯性制导系统应该包括以下几个主要部分:敏感元件、导航坐标系和导航计算机等。敏感元件由三个加速度计组成,它们的功用是测量相互垂直方向上的加速度分量。导航计算机的功用是进行加速度积分及坐标参数计算。参数计算必须在给定的坐标系 —— 基准坐标系进行,该坐标系主要由三个正交安装的陀螺来测量载体的角速度信息,它们提供的信息用来稳定基准坐标系。基准坐标系的功用是用来隔离弹体和加速度计的运动,当弹体机动时,它能够保证加速度计只感知选定坐标系三个方向上的运动分量。稳定的基准坐标系可以是平台式惯导的物理机电平台,也可以是计算机通过计算来构成的数学平台。前者称平台式惯性导航系统,后者称捷联式惯性导航系统。

(二) 平台式惯性制导系统

1. 惯导平台及其结构

由于需要三个加速度计才能测得任意方向的加速度,因此在安装三个互相垂直的加速度计时需要有一个三轴稳定平台,如图4-5所示。图中的台体是环架系统的核心,其上装有被稳定对象 —— 加速度计(图中未示出)。平台坐标系 $Ox_p y_p z_p$ 与台体固联,Ox_p 轴和 Oy_p 轴位于平台的台面上,Oz_p 轴垂直于台面。台体上安装了三个单自由度陀螺,其三个输入轴分别平行于台体的 Ox_p 轴、Oy_p 轴和 Oz_p 轴,分别称作 g_X 陀螺、g_Y 陀螺和 g_Z 陀螺。g_X 和 g_Y 又称水平陀螺,g_Z 又称方位陀螺。台体上安装的三个加速度计的敏感轴须分别与台体三根坐标轴平行。将三个加速度计和陀螺仪由台体组合起来所构成的组合件,一般称为惯性测量组合。

为了隔离基座运动对惯性测量组件的干扰,整个台体由方位环a(用以隔离沿 Oz_p 轴的角运动)、俯仰环和横滚环(两者结合起来隔离沿 Ox_p 和 Oy_p 轴的角运动)三个环架支撑起来。当飞机水平飞行时,方位环a的 Oz_p 轴和当地垂线一致,是飞机航向角的测量轴,通常方位环a固联着台体,它和台体一起通过轴承安装在俯仰环 p_i 上。在飞机水平飞行时俯仰环 p_i 的转轴

Ox_{p_i} 平行于飞机的横轴,它是飞机俯仰角的测量轴。俯仰环通过轴承安装在横滚环 r 上。横滚环的转轴 Oy_r 平行于飞机的纵轴,它是飞机横滚角的测量轴。横滚轴通过轴承安装在整个环架系统的基座 b 上。为了保证台体对干扰的卸荷并能按给定的规律运动,沿方位环轴、俯仰环轴和横滚环轴各装有方位力矩电机 M_a、俯仰力矩电机 M_p 和横滚力矩电机 M_r。在平台式惯性导航系统中,姿态和航向信息可以直接从各相应的环架上获取。为此,沿方位环轴、俯仰环轴和横滚环轴安装有输出飞机航向角、俯仰角和横滚角的角度变换器,这些变换器可以是自整角机发送器,也可以是线性旋转变压器等电磁元件。图 4-5 中的 A_r,A_p 和 A_a 分别是横滚伺服放大器、俯仰伺服放大器和方位伺服放大器。

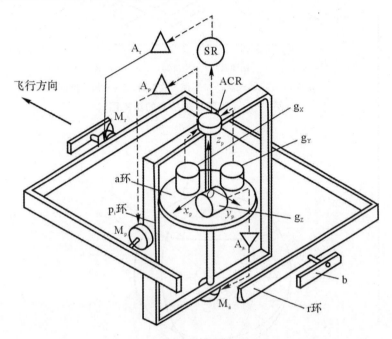

图 4-5 三轴平台的基本结构

上述的是三环三轴平台,它只能工作在飞机俯仰角(可用环架角 θ_p 来表示)不大于60°的情况。当飞机俯仰角接近90°时,就会出现环架锁定现象,因为此时 Ox_r,Oy_{p_i} 和 Oz_a 处于同一个平面内而失去稳定性。为此,应采用如图 4-6 所示的四环三轴平台,外横滚环4的支承轴与飞机的纵轴平行。此种结构的信号传递关系与三环三轴平台相同,不同的是两个水平陀螺的输出信号分别控制内横滚力矩电机和俯仰力矩电机。在现今的各类飞机上几乎全部采用能够避免环架锁定的四环三轴平台。

2. 平台式惯导系统的组成及基本工作原理

惯性导航的工作原理是根据牛顿力学定律来实现的,其基本原理是基于对载体加速度的测量,通过两次积分得到载体的位置坐标。

惯导的平台模拟一个选定的基准坐标系($O'x_ny_nz_n$),若在平台坐标系($O'x_py_pz_p$)安装三个加速度计,就可测得载体加速度的三个分量,再根据基准坐标系与地球坐标系($O'x_ey_ez_e$)的关系便可建立计算导航参数的方程,如图 4-7 所示。

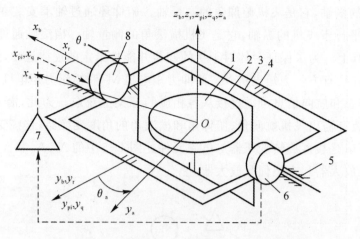

1— 台体；　2— 横滚环；　3— 俯仰环；　4— 外横滚环；
5— 基座；　6— 信号器；　7— 伺服放大器；　8— 伺服电机

图 4-6　四环三轴平台的结构图

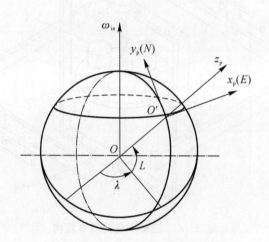

图 4-7　平台坐标系和地理坐标系

载体沿地球表面飞行或航行，假设地球为球体，且暂不考虑地球的自转和公转。平台的两个轴稳定地与地平面保持平行，并使 $O'x_p$ 轴指东，$O'y_p$ 轴指北（即平台所模拟的是东北天地理系）。因沿 $O'x_p$ 轴和 $O'y_p$ 轴装有两个加速度计 A_E 和 A_N，故 A_E 可测出沿东西方向的加速度 a_E，A_N 可测出沿南北方向的加速度 a_N，由此可计算出载体的地速分量

$$V_N = \int_0^t a_N dt + V_{N0} \tag{4-36}$$

$$V_E = \int_0^t a_E dt + V_{E0} \tag{4-37}$$

式中，V_{N0} 和 V_{E0} 是载体北向和东向的初始速度。设 R 是地球半径，根据地球坐标系的定义，由 V_E 和 V_N 可求得载体所在的经度 λ 和纬度 L 为

$$\lambda = \int_0^t \frac{V_E}{R\cos L} dt + \lambda_0 \tag{4-38}$$

$$L = \int_0^t \frac{V_N}{R} dt + L_0 \tag{4-39}$$

图 4-8 所示为惯导工作原理示意图。

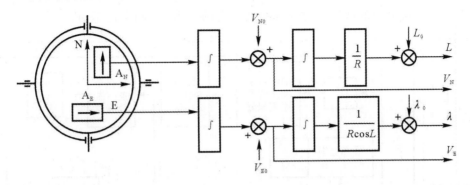

图 4-8　惯导工作原理示意图

为了使平台坐标系模拟所选定的基准坐标系,需给陀螺加指令信号,以使平台按指令角速率转动。指令角速率可根据载体的运动信息经计算机解算后提供。使平台按指令角速率转动的回路称平台的修正回路。图 4-9 所示为惯导系统各部分关系的示意图。

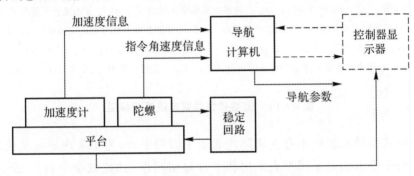

图 4-9　惯导系统各组成部分示意图

(三) 捷联式惯性制导系统

捷联式惯导(Strapdown Initial Navigation System,SINS)与平台式惯导系统的主要区别在于:捷联式惯导系统没有由环架组成的实体惯性平台,其平台的功能完全由计算机来完成,因而称之为"数学平台";陀螺和加速度计所构成的惯性测量部件则直接固联于载体上。正是因为惯性器件直接固联于载体上,使它们不具有像平台式惯导系统那样通过环架隔离运动的作用,所以要求陀螺和加速度计具有动态范围大和能在恶劣动态环境下确保其正常工作的能力。目前,可用作捷联惯导系统的陀螺有单自由度液浮陀螺、动力调谐陀螺(即挠性陀螺)、静电陀螺、环形激光陀螺以及半球谐振子陀螺等。

图 4-10 所示为捷联式惯导系统的原理框图。

由陀螺和加速度计所构成的惯性测量组件(IMU)直接安装于载体上,它们分别敏感出载体(坐标)系相对于惯性系的角速率矢量 ω_{ib}^{b} 和载体系上的比力矢量 f_{ib}^{b}。实际上从构造形式上讲,惯性测量单元和平台式惯导系统没有什么区别,所不同的主要在于陀螺仪一般只感测载体转动的角速率,没有对平台实现控制的功能,也就是说惯性测量单元完全与载体的动态状况是一样的。正因为这样,为了避免载体急速运动对陀螺仪和加速度计的影响,计算机首先要根据所接收陀螺仪和加速度计的输出信息,按照陀螺仪和加速度计的误差模型对它们的误差进行补偿,才能得到比较精确的载体相对惯性系所具有的比力 f_{ib}^b 和角速率 ω_{ib}^b。

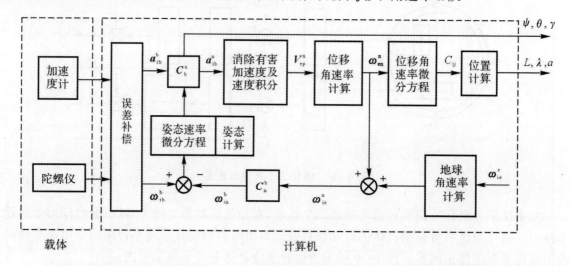

C_n^b—姿态矩阵; C_b^n—C_n^b 的逆矩阵; a_{ib}^b—载体坐标系中的加速度; a_{ib}^n—导航坐标系中的加速度; ω_{ib}^b—载体坐标系相对惯性坐标系的角速率; ω_{in}^b—导航坐标系相对惯性坐标系的角速率; ω_{ie}^e—地球角速率; ω_{ie}^n—位移角速率; θ—俯仰角; ψ—航向角; γ—横滚角; ω_{en}^n—地理坐标系相对地心坐标系的转动速率; C_{ij}—位置矩阵 C_e^n 的元素; V_{ep}^n—地速

图 4-10 捷联式惯导式系统原理框图

由于在捷联式惯导系统中不存在实际代表水平面的平台,为了实现导航及获得姿态信息,就必须在计算机中要求用数学模型表示出和平台起相同作用的"数学平台"。正因为这样,可以把捷联惯导系统叫做无平台惯导系统。既然这样,如图 4-11 所示,我们首先定义一个导航坐标系 $Ox_n y_n z_n$,其 x_n 和 y_n 轴在水平面内,并且 x_n 指东,y_n 指北,而 z_n 在轴向上为正,与 x_n 和 y_n 正交构成和平台式指北系统中相类似的东、北天坐标系。

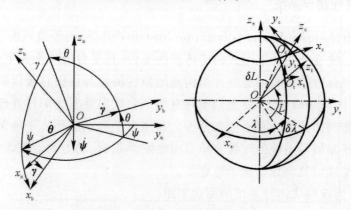

图 4-11 地理坐标系与计算机坐标系

如果我们把航向角记作 ψ,俯仰角记作 θ,横滚角记作 γ,假定开始时 $Ox_b y_b z_b$ 载体坐标系与 $Ox_n y_n z_n$ 导航坐标系完全重合,然后由于载体运动,经过方位、俯仰和横滚三次旋转实现从 n 系到 b 系的变换,就得到由三个转角构成的姿态矩阵 C_n^b,则有

$$\boldsymbol{C}_\mathrm{n}^\mathrm{b} = \begin{bmatrix} \cos\gamma\cos\psi + \sin\gamma\sin\theta\sin\psi & -\cos\gamma\sin\psi + \sin\gamma\sin\theta\cos\psi & -\sin\gamma\cos\theta \\ \cos\theta\sin\psi & \cos\theta\cos\psi & \sin\theta \\ \sin\gamma\cos\psi - \cos\gamma\sin\theta\sin\psi & -\sin\gamma\sin\psi - \cos\gamma\sin\theta\cos\psi & \cos\gamma\cos\theta \end{bmatrix}$$

可以看出，矩阵 $\boldsymbol{C}_\mathrm{n}^\mathrm{b}$ 的元素都是 ψ、θ 和 γ 的函数。

我们知道，载体相对地球运动时，实际上也就引起姿态矩阵中各姿态角的变化，从数学上考虑到地球的自转以及载体相对地球的转动，就可以从捷联式惯性测量单元陀螺所感测的角速率信息中计算出姿态角变化的角速度，由姿态角的变化角速度可以准确计算出姿态矩阵和新的姿态角，把姿态矩阵改写为

$$\boldsymbol{C}_\mathrm{n}^\mathrm{b} = \begin{bmatrix} T_{11} & T_{12} & T_{13} \\ T_{21} & T_{22} & T_{23} \\ T_{31} & T_{32} & T_{33} \end{bmatrix}$$

由上两式便可计算出姿态角为

$$\theta = \arcsin(T_{23}) \tag{4-40}$$
$$\gamma = \arctan(-T_{13}/T_{33}) \tag{4-41}$$
$$\psi = \arctan(T_{21}/T_{22}) \tag{4-42}$$

很明显，姿态矩阵的作用与平台式系统中的平台很相似，因而也就叫做数学平台。既然如此，和平台式系统一样，把载体上加速度计所感测的加速度信息变换到导航坐标系中，也就和平台式系统一样了，对有害加速度和重力加速度进行补偿，进而计算相对地球的速度和载体所处的即时位置。

在捷联式惯导系统中，为了计算载体的即时位置，通常也用矩阵形式。如图 4-7 所示，地球坐标系经过两次旋转便可达到东北天地理系的轴向位置，于是得位置矩阵

$$\boldsymbol{C}_\mathrm{e}^\mathrm{n} = \begin{bmatrix} -\sin\lambda & \cos\lambda & 0 \\ -\sin L\cos\lambda & -\sin L\sin\lambda & \cos L \\ \cos L\cos\lambda & \cos L\sin\lambda & \sin L \end{bmatrix}$$

位置矩阵 $\boldsymbol{C}_\mathrm{e}^\mathrm{n}$ 的元素 C_{ij} 是 L 和 λ 的函数。由于载体相对地球运动，位置随时发生变化，也即得到位置矩阵变化的速度。这样，根据载体围绕地心转动的角速度就可随时计算出新的位置矩阵，可把这个矩阵改写为

$$\boldsymbol{C}_\mathrm{e}^\mathrm{n} = \begin{bmatrix} C_{11} & C_{12} & C_{13} \\ C_{21} & C_{22} & C_{23} \\ C_{31} & C_{32} & C_{33} \end{bmatrix}$$

于是可以求得经度 λ 和纬度 L，即

$$\lambda = \arccos(C_{12})$$
$$L = \arccos(C_{23})$$

第三节 非自主制导技术

一、遥控制导

遥控制导是指由制导站(或载机等其他载体)向导弹发出引导信息,将导弹引向目标的一种制导技术。遥控制导分两类,一类是遥控指令制导,另一类是波束制导。

遥控制导系统主要由目标(导弹)观测跟踪装置、引导指令形成装置、指令传输系统和弹上控制系统等组成,如图 4-12 所示。

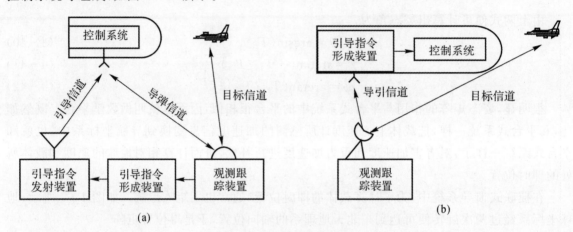

图 4-12 遥控制导系统
(a)遥控指令制导; (b)波束制导

目标(导弹)观测跟踪装置的作用是搜索与发现目标,捕捉导弹信号,连续测量目标及导弹的空间位置及运动参数,以获得形成指令所需的数据(目标、导弹的高低角、方位角以及它们与制导站间的相对距离和相对速度等)。

引导指令形成装置的作用是根据目标与导弹的空间坐标以及它们的运动参数,参照引导方法,形成控制导弹的指令。

指令传输系统包括指令发射装置与指令接收装置两部分,波束制导系统中没有此设备。指令发射装置将控制指令编码、调制后,传递到导弹上,再由导弹上的指令接收装置解调、解码还原成指令信号后,送至弹上控制系统。

弹上控制系统的作用是根据指令信号操纵导弹飞行,同时稳定导弹飞行,其主要设备是自动驾驶仪。

遥控指令制导是指从制导站向导弹发出引导指令信号,送给弹上控制系统,把导弹引向目标的一种制导方式。根据指令传输形式的不同,遥控指令制导可分为有线指令制导和无线电指令制导两类。

遥控指令制导系统中,由制导站的引导设备同时测量目标、导弹的位置和其他运动参数,并在制导站形成引导指令,该指令通过无线电波或传输线传送至弹上,弹上控制系统操纵导弹飞向目标。早期的无线电指令制导系统往往使用两部雷达分别对目标和导弹进行跟踪测量，现多用一部雷达同时跟踪测量目标和导弹的运动，这样不仅可以简化地面设备，而且由于采用了相对坐标体制，大大提高了测量精度，减小了制导误差。

波束制导系统中，制导站发出波束（无线电波束、激光波束），导弹在波束内飞行，弹上的制导设备感受自身偏离波束中心的方向和距离，并产生相应的引导指令，操纵导弹飞向目标。在多数波束制导系统中，制导站发出的波束应始终跟踪目标。

波束制导和遥控指令制导虽然都由导弹以外的制导站引导导弹，但波束制导中制导站的波束指向，只给出导弹的方位信息，而引导指令则由在波束中飞行的导弹感受其在波束中的位置偏差来形成。弹上的敏感装置不断地测量导弹偏离波束中心的大小与方向，并据此形成引导指令，使导弹保持在波束中心飞行，而遥控指令制导系统中的引导指令，是由制导站根据导弹、目标的位置和运动参数来形成的。

与寻的制导系统相比，遥控制导系统在导弹发射后，必须由制导站对目标（指令制导中还包括导弹）进行观测，并不断向导弹发出引导信息；而寻的制导系统中导弹发射后，只由弹上制导设备对目标进行观测、跟踪，并形成引导指令。因此，遥控制导设备分布在弹上和制导站上，而寻的制导系统的制导设备基本都装在导弹上。

遥控制导系统的制导精度较高，作用距离比寻的制导系统大得多，弹上制导设备简单，但其制导精度随导弹与制导站的距离增大而降低，且易受外界干扰。

遥控制导系统多用于地空导弹和一些空空、空地导弹，有些战术巡航导弹也用遥控指令制导来修正其航向。在复合制导系统中，遥控指令制导系统多用于中末制导飞行段。早期的反坦克导弹多采用有线遥控指令制导。

二、寻的制导

遥控制导的导弹虽然可以攻击活动目标，但是控制准确度随着导弹远离制导站（即接近目标）而下降，而寻的制导系统却能克服这一缺点，制导精确度不受导弹飞行距离的影响。

寻的制导，就是由弹上导引头感受目标辐射或反射的能量（如无线电波、红外线、激光、可见光、声音等），测量导弹-目标相对运动参数，形成相应的引导指令控制导弹飞行，使导弹飞向目标的一种制导方法。

根据目标辐射或反射的能量形式不同，可将自寻的制导分为光学自寻的制导、无线电自寻的制导和声学自寻的制导。

根据一次能源的位置不同，自寻的制导可分为主动式、半主动式和被动式三种。

导弹的寻的制导系统从原理上、构造上因信号物理性质不同而有很大的差异，下面分别介绍无线电、光电等制导系统的原理及其组成。

（一）无线电自寻的制导

1. 主动式无线电寻的制导系统

主动式无线电寻的制导系统的导弹上装有雷达发射机和雷达接收机。弹上雷达主动向目标发射无线电波。寻的制导系统根据目标反射回来的电波确定目标的坐标及运动参数，形成控制信号，送给自动驾驶仪，操纵导弹沿理论弹道飞向目标，如图4-13(a)所示。其主要优点是导弹在飞行过程中完全不需要弹外设备提供任何能量或控制信息,可做到"发射后不管";主要缺点是弹上设备复杂,设备质量、尺寸受到限制,因而作用距离不可能很大。

2. 半主动式无线电寻的制导系统

半主动式无线电寻的制导系统的雷达发射机装在地面(或飞机、军舰)上,雷达发射机向目标发射无线电波,而装在弹上的接收机接收目标反射的电波,确定目标的坐标及运动参数,形成控制信号,送给自动驾驶仪,操纵导弹沿理论弹道飞向目标,如图 4-13(b)所示。其主要优点是在导弹以外的制导站设置大功率"照射"能源,因而作用距离较远;弹上设备比较简单,质量和尺寸也比较小。其缺点是导弹在杀伤目标前的整个飞行过程中,制导站必须始终"照射"目标,易受干扰和攻击。

3. 被动式无线电寻的制导系统

被动式无线电寻的制导系统是利用目标辐射的无线电波进行工作的。导弹上装有雷达接收机,用来接收目标辐射的无线电波。在导引过程中,寻的制导系统根据目标辐射的无线电波,确定目标的坐标及运动参数,形成控制信号,送给自动驾驶仪,操纵导弹沿理论弹道飞向目标,如图 4-13(c)所示。被动式寻的制导过程中,导弹本身不辐射能量,也不需要别的照射能源把能量照射到目标上。其主要优点是不易被目标发现,工作隐蔽性好;弹上设备简单。主要缺点是它只能制导导弹攻击正在辐射能量(红外线、无线电波)的目标,由于受到目标辐射能量的限制,作用距离比较近。

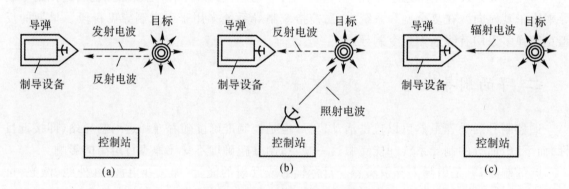

图 4-13 无线电寻的制导系统的类型
(a)主动式; (b)半主动式; (c)被动式

4. 寻的制导系统的基本工作原理

主动、半主动、被动式寻的制导系统,在结构上各不相同,观测目标所需的无线电波的来源也不相同,但它们的实质都是在寻的制导过程中,利用目标反射或辐射的无线电波确定目标坐标及运动参数,而且从观测目标到形成控制信号和操纵导弹飞行,都是由弹上设备完成的,因此这三种寻的制导系统的工作原理基本相同。

无线电寻的制导系统一般由雷达导引头、制导规律形成装置、弹上控制系统(自动驾驶仪)及弹体等部分组成,如图 4-14 所示。

在寻的制导过程中,雷达导引头不断地跟踪目标,测出目标相对于导弹的运动参数,将该参数送入控制信号形成装置,形成控制指令,送入自动驾驶仪。自动驾驶仪根据控制信号的要求,改变导弹飞行姿态。导弹飞行姿态改变之后,雷达导引头又测出目标相对于导弹新的运动参数,形成新的控制信号,控制导弹飞行。这样往复循环,直至命中目标为止。

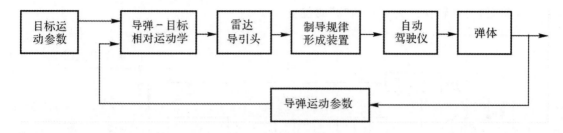

图 4-14 寻的制导系统基本组成

5. 雷达导引头

(1)雷达导引头的任务

雷达导引头的任务是捕捉目标,对目标进行角坐标、距离和速度的跟踪,并计算控制参数和形成控制指令,操纵导弹击毁目标。

捕捉目标是指在进行自导引之前,导引头按目标运动方向和速度获得指定的目标信号。为此,导引头天线应先使波束在预定空间扫描(一般用于末制导的导引头)或执行控制站给出的方向指令,使天线基本对准目标;之后按目标的接近速度(即按多普勒频移)对天线视场内的目标进行搜索;收到目标信号后,接通天线角跟踪系统;消除导引头的初始方向偏差,使天线对准目标。

跟踪目标包括对目标的速度跟踪和对目标的连续角跟踪。对目标的速度跟踪,是利用目标反射信号的多普勒效应,采取适当的接收技术,从频谱特性上对目标信号进行选择和连续跟踪,以排除其他信号的干扰。对目标的角度连续跟踪,一般是利用天线波束扫描(如圆锥扫描等)或多波束技术(如单脉冲技术),取得目标的角偏差信息,实现天线对选定目标的连续角跟踪,同时得到目标视线的转动角速度$\dot{\varphi}$。

形成引导指令是以导引头给出的$\dot{\varphi}$为基础形成按比例接近法的引导指令。

(2)雷达导引头的分类

雷达导引头按作用原理可分为主动式、半主动式和被动式导引头,按测角工作体制可分为扫描式(圆锥扫描、扇形扫描、变换波瓣等)、单脉冲式(幅度法单脉冲、相位法单脉冲和幅度-相位法单脉冲)及相控阵导引头,按工作波形可分为连续波、脉冲波和脉冲多普勒式导引头,按导引头测量坐标系相对于弹体坐标系的位置可分为固定式、活动式(活动非跟踪式和活动跟踪式)导引头。

(3)雷达导引头的组成

主动式、半主动式和被动式雷达导引头的组成一般包括:天线及其传动装置、发射机(主动式雷达导引头)、接收机、选择器、同步接收机(半主动式雷达导引头)、终端装置和其他一些补偿装置,如图 4-15 所示。

导引头的天线装在稳定平台上,平台采取万向支架悬挂的形式,力矩马达 M_{yS}、M_{zS} 装在万向支架轴上。

导弹发射前,雷达导引头对选定的跟踪目标进行瞄准,控制站向导弹装定表示目标方位的初始跟踪指令。这些指令以电信号形式加到放大器上,放大后再加到力矩马达 M_{yS}、M_{zS} 上,马达产生使万向支架旋转的力矩,陀螺便产生进动,平台改变位置,使天线基本对准目标。当然,靠初始跟踪指令驱动,天线跟踪目标的精度是有限的,所以在初始跟踪指令装定之后,便转入自动跟踪状态,为此转换开关调整到"2"的位置。

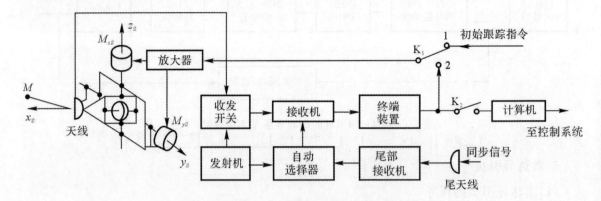

图 4-15　雷达导引头组成示意图(活动式跟踪导引头)

天线辐射或控制站的照射信号经目标反射后,被天线接收,经天线收发开关送给接收机,该信号含有目标 M 偏离导引头坐标轴 Ox_s 的大小和方向的信息。它被接收后在终端装置形成角误差信号,经开关 K_1 加到放大器,使稳定平台转动相应的角度,目标视线便和导引头 Ox_s 轴重合,于是系统在方向上便自动跟踪目标。

自动选择器按速度和距离自动选择目标信号。来自导引头发射机或控制站照射雷达的信号(即零距离信号)被尾部接收机接收到自动选择器。自动选择器也是在发射前由控制指令选取目标的,在跟踪中排除其他目标信号,并把选择的信号送入接收机中。

导弹发射后,在指定的时间内开关 K_2 闭合,角误差信号不但送给力矩马达,而且加到计算机中,以形成引导指令,加至自动驾驶仪控制系统。

(二)红外寻的制导

红外寻的制导是利用目标辐射的红外线作为信号源的被动式寻的制导,可分为红外非成像寻的制导和红外成像寻的制导。红外非成像寻的制导也叫红外点源寻的制导。

1. 红外点源寻的制导

红外寻的制导系统的组成和无线电寻的制导系统的组成相似,主要区别在于采用了与后者不同的红外导引头。因此,这里主要讨论红外导引头的问题。

红外点源导引头由光学系统、调制器、红外探测器与致冷装置、信号处理、导引头的角跟踪系统等部分组成,如图 4-16 所示。

1)光学接收器:它类似于雷达天线,会聚由目标产生的红外辐射,并经光学调制器或光学扫描器传送给红外探测器。

2)光学调制器:光学调制器有空间滤波作用,它通过对入射红外辐射进行调制编码实现;另外,红外点源导引头还有光谱滤波作用,通过滤光片实现。

3)红外探测器及其致冷装置:红外探测器将经会聚、调制或扫描的红外辐射转变为相应的电信号。一般红外光子探测器都需要致冷,因此致冷装置也是导引头的组成部分之一。

4)信号处理:红外点源导引头的信号处理主要采用模拟电路,一般包括捕获电路和解调放大电路等。它将来自探测器的电信号进行放大、滤波、检波等处理,提取出经过编码的目标信息。

5)导引控制系统:红外点源导引头对目标的搜捕与跟踪是靠搜捕与跟踪电路、伺服机构驱动红外光学接收器实现的。它包括航向伺服机构、航向角跟踪电路和俯仰伺服机构、俯仰角跟踪电路两部分。

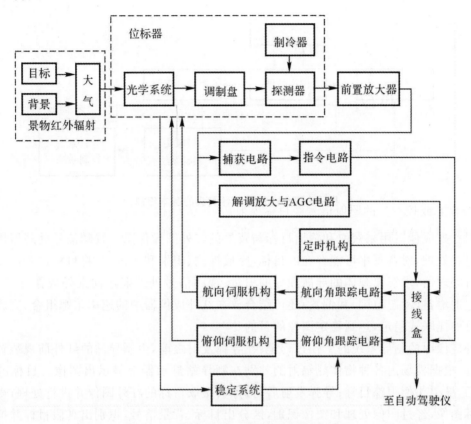

图 4-16　导弹红外点源导引头组成框图

红外点源寻的制导的工作过程:

1)在红外点源导引头开机后,伺服随动机构驱动红外光学接收器在一定角度范围进行搜索。此时稳定系统将光学视场稳定在水平线下某一固定角度,保证弹体在自控段飞行时,俯仰姿态有起伏时,视场覆盖宽于某一距离范围。稳定系统由随动机构、稳定陀螺仪、俯仰稳定电路和脉冲调宽放大器组成。

2)光学接收器不断将目标和背景的红外辐射接收并会聚起来送给调制器,光学调制器将目标和背景的红外辐射信号进行调制,并在此过程中进行光谱滤波和空间滤波,然后将信号传给探测器;探测器把红外信号转换成电信号,经由前置放大器和捕获电路后,根据目标与背景噪声及内部噪声在频域和时域上的差别,鉴别出目标;捕获电路发出捕获指令,使光学接收器停止搜索,自动转入跟踪。

2. 红外成像寻的制导

红外成像寻的制导是一种利用弹上红外探测仪器探测目标的红外辐射,根据获取的红外图像进行目标捕获与跟踪,并将导弹引向目标的制导方法。

红外非成像寻的系统(又称红外点源寻的系统)从目标获得的信息量少,它只有一个点的角位置信号，没有区分多目标的能力，而人为的红外干扰技术有了新的发展，因此点源系统已不能适应先进制导系统的发展要求，于是开始了红外成像技术用于制导系统的研究。

红外成像导引头分为实时红外成像器和视频信号处理器两部分，一般由红外摄像头、图像处理电路、图像识别电路、跟踪处理器和摄像头跟踪系统等部分组成，如图4-17所示。

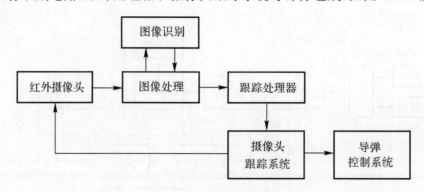

图 4-17　红外成像导引头的基本组成

实时红外成像器用来获取和输出目标与背景的红外图像信息。视频信号处理器用来对视频信号进行处理，对背景中可能存在的目标，完成探测、识别和定位，并将目标位置信息输送到目标位置处理器，求解出弹体的导航和寻的矢量；视频信号处理器还向红外成像器反馈信息，以控制它的增益（动态范围）和偏置；还可结合放在红外成像器中的速率陀螺组合，完成对红外图像信息的捷联式稳定，达到稳定图像的目的。

红外成像寻的制导系统的工作过程是：在导弹发射之前，由制导站的红外前视装置搜索和捕获目标，根据视场内各种物体热辐射的差别在制导站显示器上显示出图像。目标的位置被确定之后，导引头便跟踪目标；导弹发射后，摄像头摄取目标的红外图像并进行处理，得到数字化的目标图像，经过图像处理和图像识别，区分出目标、背景信号，识别出真假目标并抑制假目标；跟踪装置按预定的跟踪方式跟踪目标，送出摄像头的瞄准指令和制导系统的导引指令，引导导弹飞向预定目标。

(三)电视寻的制导

电视寻的制导是由装在导弹头部的电视导引头，利用目标反射的可见光信息形成引导指令，实现对目标跟踪和对导弹控制的一种被动寻的制导技术。

电视寻的制导的核心是电视导引头，它在导弹飞行末段发现、提取、捕获目标，同时计算出目标距光轴位置的偏差，该偏差量加入伺服系统，进行负反馈控制，使光轴瞬时对准目标；其另一个作用是当光轴与弹轴不重合时，给出与偏角成比例的控制电压，送给自动驾驶仪，使弹轴与光轴重合。上述作用结果，使导弹实时对准目标，引导导弹直接摧毁目标。

电视的扫描过程是由扫描线圈控制摄像管的电子束作水平（行扫描）和垂直（场扫描）扫描而完成的。由于行、场扫描的时间是严格规定的，因此其扫描参数是已知的。外界视场内的目标和背景（三维图像）的光能，经大气传输进入镜头聚焦，成像在摄像管靶面上（二维图像）。因目标和背景的光能反差不同，在靶面上形成不同的电位起伏，通过扫描将电位抹平，此时靶面输出与抹平电位成比例的视频信号电流（一维时间 t 的函数）。上述过程称为光电转换，即把光信号变成电信号。如果把行、场扫描正程的中心作为零点，那么，由目标形成的行、场视频信号相对于行、场正程中心出现的时间,就可确定目标的水平位置偏差±Δx和俯仰位置偏差±Δy。测量位置偏差的任务是由视频跟踪处理器中的误差鉴别器自动完成的,鉴别器把测得相对扫描正程零点(也称光轴)的位置偏差变成误差电压(或数字信号)。该信号加于伺服系统,经多次负反馈控制,迅速地使电视导引头的光轴对准目标,达到对目标的跟踪。电视导引头跟踪原理如图4-18所示。

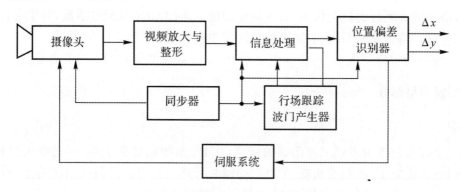

图 4-18　电视导引头跟踪原理框图

(四)激光寻的制导

激光寻的制导是由弹外或弹上的激光束照射在目标上,弹上的激光寻的器利用目标漫反射的激光,形成引导指令,实现对目标的跟踪和对导弹的控制,使导弹飞向目标的一种制导方法。

按照激光源所在位置的不同,激光寻的制导有主动和半主动之分,迄今只有照射光束在弹外的激光半主动寻的制导且波长为 1.06 μm 的系统得到了应用,而激光主动寻的制导还在发展之中。

激光半主动寻的制导系统由弹上的激光寻的器和弹外的激光目标指示器两部分组成。

激光目标指示器在战场上有两个作用:一是用作火控系统的主要组成部分,为激光制导武器指示目标,为其他武器提供目标数据;二是为装有激光跟踪器的飞机导引航向。激光目标指示器主要由激光发射器和光学瞄准器等组成。只要瞄准器的十字线对准目标,激光发射器发射的激光束就能照射到目标上,因为激光的发散角较小,所以能准确地照射目标,激光照射在目标上形成光斑,其大小由照射距离和激光束发散角决定。

为了提高抗干扰能力和在导引头视场内出现多个目标时也能准确地攻击指定的目标,激光器发射出的是经过编码的激光束,导引头中有与之相对应的解码电路,在有多个目标的情况下,按照各自的编码,导弹只攻击与其对应的指示器指示的目标。

激光寻的器接收来自目标反射的激光后,经光学系统会聚在探测器上,激光束在光学系统中要经过滤光片,滤光片只能透过激光器发射的特定波长的激光信号,滤光片还可以在一定程度上排除其他光源的干扰,探测器将接受到的激光信号转换成电信号输出。探测器输出的光电信号经处理后得到含有目标偏离位标器瞬时视场的误差信号,该信号被进一步处理,产生跟踪指令信号,经功率放大后,通过伺服系统使寻的器光轴指向目标,直到光轴与目标视线重合为止。同时,寻的器输出目标视线角速率信号给制导计算机,操纵制导伺服机构,使导弹产生横向加速度,将导弹导向目标。

三、卫星导航系统

卫星导航系统是以人造卫星作为导航台的星基无线电导航系统,能为全球陆、海、空、天的各类军民载体,全天候 24 h 连续提供高精度的三维位置、速度和精密时间信息。

当今,倍受世人瞩目的是美国的 GPS 系统和俄罗斯的 GLONASS 系统,其中尤以 GPS 为最。因此,这里只简单介绍 GPS 卫星导航系统的组成情况。

GPS 定位系统包括三大部分:空间卫星部分、地面监控部分和用户接收部分等。

(一)空间卫星部分

1. 星座

空间卫星部分包括由多颗卫星组成的星座。GPS 系统组建完成后,可在全天候任何时间为全球任何地方提供 4~8 颗仰角在 15°以上的同时可观测卫星。目前的星座的运作由在地球表面上空约 20 230 km 的轨道和约 12 小时的运行时间来保证。

2. 卫星

GPS 卫星为无线电信号收发机、原子钟、计算机及各种辅助装置提供了一个平台。

GPS 卫星的主要工作有三点:

1)接收地面注入站发送的导航电文和其他信号;

2)接收地面主控站的命令,修正其在轨运行偏差及启用备件等;

3)连续地向用户发送 GPS 导航定位信号,并以电文的形式提供卫星自身即时位置与其他在轨卫星的概略位置,以便用户使用。

(二)地面监控部分

GPS 工作卫星的地面监测部分由 1 个主控站、3 个注入站和 5 个监测站组成。主控站早期设在美国范登堡空军基地,现在已迁到中心位于科罗拉多州的空间联合工作中心。

1. 主控站的作用

主控站的作用是收集和处理数据,监测、协调和控制卫星。

2. 监控站的作用

监控站的位置经过精密测定,每个监控站设有 4 个通道的用户接收机、环境数据传感器、原子钟和计算机信息处理机等。监控站根据其接收到的卫星扩频信号求出相对于其原子钟的伪距和伪距差,检测出所测卫星的导航定位数据。利用环境传感器测出当地的气象数据,然后将算得的伪距、导航数据、气象数据及卫星状态数据传送给主控站,供主控站使用。

3. 注入站的作用

注入站设有 3.66 m 的抛物面天线,固定 C 波段发射机和能进行转换存储的 HP - 21MX 计算机。其主要作用是将主控站需传输给卫星的资料以既定的方式注入到卫星存储器中,供卫星向用户发送。

(三)卫星接收机

GPS 卫星接收机即用户设备。

GPS 系统的定位过程可以描述如下:围绕地球运转的人造地球卫星连续向地球表面发射经过编码调制的连续无线电波信号,信号中含有卫星信号准确的发射时间,以及不同的时间卫星在空间中的准确位置(由卫星运动的星历参数和历书来描述);用户接收机接收卫星发射的无线电信号,测量信号的到达时间,计算卫星和用户之间的距离,用导航算法(最小二乘法或滤波估计算法)解算得到用户的位置。

用户接收机与卫星之间的距离为

$$R = \sqrt{(x_1 - x)^2 + (y_1 - y)^2 + (z_1 - z)^2} \tag{4-43}$$

式中:x_1,y_1,z_1 表示卫星的空间三维坐标;x,y,z 表示用户(接收机)的三维坐标。其中 x_1,y_1,z_1 为已知量(主要通过导航电文解算获得);R 值可以通过接收机解算获得;x,y,z 为未知量。通过至少观测三颗卫星,便有三个这样的方程,把这三个方程式联立求解,就可定出用户(接收机)的位置。

四、天文导航系统

天文导航是根据导弹、地球、星体三者之间的运动关系,来确定导弹的运动参量,将导弹引向目标的一种自主制导技术。

(一)星体的地理位置和等高圈

星体的地理位置,是星体对地面的垂直照射点。星体位于其地理位置的正上方。假设天空中某星体,如把它与地球中心连一条直线,则这直线一定和地球表面相交于一点 X_e,X_e 便称为该星体在地球上的地理位置,如图 4-19 所示。由于地球的自转,星体的地理位置始终在地面上沿着纬线由东向西移动。

从星体投射到观测点的光线与当地地平面的夹角 h,叫做星体高度,又称星体的平纬。由于星体离地球很远,照射到地球上的光线可视为平行光线。这样,在地球表面上,离星体地理位置等距离的所有点测得的星体高度相同。因此,凡以 X_e 为圆心,以任意距离为半径在地球表面画的圆圈上任一点的高度必然相等,这个圆圈称为等高圈。应当指出,当取的半径不同时,等高圈对应星体的高度也不同。等高圈半径愈小,星体的高度愈大。星体的地理位置 X_e 处的星体高度最大($h_{\max} = 90°$)。

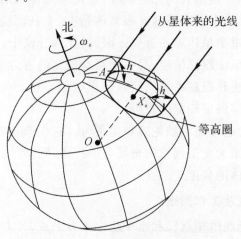

图 4-19 星体的地理位置及等高圈

由于恒星在宇宙空间的位置是固定的,而地球从西向东旋转,故使所有的星体都是东升西落,则星体的地理位置也随时间改变。这种变化规律,已由格林威治时间编制成星图表。当对星体观测后,参照星图表,便可找出星体在天空中的位置。

(二)六分仪的组成及工作原理

导弹天文导航的观测装置是六分仪,根据其工作时所依据的物理效应不同分为两种,一种叫光电六分仪,另一种叫无线电六分仪。它们都借助于观测天空中的星体来确定导弹地理位置。

1. 光电六分仪的组成及工作原理

光电六分仪一般由天文望远镜、稳定平台、传感器、放大器、方位电动机和俯仰电动机等部分组成,如图 4-20 所示。发射导弹前,预先选定一个星体,将光电六分仪的天文望远镜对准选定星体。制导中,光电六分仪不断观测和跟踪选定的星体。

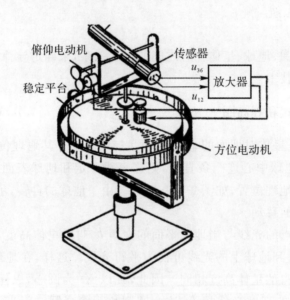

图 4-20 光电六分仪原理图

天文望远镜是由透镜和棱镜组成的光电系统,它把从星体来的平行光聚焦在光敏传感器上,为精确地跟踪星体,不仅要求透镜系统有很高的精度,而且还应尽可能具有较长的焦距和较窄的"视力场",但视力场过窄星体容易丢失。因此,在六分仪中,最好能有两个天文望远镜,一个有较窄的视力场,用来保证跟踪精度;另一个具有较宽的视力场用于搜索。在搜索到星体后为实现精确跟踪,搜索系统和跟踪系统间接有转换电路。这种带有双重望远镜的系统不但能够保证跟踪精度,而且能够保证较宽的视野。

光电六分仪的稳定平台通常是双轴陀螺稳定平台。它在修正装置的作用下始终与当地的地平面保持平行。这样,如果天文望远镜的轴线对准星体,则望远镜的轴线与稳定平台间的夹角就可读出,即可换算出星体的高度 h。

2. 无线电六分仪的组成及工作原理

无线电六分仪主要由无线电望远镜和水平稳定平台组成,其方框图如图 4-21 所示。

当天线几何轴正好对准星体中心时,星体来的无线电波经调制、混频、中频放大、检波、低频放大输入至相位鉴别器与基准电压比较,输出无误差信号。带动天线转动的伺服系统不动,天线几何轴和水平稳定平台间的夹角 h 即为星体的高度,由传感器输出。

天线的几何轴未对准星体中心时,星体来的无线电信号经调制、混频、中放、检波、低频放大,输入至相位鉴别器与基准电压做比较,输出俯仰角误差信号和方位角误差信号。它们被送至伺服系统使天线旋转,直到其几何轴对准星体中心为止。这时天线几何轴和水平稳定平台间便复现新的星体高度 h,并经传感器输出。

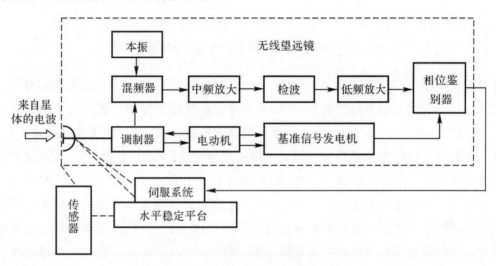

图 4-21 无线电六分仪的组成方框图

(三)导弹天文导航系统的组成与工作原理

导弹天文导航系统有两种:一种是由光电六分仪或无线电六分仪跟踪一个星体,引导导弹飞向目标;另一种是用两部光电六分仪或两部无线电六分仪,分别观测两个星体,根据两个星体等高圈的交点,确定导弹的位置,引导导弹飞向目标。

1. 跟踪一个星体的导弹天文导航系统

跟踪一个星体的导弹天文导航系统,由一部光电六分仪(或无线电六分仪)、高度表、计时机构、弹上控制系统等部分组成,其原理方框图如图 4-22 所示。由于星体的地理位置由东向西等速运动,每一个星体的地理位置及其运动轨迹都可在天文资料中查到,因此,可利用光电六分仪跟踪较亮的恒星(织女星、衔夫星座的 α 星等)或最亮的行星(火星、土星、木星、金星等)的方法来制导导弹飞向目标。在制导中,光电六分仪的望远镜自动跟踪并对准所选用的星体,当望远镜轴线偏离星体时,光电六分仪就向弹上控制系统输送控制信号。弹上控制系统在控制信号的作用下,修正导弹的飞行方向,使导弹沿着预定弹道飞行。导弹的飞行高度由高度表输出的信号控制。当导弹在预定时间飞临目标上空时,计时机构便输出俯冲信号,使导弹进行俯冲或终端制导。

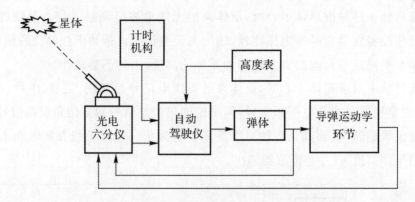

图 4-22 跟踪一个星体的导弹天文导航系统方框图

导弹的预定弹道与导弹速度、发射时间及光电六分仪跟踪的星体位置等参量有关。如果选定的星体位于导弹发射方向的前方,导弹天文导航系统便使导弹的速度向量始终向前指向星体的地理位置,如图 4-23(a)所示。当星体的地理位置在 A 点时,便从发射点向 aA 方向发射导弹。光电六分仪使望远镜的轴线跟踪星体的地理位置,并产生控制信号,控制导弹的飞行方向。当星体的地理位置移动到 B、C 等点时,导弹也正好位于 b、c 等点上。当星体的地理位置移到 D 点时,导弹就飞到目标(d 点)的上空。这种向前瞄准星体地理位置所确定的弹道称为前向追踪曲线。如果所选星体的地理位置在导弹发射方向的后方,导弹天文导航系统使导弹的速度向量的后延线始终指向星体地理位置,如图 4-23(b)所示。这种向后瞄准星体的地理位置所确定的弹道称为后向追踪曲线。

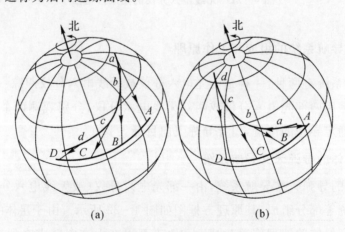

图 4-23 前向和后向跟踪星体地理位置的弹道
(a)前向追踪曲线; (b)后向追踪曲线

2. 跟踪两个星体的导弹天文导航系统

跟踪两个星体的导弹天文导航系统由两部光电六分仪(或两部无线电六分仪)、方案机构、计算机、高度表和弹上控制系统等组成,如图 4-24 所示。

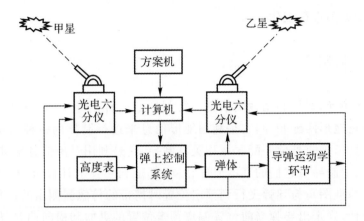

图 4-24　跟踪两个星体的导弹天文导航系统方框图

发射导弹前,首先选定两个星体(甲和乙),并将两个六分仪分别对准两个星体。制导中,两个六分仪同时观测两个星体的高度,得到两个等高圈。由于导弹的位置既在甲星体的等高圈上,又在乙星体的等高圈上,即导弹的位置一定处于两个星体等高圈的交点上(见图4-25)。两个等高圈有两个交点,且由于等高圈的直径一般选得较大,等高圈的两个交点之间可能相距数千公里,这就给区分导弹位于等高圈那个交点带来了方便。将两个六分仪测得的星体高度输入计算机中,并参照导弹发射时的初始数据和预定方案,便可算出导弹的地理位置(经、纬度),于是就可确定出导弹的瞬时位置究竟处在哪个交点上。将方案机构送来的预定值与测得的导弹瞬时地理位置比较,形成导弹的偏航控制信号,送入弹上控制系统,控制导弹按预定弹道飞向目标。高度表用来控制导弹按预定的高度飞行。当导弹的地理位置等于目标的地理位置时,说明导弹已处在目标上空,此时计算机输出俯冲信号,导弹便向目标俯冲。

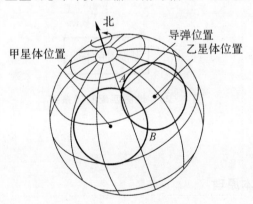

图 4-25　双星定位原理

导弹天文导航系统完全自动化,精确度较高,而且导航误差不随导弹射程的增大而增大。但导航系统的工作受气象条件的影响较大,当有云、雾时,观测不到选定的星体,则不能实施导航。另外,由于导弹的发射时间不同,星体与地球间的关系也不同,因此,天文导航对导弹的发射时间要求比较严格。为了有效地发挥天文导航的优点,该系统可与惯性导航系统组合使用,组成天文惯性导航系统。天文惯性导航是利用六分仪测定导弹的地理位置,校正惯性导航仪所测得的导弹地理位置的误差。如在制导中六分仪因气象条件不良或其他原因不能工作时,惯性导航系统仍能单独进行工作。

五、地图匹配制导

所谓地图匹配制导，就是利用地图信息进行制导的一种制导技术。目前使用的地图匹配制导有两种：一种是地形匹配制导，它是利用地形信息来进行制导的一种系统，有时也叫地形等高线匹配制导；另一种叫景象匹配区域相关器制导，它是利用景象信息来进行制导的一种系统，简称为"景象匹配制导"，它们的基本原理相同，都是利用弹上计算机（相关处理机）预存的地形图或景象图（基准图），与导弹飞行到预定位置时携带的传感器测出的地形图或景象图（实时图）进行相关处理，确定出导弹当前位置偏离预定位置的纵向和横向偏差，形成制导指令，将导弹引向预定的区域或目标。

任一个匹配制导系统，通常由一个成像传感器、一个存贮预定航迹的基准图存储器及一台相关（配准）比较并作信息处理的计算机（常称为相关处理机）等组成，如图4-26所示。其中，传感器可以是光学的、雷达的及辐射计测量的。天线扫描方式可以是一维的，也可以是二维的。相关处理机通常是一台高速微处理机，或是一台由硬件构成的高速数字相关器，它对实时图和基准图进行配准比较，当带噪声的实时图与基准图中大小相等的某一部分匹配时，利用门限判决法即可确定导弹的当时位置，该位置称为匹配位置。因此，相关处理机是地图匹配制导的核心。下面分别讨论地形匹配制导系统和景象匹配制导系统。

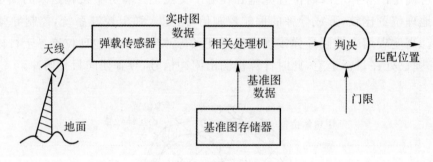

图4-26 地图匹配制导系统

（一）地形匹配制导

1. 地形匹配制导的基本原理

地球表面一般是起伏不平的，某个地方的地理位置可用周围地形等高线确定。地形等高线匹配，就是将测得地形剖面与存贮的地形剖面比较，用最佳匹配方法准确测得地形剖面的地理位置。利用地形等高线匹配来确定导弹的地理位置，并将导弹引向预定区域或目标的制导系统，称为地形匹配制导系统。

地形匹配制导系统由以下几部分组成：雷达高度表、气压高度表、数字计算机及地形数据存贮器等。其简化方框图如图4-27所示。其中，气压高度表测量导弹相对海平面的高度；雷达高度表测量导弹离地面的高度。数字计算机提供地形匹配计算和制导信息，地形数据存储器提供某一已知地区的地形特征数据。

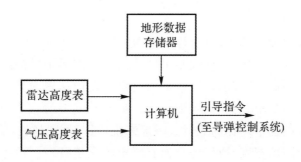

图 4-27 地形匹配制导系统简化方框图

地形匹配制导系统的工作原理如图 4-28 所示。用飞机或侦察卫星对目标区域和导弹预定航线下的区域进行立体摄影,可得到一张立体地图。根据地形高度情况制定数字地形图,并把它存储在导弹计算机的存贮器中;同时把攻击的目标所需的航线编成程序,也存在导弹计算机的存贮器中。导弹飞行中,不断从雷达高度表得到实际航迹下某区域的一串测高数据。导弹上的气压高度表提供了该区域内导弹的海拔高度数据——基准高度。上述两个高度相减,即得导弹实际航迹下某区域的地形高度数据。由于导弹存贮器中存有预定航迹下所有区域的地形高度数据(该数据为一数据阵列),将实测地形高度数据串与导弹计算机存贮的矩阵数据逐次一列一列地比较(相关),通过计算机计算,便可得到测量数据与预存数据的最佳匹配。因此,只要知道导弹在预存数字地形图中的位置,将它和程序规定位置比较,得到位置误差,就可形成引导指令,修正导弹的航向。

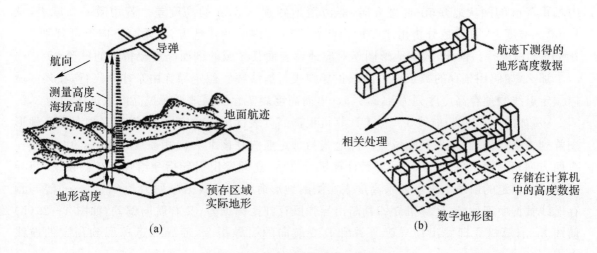

图 4-28 地形匹配制导工作原理
(a)高度测量; (b)相关处理

可见,实现地形匹配制导时,导弹上的数字计算机必须有足够的容量,以存放庞大的地形高度数字阵列;而且,要以极高的速度对这些数据进行扫描,快速取出数据列,以便和实测的地形高度数据进行实时相关,才能找出匹配位置。

如果航迹下的地形比较平坦,地形高度全部或大部分相等,这种地形匹配方法就不能应用了,可采用后面将要介绍的景象匹配方法。

2. 数字地形图

导弹计算机中存放的数字地形图(也称基准图)是一些矩形的数阵。每个阵列表示一块预定区域的地形。阵列中的每个数字,代表某个区域内一个方形子域的地面平均海拔高度。这些方形子域称为单元。因此,预存的数字地形图是投影在地球表面预定区域的方形栅格。预存的数字地形图长度方向的单元数,叫匹配长度。实际上,它表示了与测得的地形高度进行比较的预存地形剖面列方向的平均标高数目。一般来说,匹配长度越长,地形匹配定位的正确概率越大。预存数字地形图的宽度,应保证导弹有要求的飞越概率。预存数字地形图的尺寸大小,一般有4种类型——初始、中途、中段和末段定位,其差别在于长度、宽度和单元尺寸的大小不同。其中,单元尺寸的大小由要求的定位精度来决定,单元尺寸越小,定位精度就越高。随着导弹逐渐接近目标,其定位点的间隔应逐渐减小,其中的单元尺寸也变小。这样,就能保证导弹飞到目标区域后有极高的命中概率。如果地形的变化允许,为了减小虚定位概率,可分组安排预存的数字地形图,如每组有三个,这时由三个数字地形图组成一个地形图集合。对集合中的每个地图都进行匹配定位,只有在三次定位判决后才修正航向。如果不满足判决准则,就不修正航向,导弹继续沿原航向飞到下一个地形图集合对应的区域或飞向目标。

下面说明数字地形图的绘制及应用。设对地球上某一地域进行地面立体摄影,得到一张立体地形图,如在该图上取长 0.7 km、宽 1 km 的长方形地域,按 100 m 边长的方形区域(单元)分成 70 块,再把每单元的海拔高度以 10 m 为单位标上数字,就成了该区域的基准数字地形图。其过程可参见图 4-29(a)。得到的数字地形图如图 4-29(b)所示。显然,某地域标准高度的变化是其位置的函数。目前,一般无线电高度表也能从几千米高度上分辨出水平面内相距 3 m 的两块地方;在垂直方向,能清楚地判别 0.3 m 的高度差。若用激光高度表,从 1 500 m 高度上,可清楚分辨出水平面内相距 20 cm 内的两块地方;在垂直方向上可判别 5~10 cm 的高度差。因此,数字地形图是对应地球表面某区域的剖面高度较精确的模型。

那么,如何用预存的数字地形图修正导弹飞行航线呢?假定导弹由东往西飞行,在某区域内预定航线的预存高度序列为 4,2,3,3,…,而高度表实际测得地形海拔高度数据序列为 3,8,5,2,…,如图 4-29(b)航线 1。弹上计算机根据高度表读出的数字序列,迅速在预存数字地形图阵列上进行扫描,发现实际位置匹配航线与预定航线在南北方向相差 3 个单元(300 m),在东西方向相差两个单元(200 m)。经计算机计算后,立即发出引导指令给弹上控制系统,将导弹修正到预定的航线上来。如果高度表实测的地形海拔高度数据序列为 5,6,1,1,…,经与预存航线数据序列比较,计算机立即判断出导弹既存在距离偏差,又有航向偏差,如图 4-29(b)航线 2。计算机立即发出使导弹平移和改变航向的引导指令,使导弹迅速回到预定的航线上来。

3. 相关处理

由上述简短讨论可知,地形匹配过程,实际上是将实时测出地形高度数据列与预存数字地形图数据列进行相关处理的过程,由于预存数字地形图中包括导弹可能位置的一个大集合,所以存在着一个最佳相关位置,它就是导弹的匹配位置。可见,相关处理机是地形匹配的核心部分。它通常是一台高速微处理机,或者是由硬件搭成的高速数字相关器。图 4-30 所示为地形匹配处理的硬件方框图。

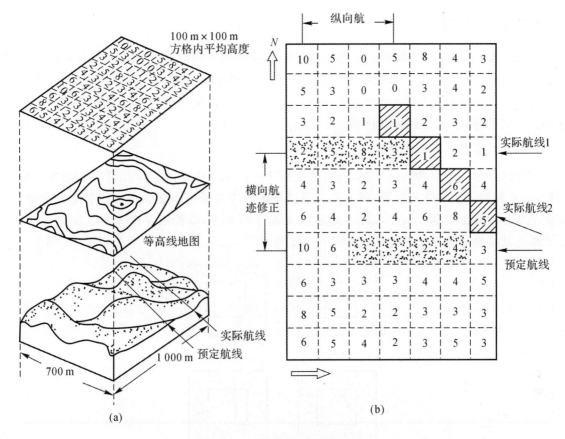

图 4-29　数字地形图和数据相关

(a)某区域地形、地图和 100 m×100 m 方格内平均高度；(b)计算机存储该地域数字地形图

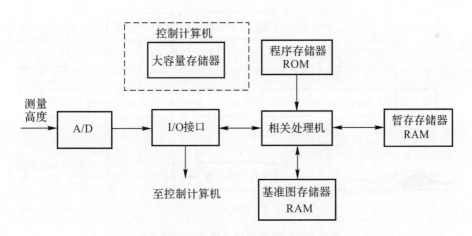

图 4-30　地形相关处理简化硬件方框图

由于弹载传感器录取实时图过程中存在测量噪声、几何失真、变换误差及其他各种误差因素的影响，所以在基准图中不可能找到一幅完全与实时图一样的基准子图。因此，实时图与基准图中所有子图配准比较是通过它们之间相似度的度量来完成的。

(二)景象匹配制导

景象匹配制导,是利用导弹上传感器获得的目标周围景物图像或导弹飞向目标沿途景物图像(实时图)与预存的基准数据阵列(基准图)在计算机中进行配准比较,得到导弹相对目标或预定弹道的纵向横向偏差,将导弹引向目标的一种地图匹配制导技术。目前使用的有模拟式和数字式两种,下面分别予以介绍。

1. 模拟式景象匹配制导系统

模拟式景象匹配制导的基本原理是:预先将导弹航线下的地面光学或微波辐射地图底片制好,放在导弹上。导弹发射后,弹上光学敏感系统或微波敏感系统受地面的辐射并成像后,与弹上预存的地面景物比较。取得误差信息,形成引导指令,以控制导弹的飞行。

雷达式地物景象匹配制导系统如图 4-31 所示。

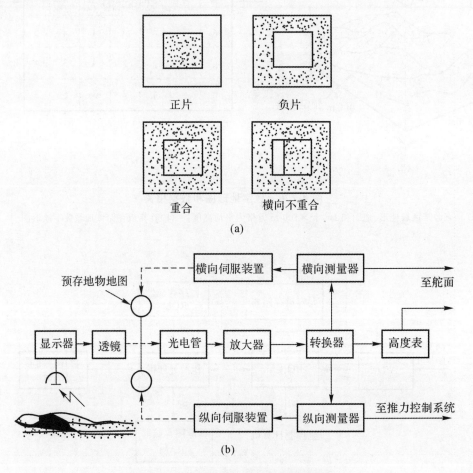

图 4-31 雷达地物景象匹配制导系统
(a)匹配原理; (b)匹配系统原理方框图

图 4-31(a)所示为匹配原理示意图,预存的景物底片为负片,敏感器得到的为正片。当正、负片严密叠加重合时,对光观察出现实心黑影。若一个片子略有移动,便会透光,如移动其中一个片子,便又可使影像重合。利用这一原理,可构成图 4-31(b)所示的景象匹配制导系统。系统中存有预定定位点的地物微波辐射底片,该底片展开速率与导弹飞行速度一致。雷

达敏感器的显示器不断显示地物的微波景象(正片)。只要导弹按预定弹道飞行,预存景象片与显示器给出的景象片便重合,这时,无光线透过,也不产生偏差信号。如导弹偏离预定弹道,上述两个片子便不能重合,使雷达平面显示器的地物景象光穿过预存景象片,投射到光电管上,光电管输出具有偏差特征的信号,经放大和相应的转换(如和雷达波束扫描相一致的坐标转换),即获得左-右、前-后信息。左-右信息送入横向测量器,并使横向伺服装置带动预存片子架,使片子横向移动,以保持景象的重合。横向测量器还将片子架的横向位置误差转换为误差电压,送往弹上控制系统,控制导弹横向机动。这样,片子横向移动时,导弹也相应作横向机动,直到横向误差信号为零。前-后信息送入纵向伺服装置,使片子架以正确的速率(即严格与导弹速度相同)拉动片子,以使景象重合。纵向测量器还将导弹的纵向误差变为误差电压,送往导弹推力控制系统,以改变导弹的纵向速度,使其和片子的速率同步。高度表测得的信号,控制导弹高度,以扩大或缩小雷达显示器的景象尺寸,使之与预存底片代表的区域大小一致。

在理想情况下,弹上预存的地物景象图可由侦察得到,但相当困难,一般用合成景物地图的方法得到。它是由普通地图、空中摄像及其他情报资料,先合成立体地图,然后用超声波技术将此地图摄像得到。

地物景象匹配制导的精度很高,制导误差一般只有 $5\sim12$ m,但因弹上空间有限,预存片子不能太多。它一般用于末制导,预存片子只是目标周围区域的地物景象。

2. 数字式景物匹配制导系统

(1) 数字式景物匹配制导的数学描述

数字式景物匹配制导的基本原理如图 4-32 所示,它也是通过实时图和基准图的比较来实现。

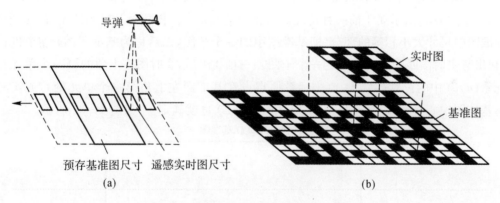

图 4-32 数字式景物匹配制导工作原理
(a) 基本原理; (b) 相关处理

规划任务时由计算机模拟确定航向(纵向/横向制导误差),对预定航线下的某些确定景物都准备一个基准地图,其横向尺寸要能接纳制导误差加上导弹运动的容限。遥感实时图始终比基准图小,存贮的沿航线方向数据量,应足以保证拍摄一个与基准图区重叠的遥感实时图。当进行数字式景象匹配制导时,弹上垂直敏感器在低空对景物遥感,制导系统通过串行数据总线发出离散指令控制其工作周期,并使遥感实时图与预存的基准图进行相关,从而实现景象匹配制导。

导弹起飞前,把确定飞行轨迹下面事先侦察的二维平面图像网格化,即把它分成 $M_1\times M_2$

个方形的图像单元(有时称为像元或像素),对每单元赋予一个表示一定灰度等级的 $x_{u,v}$ 值,这里,$0 \leqslant u \leqslant M_1 - 1, 0 \leqslant v \leqslant M_2 - 1$,从而构成一个用一定灰度值表示的数字化阵列 X,即数字化景象图(基准图),如图 4-33 所示。

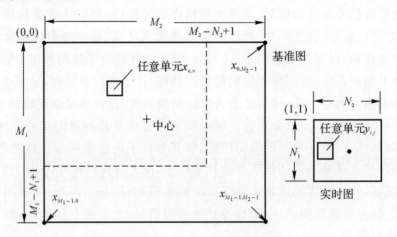

图 4-33 数字化景象图的定义

为了可靠地工作,这个图的中心一般选在预定位置处(在寻的应用中,它的中心选在目标处)。为进行景象配准比较,应将基准图预先存储在导弹计算机存储器中。当导弹飞到基准图区域上空时,传感器即时录取一幅实时图,按同样大小的网格,将之分成 $N_1 \times N_2$ 个方形的图像单元,并对每一个单元赋予一定灰度值 $y_{i,j} (1 \leqslant i \leqslant N_1, 1 \leqslant j \leqslant N_2)$,便构成一个数字化实时图。一般说来,实时图和基准图的尺寸是一大一小,可能 $M_1 > N_1$、$M_2 > N_2$,或 $N_1 > M_1$、$M_2 > N_2$。图 4-33 所示属于前一种情况。为正确地确定实时图相对基准图的位置,必须把实时图与基准图中尺寸大小相等的部分(即基准图中的一个子图,以后称为基准子图)逐个进行相关比较,找出与实时图匹配的基准图的一个子图。一旦找出后,实时图左上角的第一个单元在基准图坐标系 (u,v) 中的位置 (u^*, v^*)(坐标系原点设在基准图左上角第一个单元处),或实时图中心偏离基准图中心(预定位置或目标)的偏移量 (K,L) 也就确定了,如图 4-34 所示。

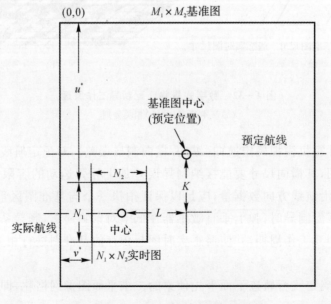

图 4-34 匹配位置与偏移量的关系

可见，偏移量(K,L)与匹配位置(u^*,v^*)有以下简单关系：

$$\left. \begin{array}{l} K = u^* - \dfrac{1}{2}(M_1 - N_1) \\ L = \dfrac{1}{2}(M_2 - N_2) - v^* \end{array} \right\} \quad (4-44)$$

式中，M_1，M_2 和 N_1，N_2 为已知的地图尺寸。因此，知道了匹配位置(u^*,v^*)，由式(4-44)可计算出两图中心之间的偏移量(K,L)，反之亦然。这个偏移量可用作制导的修正信号；因为基准图中心的地理坐标位置是已知的，所以根据这个偏移量(K,L)就可计算出当时导弹在地理坐标中的位置。

如前所述，为找出实时图属于基准图的哪个子图，必须把实时图与基准图尺寸大小相等的各子图逐个进行相关比较。显然，这样的子图在上述基准图中，共有$(M_1 - N_1 + 1)(M_2 - N_2 + 1)$个，所以为寻找匹配点$(u^*,v^*)$，需要在$G$（按下式计算）个试验位置$(u,v)$上作配准比较，并取出其中一个与实时图相匹配的子图位置为匹配点(u^*,v^*)，这个过程称为搜索相关过程。

$$G = (M_1 - N_1 + 1)(M_2 - N_2 + 1) \quad (4-45)$$

理想情况下，用这种方法找到的匹配位置只有一个。

令

$$Q = G - 1 = (M_1 - N_1 + 1)(M_2 - N_2 + 1) - 1 \quad (4-46)$$

则Q个位置是属于不配准的。可见，搜索截获过程是最费时间的。为做到实时定位，应研究各种快速匹配方法。

图4-35给出两个试验位置，一个是匹配位置，另一个是Q个不匹配位置中的一个。显然，若把实时图中心的匹配位置至任一个不匹配中心位置的偏离量定义为J，$J=0$则表示实时图与相应的子图处于匹配状态；$J \neq 0$则表示实时图与子图处于不匹配状态。从这个意义上来说，景象匹配问题亦可归结为$J=0$还是$J \neq 0$的两种状态判决的问题。

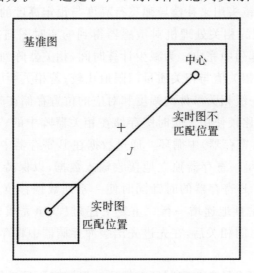

图4-35 偏移量J的定义

由于各种误差因素的影响，在基准图中不可能找到一幅与实时图完全一样的基准子图。

所以,实时图与基准图中所有子图的配准、比较是通过它们之间相似度的度量来完成的。

(2) 数字式景象匹配制导系统的组成

景象匹配制导系统主要由计算机、相关处理机、敏感器(传感器)等部分组成,如图4-36所示。其中,计算机还包括各种辅助功能的部件。各部件的工作方式,由软件通过并联和串联输出通道控制。定时和同步则由中断指令和可编程定时部件实现。

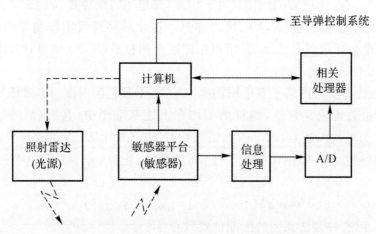

图4-36 数字式景象匹配制导系统的简要组成

敏感器可用雷达、红外、激光和电视等来实现。当用电视敏感器时,由电视摄像机来遥感。为了能在夜间工作,可在系统中加入脉冲光源。电视摄像机通常由一固态成像阵列和图像增强器等组成。成像阵列接收地物来的并经图像增强后的光能,它使光阻极改变导电状态,将景物存放在成像阵列中,然后以电视光栅扫描图像的方式读出。图像的两个参数受控制,一个是转动,另一个是放大率。因镜头装在框架上,所以,用旋转摄像机镜头的方法,可消除图像的转动。框架的旋转指令由计算机产生。图像的放大率由变焦距透镜控制,其焦距由雷达高度表产生的信号控制。变焦距镜头用来补偿导弹飞行高度与预定高度的偏差。

数字式景象匹配系统的相关处理机对敏感器得到的实时图与基准图各位置间的相关计算,在平均绝对差相关器阵列中完成。为减少计算时间,相关器阵列将实时图与基准图的配准段并行地相关。将得到的相关值与相关质量门限值比较;若相关幅度高于门限值,就产生一级相关事件。然后,将这些一级相关事件的幅度和对应的位置存储在先进先出缓冲存储器中,供后来微计算机进行一致性比较使用。实时图存储在相关器阵中的一组寄存器(A寄存器)中;基准图在另一组寄存器(B寄存器)中循环。通过数据在B寄存器中移位的方法来实现对基准图的扫描。B寄存器组中每一寄存器独立地接收输入数据,以保持系统并行处理的特点。当需要一个新的配准位置时,B寄存器的时针同时使一系列数据移位。当基准图在其整个水平宽度上移位后,使基准图垂直地递增一行。重复上述过程,至完成整个水平/垂直扫描为止。这样,在基准图子图与实时图相关后,在先进先出缓冲存储器中将存贮基准图中产生一级相关事件的全部位置集合。

研究和实验表明,数字式景象匹配制导系统比地形匹配制导系统的精度约高一个数量级,命中目标的精度在圆误差概率含义下能达到3 m量级。

第四节　复合制导技术

复合制导,就是在导弹的飞行过程中,将几种制导方法组合使用。采用复合制导的主要目的是增大制导系统的作用距离,克服单一制导方法的缺点,发挥各种制导方法的优点,提高抗干扰性能和制导系统的制导准确度。

一、复合制导的基本原理

(一)复合制导的提出

任何一种导弹,在设计阶段就要选择制导系统。选择制导系统时须考虑许多因素,如目标的性质、导弹的射程、制导准确度、可靠性、最有利的制导方法、制导设备的质量和体积,以及制导系统的抗干扰能力等。

对于每一种导弹来讲,可能有数种比较适用的制导系统。对这些系统的特性及其优缺点进行分析研究之后,有可能选出一种能够最大限度地满足要求的制导系统。然而,在实际应用中往往存在这种情况,就是没有一种制导系统能满足基本要求。例如,如果只选择单一的遥控制导系统,其作用距离虽然较远,但它的制导准确度随着距离的增加而降低。如果只选择寻的制导系统,其制导准确度虽然较高,但它的作用距离较近。怎样才能满足既要制导距离远,又要有较高的制导准确度呢?这就提出了复合制导的问题。如果能把遥控制导系统与寻的制导系统有效地结合起来,就可充分利用它们的优点,尽量弥补它们的缺点,从而达到同时提高地空导弹的制导准确度和增大作用距离的目的。当然,复合制导并不可能用于所有的导弹上,由于其系统的设备比较复杂,通常在以下情况下才进行组合:

1)所选用的制导系统的作用距离小于导弹的射程;
2)所选择的制导系统的制导准确度,在弹道的末端达不到所要求的指标;
3)在发射段弹道散布较大,所选择的制导系统开始工作时,有捕捉不到导弹的危险;
4)有的类型的地地导弹,从战术上要求在不同的飞行段上有不同的弹道,而所选择的制导系统不能保证实现这种弹道;
5)如果所选用的制导系统只能向固定目标制导导弹,而目标通常还作慢速运动。

(二)复合制导的分类

从广义上说,复合制导应包括多导引头的复合制导,多制导方式的复合制导,多功能的复合制导,多导引规律的串联、并联及串并联的复合制导。

1. 多导引头的复合制导

多导引头的复合制导,是指在一枚导弹上装上两种或多种不同种类的导引头同时制导;或采用不同的敏感测量器件、共用后面的信号处理器、两种信号分时工作的导引头的制导。采用多导引头的复合制导如美国研制的"地狱之火"空地导弹,它采用"红外+毫米波"双导引头,既具有吸收红外精度高、抗电磁干扰的优点,又兼有毫米波、抗烟雾、全天候工作的长处,因而可以在战场上发挥较大的威力。

2. 多制导方式的复合制导

多制导方式的复合制导是指同一种自动导引头,根据需要可以选择主动式、半主动式或者被动式等不同寻的方式的制导方法。如意大利研制的"斯帕达"地空导弹系统,它采用连续波半主动式雷达导引头制导跟踪被攻击目标,一旦被跟踪目标施放有源电子干扰,使半主动寻的无法正常工作,该导引头即可自动地变换成被动式工作,跟踪杂波源,有效地攻击目标。

3. 多功能的复合制导

根据攻击的目标不同,导弹常被分为地空导弹、空地导弹、空空导弹和地地导弹等。但现代战争常常是海陆空目标交织在一起的立体战争,因此向导弹提出了既能攻击空中目标又能攻击陆地目标,一弹多用的复合制导要求。

4. 多导引规律的串联、并联及串并联的复合制导

每种制导规律都有自己独特的优点和明显的缺点,如无线电指令制导和无线电波束制导的作用距离较远,但制导精度较差,抗干扰能力较低;雷达自动导引作用距离近,但命中精度较高。因此,为达到一定的战术要求,常把各种导引规律组合起来应用,这就是多导引规律的复合制导。这里着重研究这种类型的复合制导。

串联型复合制导是指导弹在飞行过程中,依次从一种导引方法过渡到另一种导引方法的制导方式。这种串联型复合制导应用较广泛。

并联型复合制导是指几种导引方法同时存在的制导方式。并联型复合制导常用于地地导弹系统中。

串并联型复合制导是指在导弹的整个制导过程中,既有串联型复合制导,又有并联型复合制导的制导方式。

复合制导涉及的问题较多,本章仅讨论串联复合制导中的几个问题,如轨迹的衔接和导弹发射后对目标的再截获等。

二、串联复合制导的轨迹衔接

导弹采用串联复合制导时,在其飞行路线的各段上采用不同的制导方式。不同的制导方式往往采用不同的引导方法来引导导弹,因此不同飞行段的弹道各有其独特的情形。当导弹由前一种制导方法改为后一种制导方法时,导弹的运动状态并不一定能适合后一种制导方法的要求,因而当制导方法转换时,前一个制导阶段的弹道与后一个制导阶段的弹道之间的衔接是一个重要问题。

因为串联复合制导广泛用于地空导弹的制导中,所以这里就以地空导弹制导过程中轨迹的衔接为例来说明问题。当然这里也包括舰载对空导弹系统。

(一)发射段与无线电波束(指令)制导段轨迹的衔接

复合制导的初段是发射段,它一般与无线电指令制导段,或是无线电波束遥控段,或是程序控制自主制导段相衔接,以期增大导弹的射击距离。由于无线电波束遥控制导段对轨迹衔接的要求较其他两种方法更严格,故这里以"发射段+无线电波束制导段"的轨迹衔接为例来讨论。

1. 垂直发射的配合

垂直发射时,其轨道如图 4-37 所示。其中,oa 段为发射段。发射段一般不控制,也不好控制。导弹此时处于跨声速阶段,由于声障的干扰,飞行极不稳定,所以一般 a 点的速度,即由发射段转为无线电波束制导段的衔接点的导弹速度应高于声速。当对付高空目标时,a 点还应在大气浓层之上。这样,导弹便可以以最短的距离穿过空气阻力最大的大气层,从而大大节省燃料,增大射程或减少体积。从这点考虑,oa 段长度一般可选 5~10 km。对低空目标或舰船目标攻击时,oa 段长度应酌情降低,且起始速度也不应过快。

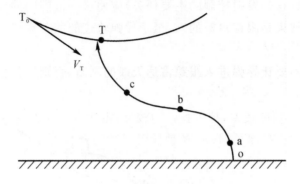

图 4-37 垂直发射的导弹轨迹

ab 段是发射段向无线电波束制导段过渡的过渡段,ab 的长度应保证导弹能向主要控制段过渡。如从 b 点开始遥控,则导弹应该落于波束之中或易于被导弹跟踪雷达的波束捕获(后者属于指令控制)。ab 段选取应考虑到种种因素,一般地说,应比波束轴线在空间的位置略高,以保证它落入主波束之内,千万不可低于主波束,否则这段轨迹就无法衔接以致失控了。

2. 倾斜发射的配合

倾斜发射的导弹轨迹如图 4-38 所示。导弹装在倾斜发射架上。发射架 S 的仰角及方位角由目标跟踪雷达和专用计算机控制,这种射击方法能使导弹较平滑地纳入轨道。图中 oa 段不控制,a 点助推器脱落,abcT 是主控制段,T 点是目标与导弹的相遇点。

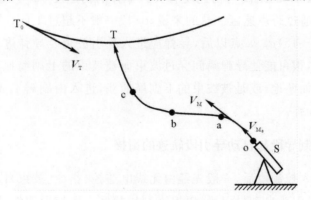

图 4-38 倾斜发射的导弹轨迹

这里首先来讨论发射架的方位角与俯仰角应如何选定,即应该考虑哪些因素。对于波束制导：

1)应该保证导弹能射入预定的主波束空间之中，而不受副瓣的影响。

2)应考虑到导弹在 oa 段中所受重力的影响，又由于目标是运动的，因此应使 V_{M_0}（导弹初速向量）对准某一前置点。

3)因为在发射阶段中助推器质量因燃料的燃烧而减轻，导弹重心前移，至 a 点助推器脱落，重心更往前移，并且弹体有激震；同时，由于脱落前导弹处于跨声速阶段难以控制，再考虑到风的影响，所以导弹在空间的轨迹也有一些散布，其示意图见图 4-39。如果用一个圆锥体来表示导弹偏离平均弹道的最大范围，所发射的导弹绝大多数均不超出此范围，因此，发射架方位角与俯仰角的选取（这是发射控制的主要任务）应使这一范围内的导弹均能被跟踪雷达的主波束所捕获（一般主波束是跟踪目标的）。至于导弹轨迹的散布规律，一般都是通过试验（试射）由统计资料确定的。

这里特别要注意，不要让导弹进入跟踪雷达天线的副瓣，否则导弹会向副瓣的等信号区靠拢，以致丢失。

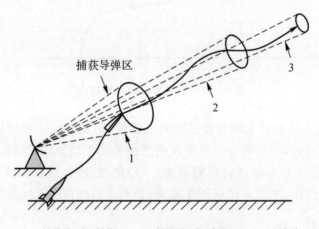

1— 捕获波(宽,低能)； 2—制导波(窄,高能)； 3—追踪波

图 4-39 波束捕获导弹示意图

在斜射时，不控段 oa 的距离与初速度有关。导弹的初速度 V_{M_0} 一般不宜过小，否则会过早坠地，同时 oa 段应通过跨声速区。总的来说，oa 段一般不超过 1 km，导引在 3~5 s 内通过它，其加速度可达(10~15)g。a 点以后，导弹应进入导引波束。导弹进入波束的投入角应适当选择。投入角过大，很可能使导弹瞬间穿过波束而被波束的上副瓣抓住；投入角过小，可能会使导弹进不了波束而坠地，或是被波束的下副瓣捕获，进入由副瓣形成的等信号区，因捕捉不到目标，最后丢失导弹。

(二)无线电遥控制导段与自动导引段轨迹的衔接

导弹由发射段转入控制段后，一般先经由无线电遥控(指令、波束)段导引，以提高导弹的制导距离；然后转入导引头自动导引段，以提高制导精度。遥控段双雷达导引时，可采用两点法导引，但多数情况下使用单雷达三点法(重合法或前置角法)导引。

自动导引段一般采用两点法，如前所述，两点法的轨迹有几种不同的形式与规律。因此，由遥控制导段向自动导引段过渡时，必伴随着由一种导引方法向另一种导引方法的过渡。每种导引方法对导弹的前置角(导弹速度矢量与导弹的目标视线夹角 η)的要求是不同的。如追踪法要求 $\eta=0$，平行接近法要求 $\sin\eta_M = V_T \sin\eta_T / V_M$。当由一种导引法向另一种导引法转变时，由于 η 角的突变，必然会引起轨迹的折损。那么，由一种导引方法向另一种导引方法转变时，其弹道轨迹平滑过渡的条件是什么呢？分析表明，两种不同的导引方法相衔接时，保证轨迹平滑过渡的条件是不同的。这里，首先讨论几种理想弹道轨迹衔接的条件，然后再讨论实际可能的两条轨迹衔接时需要满足的条件。

三、理想弹道轨迹的衔接

本节的讨论基于以下事实，即导弹飞行的弹道，无论是遥控段还是自动导引段，其轨迹都是理想的，即导弹在飞行过程中的瞬时都严格遵循导引方法所规定的轨迹，考虑由控制系统引起的轨迹瞬时偏差。尽管理想弹道在实践中很难实现，但对于问题的简化分析，抓住关键很有益处。

(一) 无线电遥控段和自动导引段都采用相同的导引规律——平行接近法制导

在整个制导过程中，即遥控段与自动导引段，由于采用同一制导规律，所以导弹的前置角以不变的公式确定，即

$$\sin\eta_M = \frac{V_T}{V_M} \sin\eta_T$$

这样，在精确理想遥控向自动导引的过渡瞬间，前置角恰好等于所需值，而前置角误差等于零，即

$$\eta_{M_0} = \eta_M, \quad \Delta\eta = 0$$

式中：η_M 为遥控导引时的前置角；η_{M_0} 为自动导引起始点 M_0 所需的前置角。

然而，在真实的情况下，由于控制不精确，会有某一前置误差角 $\Delta\eta$，因为遥控的精度随着距离的增长而降低，在远距离 r_{Mmax} 时，向自动导引过渡瞬时的误差角 $\Delta\eta$ 会达到很大的数值。

如前所述，自动导引所必须的最小距离 r_{min} 正比于前置误差角 $\Delta\eta$。显然，这里的 $\Delta\eta$ 是向自动导引段过渡瞬时的前置误差角，因此 $r_{min} \geq (2.5 \sim 3)\rho_0 \Delta\eta$，$\rho_0$ 为转自动导引时导弹弹道的曲率半径。可见，遥控的精确度愈低，则自动导引系统所须的最小作用距离就会愈大。

(二) 遥控段采用三点重合法

遥控段采用三点重合法导引是复合制导常采用的方法之一，如图 4-40 所示。

三点重合法的导引方程可采用以下表达式，即

$$\sin\eta_M = \frac{1}{p} \frac{r_M}{r_T} \sin\eta_T \tag{4-47}$$

式中，p 为导弹与目标的速度比。

在自动导引过渡瞬间，有

$$\sin\eta_M = \frac{1}{p} \frac{r_M}{r_T} \sin\eta_{T_0} \tag{4-48}$$

自动导引段所必须的前置角由下式确定，即

$$\sin\eta_{M_0} = \frac{1}{p}\sin\eta_{T_0} \tag{4-49}$$

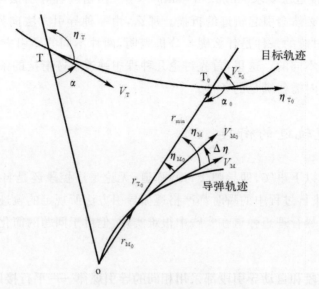

图 4-40 三点重合法接平行接近法

因此,在向自动导引过渡瞬时,前置误差将为

$$\Delta\eta = \eta_{M_0} - \eta_M \tag{4-50}$$

因为一般情况下,$p \geqslant 2$,则 $\sin\eta_{M_0} \leqslant 0.5$,$\sin\eta_M \leqslant 0.5$,正弦函数可用其角度本身代替。因此,在一级近似时可以假定

$$\Delta\eta \approx \sin\eta_{M_0} - \sin\eta_M = \frac{1}{p}\frac{r_{\min}}{r_{T_0}}\sin\eta_{T_0} \tag{4-51}$$

显然,在上述假定($p \geqslant 2$)下将有 $\Delta\eta < 30°$。比值 $r_{\min}/r_{T_0}$ 越小,则前置误差 $\Delta\eta$ 越小,但是,自动导引允许的最小距离 $r_{\min} \geqslant (2.5 \sim 3)\rho_0\Delta\eta$。把 $\Delta\eta$ 值带入上式,可得

$$r_{T_0} \geqslant (2.5 \sim 3)\frac{1}{p}\rho_0\sin\eta_{T_0} \tag{4-52}$$

因为 $p \geqslant 2$ 及 $\sin\eta_{T_0} \leqslant 1$,稍加裕量,可得

$$r_{T_0} \geqslant 1.5\rho_0 \tag{4-53}$$

当式(4-53)不能被满足时,表明在过渡结束之前,导弹已从目标旁边飞过,导弹将不能按照自动导引的平行接近法攻击目标。

四、实际弹道轨迹的衔接

在实际情况下,由于制导系统的动态特性不理想和控制误差等原因,导弹实际的前置角与所需的前置角不同,导弹的实际弹道会偏离基准弹道,真实三点重合法导引轨迹衔接,如图 4-41 所示。

图 4-41 中实线为真实轨迹,而虚线为理想轨迹。对于理想轨迹,前置角取决于式(4-48)。

对于真实的轨迹,其前置角为

$$\eta'_M = \eta_M + \delta \tag{4-54}$$

式中，δ 为导弹速度矢量和理论的三点法曲线之切线间的夹角，为简单起见，以后称 δ 为遥控误差角，则其最大可能的前置角如图 4-42 所示。

η_M 为理想三点法曲线的前置角。可得前置误差为

$$\Delta \eta = \eta_{M_0} - \eta'_M = \eta_{M_0} - (\eta_M + \delta) \tag{4-55}$$

遥控误差角 δ 的数值和符号是随机的。因此，在转换制导方法时，如果遥控误差角较大，同时又与前置角 η_M 的符号相反，则前置误差角就很大；但如果我们解决了最坏的情况，即遥控误差角为最大时的制导转换，那么其他一些数值的误差就会解决了。

假如在向自动导引过渡之前，导弹以最小曲率半径 ρ_0 转向与理想轨迹相反的一侧，则误差 δ 将是最大的。因此，可以用图 4-43 来估计最坏的情况。理想轨迹用半径为 ρ_0 的虚线圆弧表示，而真实轨道以相同半径的实线圆弧代表。

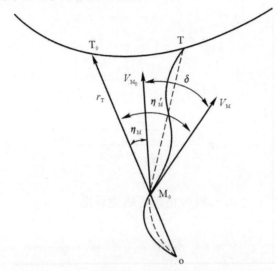

图 4-41 真实三点重合法导引轨迹衔接

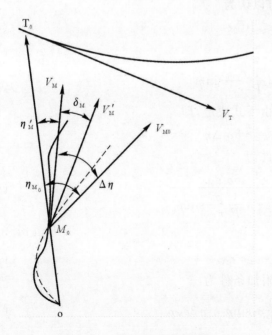

图 4-42 最大可能的前置角

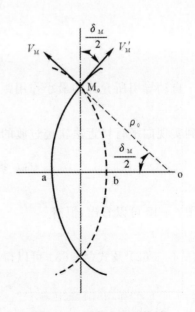

图 4-43 最大误差估计

向自动导引过渡发生在最不利的瞬间,即导弹处于 M_0 点时,在这一瞬间角 δ 等于 δ_M,而两轨迹间的最大距离 $h_M = \overline{ab}$ 是遥控的最大线性误差。根据图 4-43 的几何关系,很容易看出 $\angle M_0 ob = \dfrac{\delta_M}{2}$,则有

$$\frac{1}{\left(\dfrac{\rho_0 - \dfrac{h_M}{2}}{\rho_0}\right)^2} = \frac{1}{\cos^2 \dfrac{\delta_M}{2}} \tag{4-56}$$

由三角恒等式知

$$\frac{1}{\cos^2 \dfrac{\delta_M}{2}} = \tan^2 \dfrac{\delta_M}{2} + 1 \tag{4-57}$$

可得

$$\tan^2 \dfrac{\delta_M}{2} + 1 = \frac{1}{\left(\dfrac{\rho_0 - \dfrac{h_M}{2}}{\rho_0}\right)^2} \tag{4-58}$$

式(4-58)可以变形为

$$\tan \dfrac{\delta_M}{2} = \sqrt{\frac{1}{\left(1 - \dfrac{h_M}{2\rho_0}\right)^2} - 1} \tag{4-59}$$

因为 $\dfrac{h_M}{2\rho_0} \ll 1$,及通常 $\dfrac{\delta_M}{2} < 0.5$,则可相当精确地导出

$$\delta_M \approx 2\sqrt{\dfrac{h_M}{\rho_0}} \tag{4-60}$$

应当注意的是,式(4-60)所给出的是最大的误差值 δ_M,因为在推导时是从许多最不利的条件下出发的,在绝大多数的真实情况下可以认为

$$\delta_M \leqslant 10° \sim 15° \tag{4-61}$$

可得

$$\Delta \eta \approx \dfrac{1}{P} \dfrac{r_{\min}}{r_{T_0}} \sin \eta_{T_0}$$

由于自动导引所允许的最小作用距离由下式决定,即

$$r_{\min} \geqslant 3\rho_0 \Delta \eta$$

可以得到实现向平行接近法轨迹过渡的条件为

$$r_{\min} \geqslant \dfrac{3\rho_0 \delta_M}{1 - 3 \dfrac{1}{P} \dfrac{\rho_0}{r_{T_0}} \sin \eta_{T_0}} \tag{4-62}$$

由图 4-43 可以看出,恒有

$$r_{T_0} \geqslant r_{\min} \tag{4-63}$$

因此,由式(4-62)及式(4-63)可以得出附加条件为

$$r_{T_0} \geqslant 3 \dfrac{1}{P} \rho_0 \sin \eta_{T_0} + 3\delta_M \rho_0 \tag{4-64}$$

由此可见,在理想的遥控情况下,仅仅对到目标最小距离 r_{T_0} 提出要求;那么,在真实的遥控情况下,不仅要求到目标有足够远的距离,而且要求自动导引有足够远的距离。在恶劣的情况下,当 $\sin\eta_{T_0}=1$ 时,自动导引所要求的最小距离可采取下述形式:

$$r_{\min} \geqslant \frac{3\rho_0 \delta_M}{1-3\frac{1}{P}\frac{\rho_0}{r_{T_0}}} \tag{4-65}$$

$$r_{T_0} \geqslant 3\left(\frac{1}{P}+\delta_M\right)\rho_0 \tag{4-66}$$

现举例说明:

当已知

$$\rho_0=5\ \text{km}, \quad P=2, \quad \delta_M=10°$$

可得出条件

$$r_{T_0}>10.2\ \text{km}$$

取 $r_{T_0}=12\ \text{km}$,则可求得

$$r_{\min} \geqslant 7.2\ \text{km}$$

当 $r_{T_0}=15\ \text{km}$ 时,要求就要松得多,即

$$r_{\min} \geqslant 5.4\ \text{km}$$

最后当 $r_{T_0}=30\ \text{km}$ 时,可得

$$r_{\min} \geqslant 3.6\ \text{km}$$

由此可见,当到目标的距离愈远时,三点法的遥控和平行接近法的自动导引的结合可以得出最佳的结果,但当 $r_{T_0} \geqslant 10 \sim 15\ \text{km}$ 时,这种结合效果将使人满意。当对付近距离的目标,复合制导会复杂化,并且成本高昂,因此很难说是有利的,那么要求目标距离为 $10 \sim 15\ \text{km}$ 并不苛刻。事实上,在地空导弹中采用复合制导就是为了对付远距离的机动目标,当 $r_{T_0} \geqslant 50\ \text{km}$ 时,采用复合制导就成为必须的了。由前面的分析可知,在这种情况下采用三点重合法的遥控制导和平行接近法的自动导引的组合能得到较好的结果。

五、目标的再截获

导弹由发射段转入控制段,或在控制段中由一种导引方法转换到另一种导引方法时,需要考虑的另一个问题是目标的再截获问题。从发射段转为无线电遥控段的目标再截获问题,上一小节已进行了简明的分析。本小节着重分析弹上导引头(雷达)对目标的再截获问题。

自动导引系统的弹上测角仪(雷达)应该具有窄视界角 $2\theta_m$ 的天线,如图 4-44 所示。

图 4-44 视界角

压缩视界角有下列许多优点:
1) 增大作用距离(因为可以应用窄方向图的天线);

2) 增大角灵敏度;

3) 提高角鉴别力;

4) 增强自动导引系统的抗扰度。

然而,实际中视界角不可能无限制地被压缩,其主要原因如下。

1) 压缩视界角要求增加天线头的尺寸和缩短测角仪的工作波长,但若工作波长小于 $2 \sim 3\ cm$,那么,作用距离将受气候条件的严重影响;另外,天线头的最大横向尺寸一般不超过 $0.3 \sim 0.5\ m$,在这种有限尺寸和波长的情况下,一般有

$$2\theta_m \geqslant 10° \sim 20° \tag{4-67}$$

2) 当视界角过于狭小时,只要目标机动就可能偏离视界角,在自动导引的过程中,当与目标接近时,这种危险就会愈加严重。

3) 由于目标具有一定的线性尺寸,不能认为是一个点,若视界角小,则在接近目标时,目标的有限尺寸就会超出此视界角,从而破坏了测角仪的正常工作。

4) 当视界角小时,把弹上测角仪对准目标有困难,因为不易捕获目标。

根据这些理由,应存在着某些最佳的视界角,对于上面所举出的数据,此角的范围为

$$2\theta_m \approx 10° \sim 30° \tag{4-68}$$

因此,为了保证由遥控到自动导引的过渡,在过渡瞬时,应使目标落在这有限的视界角范围之内。为了解决这一问题,通常有以下几种常用的方法。

方法一:应用自动跟踪目标的天线,这种天线在导弹尚未发射时就已经对准了目标。

在导弹发射后,马上开始或几乎马上开始自动导引时,这种方法是可行的,但是在组合制导时不能采用。因为采用组合制导的主要目的在于增大作用距离和提高控制的抗扰度,这样,弹上测角仪就不应该在发射瞬时马上开始接收目标的反射信号,而只能在导弹快要接近目标时候接收。

方法二:在发射前把天线头对准目标,并在这一位置把它刚性地固结于导弹壳体之上。

导弹发射前,可以用控制站的雷达来确定目标方向,根据这种方向的数据来装定弹上测角仪的天线头,并把它固定于这一位置使其相对于导弹壳体不动。

显然,只有在这种情况下才能应用这种方法,即能够确信在发射和遥控的过程中目标视线相对于导弹壳体的转角不会超过 θ_m。但是,在大多数情况下,这一条件是难以满足的。

下面再来说明当遥远控制采用三点法时的情况,图 4-45 表示了三点重合法导引对目标的截获。

假定在某一瞬间,导弹处于某点 M,速度向量和目标方向构成前置角 η_M,有关系式

$$\sin\eta_M = \frac{1}{p}\frac{r_M}{r_T}\sin\eta_T$$

式中

$$\eta_T = 180° - \alpha$$

导弹纵轴 x_1 与速度向量 V_M 构成一个角度,此角为攻角 α_2。显然,目标方向与导弹纵轴之间的夹角等于

$$\delta = \eta_M + \alpha_2 \approx \frac{1}{p}\frac{r_M}{r_T}\sin\eta_T + \alpha_2 \tag{4-69}$$

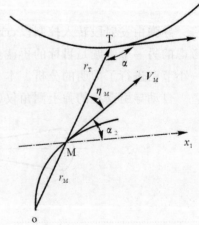

图 4-45 三点重合法导引对目标的截获

在遥控开始时，因为 $r_M \ll r_T$，所以

$$\delta = \delta_1 \approx \alpha_1 \tag{4-70}$$

而在自动导引过渡的瞬间，因为 $r_M/r_T \approx 1$，所以有

$$\delta = \delta_2 \approx \frac{1}{p}\sin\eta_T + \alpha_2 \tag{4-71}$$

因此，在遥控制导的过程中，导弹纵轴与目标方向间的夹角可能变化成

$$\Delta\delta = \delta_2 - \delta_1 \approx \frac{1}{p}\sin\eta_T + (\alpha_2 - \alpha_1) \tag{4-72}$$

在恶劣情况下，有

$$\Delta\delta_{\max} \approx \frac{1}{p} + 2\alpha_{2\max} \tag{4-73}$$

当 $p=2, \alpha_{2\max} = 10°$ 时，有

$$\Delta\delta_{\max} = 50° \tag{4-74}$$

由于视界角的一半 $\theta_m \leqslant 5° \sim 15°$，显然由式(4-73)、式(4-74)所表示的角度 δ 的激烈变化将会导致丢失目标。

方法三：在发射前把天线头对准目标，并用陀螺仪把它稳定在这一位置。

当采用稳定天线法的自动导引时，可以运用这种方法，但是也仅仅是在这些情况下可以采用它，即能够确信，在发射过程及遥控过程中，目标视线相对于弹上稳定的陀螺仪坐标系的转角不超过 θ_m。

方法四：交变视界角。

由上面所列举的各种方法可以看出，若视界角很宽，$2\theta'_m \approx 80° \sim 100°$，则抓住目标是没有什么困难的，但是为了使自动导引有满意的质量，又必须使视界角相当窄，$2\theta_m \approx 10° \sim 30°$。

初看起来，应用交变的视界角好像要有利一些，就是说在遥控过程中，到捕获目标以前用宽的视界角 $2\theta'_m$，而在捕获了目标以后，就把此视界角压缩到 $2\theta_m$。然而，这种作法也有不利的一面，因为正是在过渡到自动导引的瞬时以前，到目标的距离最大，为了保证足够远的作用距离、角鉴别力和抗干扰，根本不应采用较大的视界角，而应该是较小的。

方法五：用弹上天线自动搜索目标。

运用具有窄视界角 $2\theta_m$ 的天线头来自动观察空间的方法，可以保证搜索到在宽视界角 $2\theta'_m$ 圆锥空间内的目标(见图 4-46)。

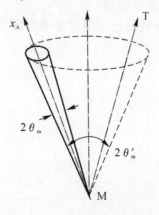

图 4-46　天线圆锥扫描搜索

然而,这种方法有以下缺点:

1)因为必须察视很宽的视界角,所以会使控制系统的抗扰度变坏;

2)应该非常迅速地把目标搜索到(在几秒之内),否则导弹在搜索期间飞过了很长的距离,这就可能漏掉目标,因而是不利的。

这样,用弹上测角仪足够迅速而又可靠地自动搜索和自动停止搜索就不能不是一个十分艰巨的任务,而导弹是一次使用的武器,它又应该简单、便宜和抗扰度高,于是问题就更加复杂化了。

方法六:天线的远距离瞄准。

利用装置在控制站的仪器自动地确定出弹上天线的轴应该对准哪个方向,而后把所要求的角坐标值用无线电的方式传送到弹上,弹上设备收到这种信号后,根据它来装定弹上天线。显然,为了保证这种远距离的装定工作,在控制站和在弹上都要有坐标的同步系统,可以用被陀螺仪稳定的弹上坐标系来达到这种坐标的同步。

方法七:采用微波干涉仪式的自动导引头。

微波干涉仪式的自动导引系统的视界角宽,天线不动,没有任何机械扫描装置,在搜索空间内捕获目标的可能性很大;但是它也有许多特殊问题,如视界角宽、能量不能集中、作用距离有限、角鉴别力不好等。若导弹不用冲压式发动机,那么天线安装位置的选择及其安装方式等都是一连串不易解决的难题。

比较上述 7 种把弹上天线对准目标的方法可以看出,每种方法都有它的长处,但也都有其严重的缺点。因此,在复合制导中,设计出一种把弹上天线对准目标的简单而又可靠的系统显然是一个非常重要的研究课题。

复 习 题

1. 制导系统的任务是什么?制导系统具有哪些基本要求?
2. 什么叫方案制导?
3. 寻的制导与遥控制导比较,有哪些优缺点?
4. 简述 GPS 系统的定位过程。
5. 简述地形/景象匹配制导的基本原理。
6. 为什么要采用复合制导?串联复合制导需要考虑哪些方面的影响?

第五章 地空导弹控制技术

第一节 概 述

地空导弹的稳定控制系统,即稳定回路,主要是指自动驾驶仪与弹体构成的闭合回路。在稳定控制系统中,自动驾驶仪是控制器,导弹是控制对象。稳定控制系统设计实际上就是自动驾驶仪的设计。

自动驾驶仪的作用是稳定导弹绕质心的角运动,并根据制导指令正确而快速地操纵导弹的飞行。由于导弹的飞行动力学特性在飞行过程中会发生大范围、快速度和事先无法预知的变化,自动驾驶仪还必须把导弹改造成动态和静态特性变化不大且具有良好操纵性的制导对象,使制导控制系统在导弹的各种飞行条件下,均具有必要的制导精度。

自动驾驶仪一般由惯性元件、控制电路和舵系统组成。它通常通过操纵导弹的空气动力控制面来控制导弹的空间运动。自动驾驶仪与导弹构成的稳定控制系统如图5-1所示。

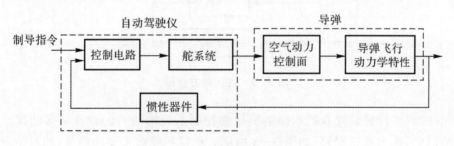

图 5-1 稳定控制系统原理框图

一、导弹控制系统的功能及组成

(一)导弹控制系统的功能

导弹制导系统的任务之一是测出导弹是否飞得太高或太低,太偏左或太偏右。在测出这些偏差或误差后,将其送到控制系统中,通过控制系统的作用把这些误差减小到零。简而言之,控制系统的作用就是在接受信号以后能迅速而有效地操纵导弹。假如制导设备"看见"导弹位于瞄准线外的某点,这就意味着导弹太偏左(右)或太高(低)。

导弹控制系统的功能就是控制导弹击毁目标。不同类型的导弹,其控制系统的功能略有不同。对静止目标的地地、空地导弹,它的功能是:通过控制作用使导弹的运动状态按运动轨迹飞行,当导弹受到干扰时能克服干扰,使导弹自动稳定在给定弹道上。对于活动目标,除有上述功能外,还必须有接受导引头送来的控制信号、自动跟踪目标、最后击中目标的功能。

(二)导弹控制系统的组成及回路

导弹控制系统的任务就是要实现对导弹的控制,控制导弹飞向目标,最后击毁目标。粗略地看,导弹控制系统由控制器和被控对象两大部分组成,但不同类型的导弹,控制系统的具体组成有所差别,形成的回路也不一样。然而,既然是按照自动控制原理组成的导弹控制系统,它们组成的回路也是有共性的。为了便于分析,我们认为多回路系统是由简单内回路逐渐增添元件、部件形成的。

下面以靠空气动力控制的导弹为例,说明导弹控制系统的组成。

导弹控制系统中,敏感元件把测量到的导弹参数变化信号与给定信号进行比较,得出偏差信号,经放大后送至舵机,控制舵面偏转,从而调整导弹的姿态,控制导弹在空中飞行。在多数情况下,为了改善舵机的性能,需要引入内反馈,形成随动系统(又称伺服系统或伺服回路),即舵回路,如图5-2所示。图中的测速发电机测得舵面偏转角速度,反馈给放大器,以增大舵回路的阻尼,改善舵回路的动态性能。位置传感器将舵面角信号反馈到舵回路的输入端,实现一定的控制信号对应一定的舵偏角。舵回路可以用伺服系统理论来分析,其负载是舵面的惯性和作用在舵面上的气动力矩(铰链力矩)。

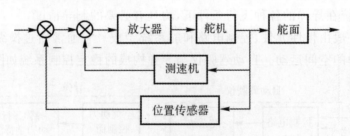

图5-2 舵回路方框图

敏感元件、放大计算装置及舵回路组成导弹控制系统的核心——自动驾驶仪。它们与导弹组成新的回路,称为稳定回路,如图5-3所示。稳定回路的主要功能是:相对指定的空间轴稳定弹体轴,也就是稳定导弹在空间的姿态角运动(角方位),所以敏感元件主要用来测量导弹的姿态角;作为导弹控制系统的一个环节来稳定导弹的动态特性;稳定导弹的静态系数。从图5-3看出,稳定回路不仅比舵回路复杂,而且更重要的是包含导弹这个动态环节。导弹的动态特性随飞行条件(如高度、速度等)而变,这使稳定回路的分析要麻烦一些。

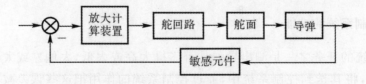

图5-3 稳定回路方框图

在稳定回路的基础上,加上制导装置和运动学环节就组成了一个新的大回路,称为控制回路(或制导回路),如图5-4所示。图中的制导装置是导弹最重要的设备之一,它的用途是鉴别目标,把目标的位置与导弹的位置作比较,并把信号送给自动驾驶仪,控制舵面的偏转,通过舵面的气动力操纵导弹飞向目标。

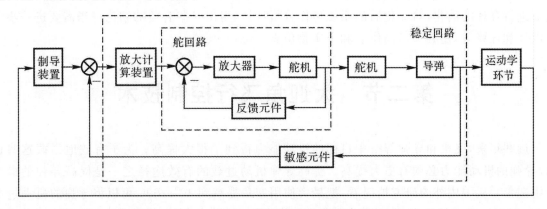

图 5-4　制导回路方框图

二、导弹控制系统的特点

从控制系统的组成元部件及回路分析可以看出,导弹控制系统的特点是:多回路、三通道铰链、非线性、变参数和变结构。

(1)多回路系统

从图 5-4 中可明显地看出,导弹控制系统是一个多回路系统。

(2)三通道铰链问题

由于导弹在一个三维的空间飞行,所以必须对导弹进行三个通道的稳定和控制。有些情况下可以分成三个独立的控制通道;而在另一些情况下,各个通道间互相影响而存在铰链,不能分成三个独立的通道来分析。因此,导弹的控制回路是个多回路铰链的系统,这会给分析设计带来一定的困难。

(3)变参数问题

造成导弹控制系统为时变系统的原因有二。一是描述弹体运动方程的系数是时变的。完成不同战术任务的导弹,由于飞行速度、飞行高度的变化和燃料的消耗,弹体运动方程的系数和作用在弹体上相关的干扰力、干扰力矩在较大的范围内变化,因此使系统成为时变系统。二是运动学环节的系数是时变的。在导弹的自动导引系统中,随着导弹不断接近目标,导弹与目标之间的距离越来越小,从而使描述目标和导弹间相对运动的运动学环节的系数随着时间作剧烈的变化,这也是造成控制系统为时变系统的原因。

(4)非线性问题

在导弹的控制回路里,几乎所有部件的静态特性都存在饱和限制,有的部件还存在死区。当然有的非线性可以通过小偏差线性化变成线性系统作近似分析;但也有一些非线性,如存在磁滞特性的继电器等控制器件,则不能线性化。因此,在分析设计系统时必须考虑非线性的影响。

(5)变结构问题

导弹在空中飞行的过程中,不但系统参数是变化的,而且描述系统的数学模型有许多不确定的因素及不能线性化的非线性特性,因此存在着变结构的问题。

对于这样复杂的导弹控制系统,分析和设计显然是相当烦琐的。通常在初步分析设计时,先要进行合理的简化,对简化后的系统再作分析计算,得出一些有益的结论。当需要进一步分析设计和计算时,还必须借助仿真和半实物仿真。

第二节 大迎角飞行控制技术

近些年来,飞机和导弹等空中目标的机动能力得到了很大提高。为了有效地拦截这些目标,导弹的机动能力必须有更大提高。提高导弹机动过载的有效途径之一是提高导弹的最大使用迎角。从国内外的研究情况看,把最大使用迎角提高到40°~60°,可以将导弹的机动过载提高到$35g$~$60g$,这足以满足高机动导弹的战术技术指标要求。然而,大迎角条件下导弹的空气动力学特性将变得十分复杂,主要表现在非线性耦合和参数不确定等几个方面。

一、导弹大迎角空气动力学耦合机理

导弹大迎角空气动力学耦合主要有两种类型,一种是由导弹大迎角气动力特性造成的,另一种是由导弹的动力学和运动学特性引起的。

(一)导弹大迎角气动力特性

导弹大迎角气动力特性是造成导弹空气动力学复杂化的主要因素,因此对导弹大迎角空气动力学耦合机理的分析应主要从其气动力特性的研究入手。导弹大迎角气动力特性主要表现在非线性、诱导滚转、侧向诱导、舵面控制特性和纵/侧向气动力和力矩确定性交感等方面。下面对这些特性作简单介绍。

1. 非线性

导弹按小迎角飞行时,升力的主要部分来自弹翼,其升力系数呈线性特性。大迎角时,弹身和弹翼产生的非线性涡升力成为升力的主要部分,翼-身干扰也呈现非线性特性。大迎角飞行可以提高导弹的机动性就是利用了这种涡升力。这就决定了导弹大迎角飞行控制系统的设计必定是一个非线性系统的设计问题。

2. 诱导滚转

小迎角时,侧滑效应在十字翼上诱导的滚动力矩是很小的;但是随着迎角的增大,即使是尾翼式导弹,其诱导滚动力矩也越来越严重。

3. 侧向诱导

导弹小迎角飞行时,纵向与侧向彼此可以认为互不影响。但在大迎角条件下,无侧滑弹体上却存在侧向诱导效应。许多风洞试验表明,低声速、亚声速、跨声速时,大迎角诱导的不利侧向力和偏航力矩相当显著,而且初始方向事先不确定。若不采取适当措施,弹体可能失控。

侧向诱导效应的物理本质是极其复杂的,估算只能提供相当粗略的数据。然而,从工程设计的角度出发,只是希望降低、推迟甚至消除弹身不对称涡诱导出的不利侧向载荷。研究表明,侧向诱导主要与导弹的头部气动外形有关。减小导弹的头部长细比、加头部边条等措施都可以有效地减小侧向诱导的影响。总之,在大迎角气动外形设计时,应充分考虑如何减少侧向诱导这个问题。

4. 舵面控制特性

大迎角飞行导弹的舵面控制特性与小迎角飞行时的不同主要表现在舵面效率的非线性特性和舵面气动控制交感上面。

以十字尾翼作为全动控制舵面的导弹,小迎角、小舵偏角情况下,舵面偏转时根部缝隙效应、舵面相互干扰等因素的影响都不大,舵面效率基本呈线性;但是,随着迎角、舵偏角的增大,舵面线性化特性遭到破坏。

在导弹大迎角飞行时,同样的舵面角度在迎风面处和背风面处舵面上的气动量是不同的。随着迎角的增大,迎风面舵面上的气动量也越来越大,背风面的气动量越来越小。这种差异随着马赫数的增大变得越来越严重。这时,当垂直舵面作偏航控制时,尽管上、下舵面偏角相同,但因为气动量的差异导致产生的气动力不同,除了产生偏航控制力矩外,还诱导了不利的滚动力矩。反之,当垂直舵面作滚动控制时,尽管上、下舵面偏角相同,但因为气动量的差异导致产生的气动力不同,除了产生的滚动控制力矩外,还诱导了不利的偏航力矩。这种气动舵面控制交感若不加以制止,将导致误控或失控。

目前解决以上问题的技术途径主要有两个:当导弹的迎角不是非常大时(如迎角小于40°),可以采取控制面解耦算法解决该问题;当迎角很大时,引入推力矢量控制是一个有效的方法,因为推力矢量舵在导弹大迎角飞行阶段(这时导弹处于亚声速或跨声速)具有比空气舵高得多的操纵效率,相比而言,空气舵交感和非线性是一个小量。

5. 纵/侧向气动力和力矩确定性交感

因为导弹大迎角气动力和气动力矩系数不仅与马赫数有关,还与导弹的迎角、侧滑角呈非线性关系,所以必然存在纵/侧向气动力和力矩确定性交感现象。这种交感现象只有在迎角很大的情况下才变得较强。

(二)动力学及运动学耦合

1. 运动学交感项

导弹力平衡方程中,存在两项运动学耦合 $\omega_x\alpha$ 和 $\omega_x\beta$,当导弹以大迎角和大侧滑角飞行时,运动学耦合对导弹动力学特性的影响是较大的。

2. 惯性交叉项

导弹力矩平衡方程中的惯性交叉项 $(I_x-I_z)\omega_x\omega_z/I_y$ 等项将导弹的俯仰、偏航和滚动通道耦合在一起。如果导弹的滚动通道工作正常,这种惯性交叉项的影响是很小的。

二、耦合因素的特性分析

根据前面的讨论,导弹大迎角空气动力学耦合因素主要有以下几个:
1)控制面气动交叉耦合;

2) 纵/侧向气动力和力矩确定性交感；

3) 不确定性侧向诱导；

4) 诱导滚转；

5) 运动学交感项；

6) 惯性交叉项。

根据建模精度和对飞行控制系统的影响程度，表 5-1 给出了各耦合因素的基本特性。

表 5-1 耦合因素的基本特性

耦合因素	影响程度	建模精度
控制面气动交叉耦合	较强（在推力矢量舵存在的情况下，影响较小）	较高
纵/侧向气动力和力矩确定性交感	较强	较高
随机侧向诱导	较强	较差
诱导滚转	强	较高
运动学交感	较强	高
惯性交叉项	较弱（滚动控制时，影响较小）	高

三、导弹大迎角飞行控制系统的解耦策略

大迎角飞行导弹的空气动力学解耦可以从总体、气动和控制等方面着手解决，单从控制策略角度考虑，主要有两条技术途径。

(1) 引入 BTT-45°倾斜转弯技术，使导弹在作大迎角飞行时，其 45°对称平面对准机动指令平面，此时导弹的气动交叉耦合最小。这种方案在对地攻击导弹的大机动飞行段、垂直发射地空导弹的初始发射段得到了广泛应用。因为倾斜转弯控制技术的动态响应不可能非常快，所以这种方案一般不能用于要求快速反应的动态响应空空导弹和地空导弹攻击段中。

(2) 引入解耦算法，抵消大迎角侧滑转弯飞行三通道间的交叉耦合项。因为耦合因素的基本特性是不同的，所以应采取以下不同的解耦策略：

1) 对影响程度大、建模精度高的耦合项，采用完全补偿的方法，即采用非线性解耦算法实现完全解耦，如诱导滚转和运动学交感；

2) 对影响程度较大、建模精度较高的耦合项，在实现完全解耦过于复杂的情况下，如有必要则采用线性解耦算法实现部分解耦，主要目的是防止这种耦合危及系统的稳定性，如纵/侧向气动力和力矩确定性交感；

3) 对影响程度较大但建模精度很差的耦合项，采用鲁棒控制器抑制其影响，在总体设计上避免其出现或改变气动外形，削弱其影响，如侧向诱导；

4) 对影响程度较弱、建模精度差的耦合项不作处理，依靠飞行控制系统本身的鲁棒性去解决。理论和实践表明，使用不精确解耦算法的系统比不解耦系统的性能更差。

四、导弹大迎角飞行控制系统设计方法评述

对导弹大迎角空气动力学的初步分析表明，它是一个具有非线性、时变、耦合和不确定特

征的被控对象。因此，在选择控制系统设计方法时，应充分考虑这个特点。

从非线性控制系统设计的角度考虑，目前主要有线性化方法、逆系统方法、微分几何方法以及非线性系统直接设计方法。线性化方法是目前在工程上普遍采用的设计技术，具有很成熟的工程应用经验。微分几何方法和逆系统方法的设计思想都是将非线性对象精确线性化，然后利用成熟的线性系统设计理论完成设计工作。将非线性系统精确线性化方法的突出问题是当被控对象存在不确定参数和干扰时，不能保证系统的鲁棒性。另外，建立适合该方法的导弹精确空气动力学模型是一个十分困难的任务。随着非线性系统设计理论的进步，目前已经有一些直接利用非线性稳定性理论和最优控制理论直接完成非线性系统综合的设计方法，如二次型指标非线性系统最优控制和非线性系统变结构控制。非线性系统最优控制目前仍存在鲁棒性问题，非线性系统变结构控制的直接设计方法对被控对象的非线性结构有特定的要求，这些都限制了非线性系统直接设计方法的工程应用。

从时变对象的控制角度考虑，可用的方法主要有预定增益控制理论、自适应控制理论和变结构控制理论。预定增益控制理论和自适应控制理论都要求被控对象有明确的参数缓变假设。与自适应控制理论相比，预定增益控制理论设计的系统具有更好的稳定性和鲁棒性。对非时变对象，变结构控制是一个强有力的手段。但是，当被控对象具有大范围参数变化时，变结构控制器会输出过大的控制信号。将预定增益控制技术与其结合起来可以较好地解决这个问题。另外，变结构控制理论在设计时变对象时，要求对象的模型具有相对的规范结构，在工程上如何满足这个要求需要进一步研究。

从非线性多变量系统的解耦控制角度考虑，主要有静态解耦、动态解耦、模型匹配和自适应解耦技术等。目前主要采用的方法有静态解耦和非线性补偿技术等。

第三节 推力矢量控制技术

控制系统是战术导弹中最重要的组成部分之一，因为无论用多么先进的制导系统、多么巧妙的自动驾驶仪来补偿不利的空气动力特性，若控制系统不能产生使控制指令实现的控制力，那么它们都将是毫无用处的。通常这些控制力是由可动的空气动力翼面产生的，但随着对导弹机动性的要求越来越高，使用攻角越来越大，各种新型控制技术不断涌现和发展，推力矢量控制技术就是其中之一。

推力矢量控制是一种通过控制主推力相对弹轴的偏移产生改变导弹方向所需力矩的控制技术。显然，这种方法不依靠气动力，即使在低速、高空状态下仍可产生很大的控制力矩。正因为推力矢量控制具有气动力控制不具备的优良特性，所以在现代导弹设计中得到了广泛的应用。

一、推力矢量控制在战术导弹中的应用

目前推力矢量控制导弹主要在以下场合得到了应用。

1)进行近距格斗、离轴发射的空空导弹,典型型号为俄罗斯的R-73。

2)目标横越速度可能很高,初始弹道需要快速修正的地空导弹,典型型号为俄罗斯的C-300。

3)机动性要求很高的高速导弹,典型型号为美国的HVM。

4)气动控制显得过于笨重的低速导弹,特别是手动控制的反坦克导弹,典型型号为美国的"龙"式导弹。

5)无需精密发射装置,垂直发射后紧接着就快速转弯的导弹。因为垂直发射的导弹必须在低速下以最短的时间进行方位对准,并在射面里进行转弯控制,此时导弹速度低,操纵效率也低,因此不能用一般的空气舵进行操纵。为达到快速对准和转弯控制的目的,必须使用推力矢量舵。新一代舰空导弹和一些地空导弹为改善射界、提高快速反应能力都采用了该项技术。典型型号有美国的"标准3"。

6)在各种海情下出水,需要弹道修正的潜艇发射导弹,如法国的潜射导弹"飞鱼"。

7)发射架和跟踪器相距较远的导弹,独立助推、散布问题比较突出的导弹,如中国的HJ-73。

以上列举的各种应用几乎包含了适用于固体火箭发动机的所有战术导弹。通过控制固体火箭发动机喷流的方向,可使导弹获得足够的机动能力,以满足应用要求。

二、推力矢量控制的实现方法

对于采用固体火箭发动机的推力矢量控制系统,根据实现方法可分为以下三类。

(一)摆动喷管

这一类实现方法包括所有形式的摆动喷管及摆动出口锥的装置。在这类装置中,整个喷流偏转主要有以下两种。

1. 柔性喷管

图5-5给出了柔性喷管的基本结构。它实际上就是通过层压柔性接头装在火箭发动机后封头上的一个喷管层压接头,由许多同心球形截面的弹胶层和薄金属板组成,弯曲形成柔性夹层结构。这个接头轴向刚度很大,在侧向却很容易偏转。用它可能实现传统的发动机封头与优化喷管的对接。

2. 球窝喷管

图5-6给出了球窝式摆动喷管的一般结构形式。其收敛段和扩散段被支撑在万向环上,该装置可以围绕喷管中心线上的某个中心点转动。延伸管或者后封头上装一套有球窝的筒形夹具,使收敛段和扩散段可在其中活动。球面间装有特制的密

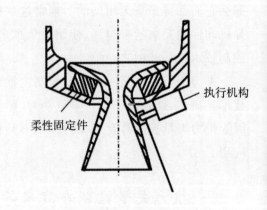

图5-5 柔性喷管的基本结构

封圈,以防高温高压燃气泄漏。舵机通过方向环进行控制,以提供俯仰和偏航力矩。

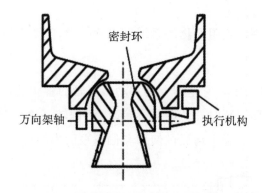

图 5-6 球窝式摆动喷管的基本结构

(二)流体二次喷射

在这类系统中,流体通过喷管扩散段被注入发动机喷流。注入的流体在超声速的喷管气流中产生一个斜激波,引起压力分布不平衡,从而使气流偏斜。这一类主要有以下两种。

1. 液体二次喷射

高压液体喷入火箭发动机的扩散段,产生斜激波,从而引起喷流偏转。惰性液体系统的喷流最大偏转角为 4°。液体喷射点周围形成的激波引起推力损失,但是二次喷射液体增加了喷流和质量,使得净推力略有增加。与惰性液体相比,采用活性液体能够略微改善侧向比冲性能,但是在喷流偏转角大于 4°时,两种系统的效率都急速下降。液体二次喷射推力矢量控制系统的主要吸引力在于其工作时所需的控制系统质量小,结构简单。因此,在不需要很大喷流偏转角的场合,液体二次喷射具有很强的竞争力。

2. 热燃气二次喷射

在这种推力矢量控制系统中,燃气直接取自发动机燃烧室或者燃气发生器,然后注入扩散段,由装在发动机喷管上的阀门实现控制。图 5-7 给出了其基本结构。

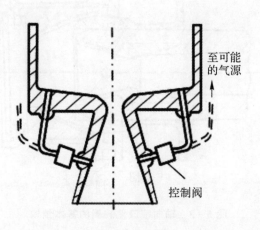

图 5-7 流体二次喷射的基本结构

(三)喷流偏转

在火箭发动机的喷流中设置阻碍物的系统属于这一类,主要有以下4种。

1. 偏流环喷流偏转器

偏流环系统如图5-8所示。它基本上是发动机喷管的管状延长,可绕出口平面附近喷管轴线上的一点转动。偏流环偏转时扰动燃气,引起气流偏转。这个管状延伸件,或称偏流环,通常支撑在一个万向架上。伺服机构提供俯仰和偏航平面内的运动。

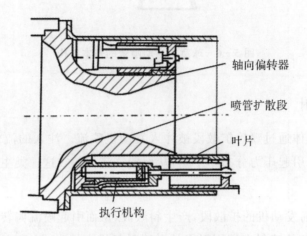

图 5-8 偏流环喷流偏转器的结构

2. 轴向喷流偏转器

图5-9给出轴向喷流偏转器的基本结构。在欠膨胀喷管的周围安置4个偏流叶片,叶片可沿轴向运动以插入或退出发动机尾喷流,形成激波而使喷流偏转。叶片受线性作动筒控制,靠滚球导轨支持在外套筒上。该方法最大可以获得7°的偏转角。

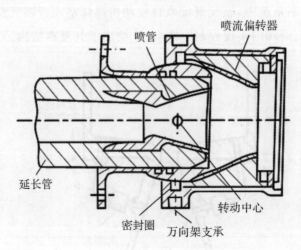

图 5-9 轴向喷流偏转器的基本结构

3. 臂式扰流片

图 5-10 所示为典型的臂式扰流片系统的基本结构。在火箭发动机喷管出口平面上设置 4 个叶片,工作时可阻塞部分出口面积,最大偏转可达 20°。该系统可以应用于任何正常的发动机喷管,只有在桨叶插入时才产生推力损失,而且基本上是线性的,喷流每偏转 1°,大约损失 1% 的推力。这种系统体积小,质量轻,因而只需要较小的伺服机构,这对近距战术导弹是很有利的。对于燃烧时间较长的导弹,由于高温高速的尾喷流会对扰流片造成烧蚀,使用这种系统是不合适的。

4. 导流罩式致偏器

图 5-11 所示的导流罩式致偏器基本上就是一个带圆孔的半球形拱帽,圆孔大小与喷管出口直径相等且位于喷管的出口平面上。拱帽可绕喷管轴线上的某一点转动,该点通常位于喉部上游。这种装置的功能和扰流片类似。当致偏器切入燃气流时,超声速气流形成主激波,从而引起喷流偏斜。它与扰流片相比,能显著地减少推力损失。对于导流罩式致偏器,喷流偏角和轴向推力损失大体与喷口遮盖面积成正比。一般来说,喷口每遮盖 1%,将会产生 0.52° 的喷流偏转和 0.26% 的轴向推力损失。

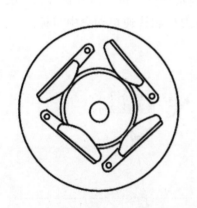
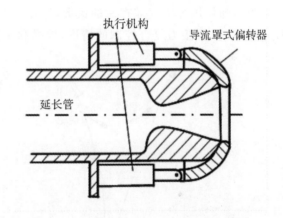

图 5-10 臂式扰流片系统的基本结构图　　图 5-11 导流罩式致偏器的基本结构

三、推力矢量控制系统的性能描述

推力矢量控制系统的性能大体上可分为四方面:
1) 喷流偏转角度,也就是喷流可能偏转的角度;
2) 侧向力系数,也就是侧向力与未被扰动时的轴向推力之比;
3) 轴向推力损失,也就是装置工作时所引起的推力损失;
4) 驱动力,为达到预期响应须加在这个装置上的总的力。

喷流偏转角和侧向力系数用以描述各种推力矢量控制系统产生侧向力的能力。对于靠形成冲击波进行工作的推力矢量控制系统来说,通常用侧向力系数和等效气流偏转角来描述产生侧向力的能力。

当确定驱动机构尺寸时,驱动力是一个必不可少的参数。另外,当进行系统研究时,用它可以方便地描述整个伺服系统和推力矢量控制装置可能达到的最大闭环带宽。

第四节　直接力控制技术

导弹对高速、大机动目标的有效拦截依赖于以下两个基本因素：
1）导弹具有足够大的可用过载；
2）导弹的动态响应足够快。

对采用比例导引律的导弹，其需用过载的估算公式为

$$n_M \geqslant 3n_T$$

式中：n_M 为导弹需用过载；n_T 为目标机动过载。

导弹的可用过载必须大于对其的需用过载要求。

空气舵控制导弹的时间常数一般在 150～350 ms，在目标大机动条件下保证很高的控制精度是十分困难的。在直接力控制导弹中，直接力控制部件的时间常数一般为 5～20 ms，因此可以有效提高导弹的制导精度。图 5-12 给出了直接力控制导弹拦截机动目标示意图。图 5-12(a)为导弹使用纯空气舵控制的情形，导弹由于控制系统反应过慢而脱靶；图 5-12(b)为导弹使用空气舵/直接力复合控制的情形，导弹利用直接力控制快速机动命中目标。

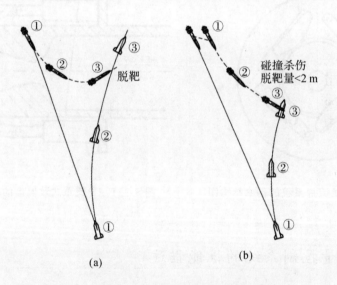

图 5-12　直接力控制导弹拦截机动目标示意图

一、直接力机构配置方法

(一)导弹横向喷流装置的操纵方式

导弹横向喷流装置可以有两种不同的使用方式：力操纵方式和力矩操纵方式。因为它们的操纵方式不同，在导弹上的安装位置不同，提高导弹控制力的动态响应速度的原理也是不

同的。

力操纵方式即为直接力操纵方式，要求横向喷流装置不产生力矩或产生的力矩足够小。为了产生要求的直力控制量，通常要求横向喷流装置具有较大的推力，并希望将其放在重心位置或离重心较近的地方。因为力操纵方式中的控制力不是通过气动力产生的，所以控制力的动态滞后被大幅度地减小了（在理想状态下，从 150 ms 减少到 20 ms 以下）。俄罗斯的 9M96E/9M96E2 和欧洲的新一代防空导弹 Aster15/Aster30 的第二级采用了力操纵方式（见图 5-13）。

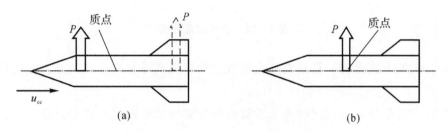

图 5-13　横向喷流装置安装位置示意图
(a)力矩操纵方式；　(b)力操纵方式

力矩操纵方式要求横向喷流装置产生控制力矩，不以产生控制力为目的，但仍有一定的控制力作用。控制力矩改变了导弹的飞行迎角，因而改变了作用在弹体上的气动力。这种操纵方式不要求横向喷流装置具有较大的推力，通常希望将其放在远离重心的地方。力矩操纵方式具有两个基本特性：

1) 因为它有效地提高了导弹力矩控制回路的动态响应速度，最终提高了导弹控制力的动态响应速度；

2) 能够有效地提高导弹在低动压条件下的机动性。

对于正常式布局的导弹，其在与目标遭遇时基本上已是静稳定的了。从法向过载回路上看，使用空气舵控制时，它是一个非最小相位系统。为产生正向的法向过载，首先出现一个负向的反向过载冲击。引入横向喷流装置力矩操纵后，可以有效地消除负向的反向过载冲击，明显提高动态响应速度。

美国的 ERINT-1、俄罗斯的 C-300 垂直发射转弯段采用的是力矩操纵方式。

(二) 横向喷流装置的纵向配置方法

在导弹上直接力机构的配置方法主要有三种：偏离质心配置方式（见图 5-14）、质心配置方式（见图 5-15）和前后配置方式（见图 5-16）。

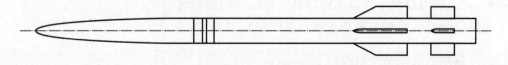

图 5-14　偏离质心配置方式

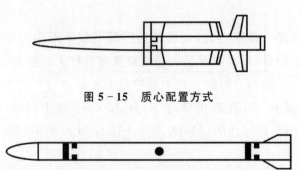

图 5-15 质心配置方式

图 5-16 前后配置方式

偏离质心配置方式是将一套横向喷流装置安放在偏离导弹质心的地方。它实现了导弹的力矩操纵方式。

质心配置方式是将一套横向喷流装置安放在导弹的质心或接近质心的地方。它实现了导弹的力操纵方式。

前后配置方式是将两套横向喷流装置分别安放在导弹的头部和尾部。前后配置方式在工程使用上具有最大的灵活性。当前后喷流装置同向工作时，可以进行直接力操纵；当前后喷流装置反向工作时，可以进行力矩操纵。该方案的主要缺陷是喷流装置复杂，结构质量大一些。

(三)横向喷流装置推力的方向控制

横向喷流装置推力的方向控制有极坐标控制和直角坐标控制两种方式。

1)极坐标控制方式通常用于旋转弹的控制中。旋转弹的横向喷流装置通常都选用脉冲发动机组控制方案，通过控制脉冲发动机点火相位来实现对推力方向的控制。

2)直角坐标控制方式通常用于非旋转弹的控制中。非旋转弹的横向喷流装置通常选用燃气发生器控制方案，通过控制安装在不同方向上的燃气阀门来实现推力方向的控制。

二、直接力控制系统方案

(一)直接力控制系统设计原则

通过对直接力飞行控制机理的研究，得出以下四个设计原则：

1)设计应符合 ENDGAME 最优制导律提出的要求；
2)飞行控制系统动态迟后极小化原则；
3)飞行控制系统可用法向过载极大化原则；
4)有、无直接力控制条件下飞行控制系统结构的相容性。

下面提出的控制方案主要基于后三条原则给出。

(二)控制指令误差型控制器

控制指令误差型控制器的设计思路是：在原来的反馈控制器的基础上，利用原来控制器控制指令误差来形成直接力控制信号，控制器结构如图 5-17 所示。很显然，这是一个双馈方案。可以说,该方案具有很好的控制性能,但该方案的缺点是与原来的空气舵反馈控制系统不相容。

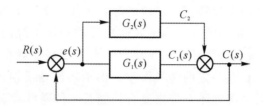

图 5-17 控制指令误差型线性复合控制器

(三)第Ⅰ类控制指令型控制器

第Ⅰ类控制指令型控制器的设计思路是:在原来的反馈控制器的基础上,利用控制指令来形成直接力控制信号,控制器结构如图 5-18 所示。很显然,这是一个前馈-反馈方案。该方案的设计有三个明显的优点:

1)因为是前馈-反馈控制方案,前馈控制不影响系统稳定性,所以原来设计的反馈控制系统不需要重新确定参数,在控制方案中有很好的继承性;

2)直接力控制装置控制信号用作前馈信号,当其操纵力矩系数有误差时,并不影响原来反馈控制方案的稳定性,只会改变系统的动态品质,因此特别适用在大气层内飞行的导弹上;

3)在直接力前馈作用下,该控制器具有更快速的响应能力。

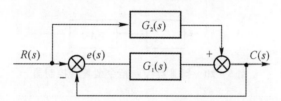

图 5-18 第Ⅰ类控制指令型线性复合控制器

(四)第Ⅱ类控制指令型控制器

第Ⅱ类控制指令型控制器的设计思路是:利用气动舵控制构筑迎角反馈飞行控制系统,利用控制指令形成迎角指令,利用控制指令误差形成直接力控制信号,控制器结构如图 5-19 所示。

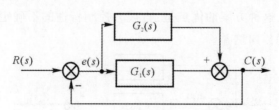

图 5-19 第Ⅱ类控制指令型线性复合控制器

很显然,这也是一个前馈-反馈方案,其中以气动舵面控制为基础的迎角反馈飞行控制系统作为前馈，以直接力控制为基础构造法向过载反馈控制系统。该方案的设计具有两个特点：

1）以迎角反馈信号构造空气舵控制系统可以有效地将气动舵面控制与直接力控制效应区分开来，因此可以单独完成迎角反馈控制系统的综合工作。事实上，该控制系统与法向过载控制系统设计过程几乎是完全相同的。因为输入迎角反馈控制系统的指令是法向过载指令，所以需要进行指令形式的转换。这个转换工作在导弹引入捷联惯导系统后是可以解决的，只是由于气动参数误差的影响，存在一定的转换误差。由于将迎角反馈控制系统作为复合控制系统的前馈通路，所以这种转换误差不会带来复合控制系统传递增益误差。

2）直接力反馈控制系统必须具有较大的稳定裕度，主要是为了适应喷流装置放大因子随飞行条件的变化。

(五)第Ⅲ类控制指令型复合控制器

提高导弹的最大可用过载是改善导弹制导精度的另外一个技术途径。通过直接叠加导弹直接力和气动力的控制作用，可以有效地提高导弹的可用过载。具体的控制器形式如图5-20所示。在图中，K_0为归一化增益，K_1为气动力控制信号混合比，K_2为直接力控制信号混合比。通过合理优化控制信号混合比，可以得到最佳的控制性能。该方案的问题是如何解决两个独立支路的解耦问题，因为传感器（如法向过载传感器）无法分清这两路输出对总的输出的贡献。

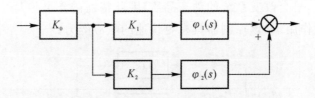

图5-20　第Ⅲ类控制指令型复合控制器

假定直接力控制特性已知，利用法向过载测量信号，通过解算可以间接计算出气动力控制产生的法向过载。当然，这种方法肯定会带来误差，因为在工程上直接力控制特性并不能精确已知。比较特殊的情况是，在高空或稀薄大气条件下，直接力控制特性相对简单，这种方法不会带来多大的技术问题；而在低空或稠密大气条件下，直接力控制特性将十分复杂，需要研究直接力控制特性建模误差对控制系统性能的影响。

为了尽量减少直接力控制特性的不确定性对控制系统稳定性的影响，提出一种前馈-反馈控制方案，其控制器结构类似于第Ⅰ类控制指令型控制器，即采用直接力前馈、空气舵反馈的方案，如图5-21所示。这种方案的优点是：直接力控制特性的不确定性不会影响系统的稳定性，只会影响闭环系统的传递增益。

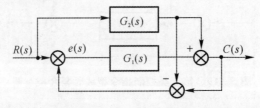

图5-21　基于前馈-反馈控制结构的第Ⅲ类控制指令型控制器

第五节 倾斜转弯控制技术

一、倾斜转弯控制技术的概念

近来,将倾斜转弯控制(国外把这种控制方式称为 BTT 控制,即 Bank-To-Turn)技术用于自动寻的导弹的控制得到了人们越来越多的重视。使用该技术导引导弹的特点是,在导弹捕捉目标的过程中,随时控制导弹绕纵轴转动,其所要求的理想法向过载矢量总是落在导弹的纵向对称面(对飞机形导弹而言)或中间对称面[最大升力面(对轴对称形导弹而言)]。现在,大多数的战术导弹与 BTT 控制不同,导弹在寻的过程中,保持弹体相对纵轴稳定不动,控制导弹在俯仰与偏航两平面上产生相应的法向过载,其合成法向力指向控制规律所要求的方向。为便于与 BTT 加以区别,称这种控制为侧滑转弯(Skid-To-Turn,STT)。显然,对于STT 导弹,所要求的法向过载矢量相对导弹弹体而言,其空间位置是任意的。BTT 导弹则由于滚动控制的结果,所要求的法向过载最终总会落在导弹的有效升力面上。

BTT 技术的出现和发展与改善战术导弹的机动性、准确度、速度、射程等性能指标紧密相关。常规的 STT 导弹的气动效率较低,不能满足对战术导弹日益增强的大机动性、高准确度的要求,而 BTT 控制为弹体提供了有效使用最佳气动特性的可能,从而可以指望其满足机动性与精度的要求。美国研制的短程空空导弹可允许的导弹法向过载达 $100g$,中远程空空导弹的法向过载可达 $(30\sim 40)g$。此外,导弹的高速度、远射程要求与导弹的动力装置有关。美国近年研制的远程地空导弹或地域性反导弹等项目,多半配置了冲压发动机,这种动力装置要求导弹在飞行过程中侧滑角很小,同时只允许导弹有正冲角或正向升力。这种要求对于 STT 导弹是无法满足的,而对 BTT 导弹来说,是可以实现的。BTT 技术与冲压发动机进气口设计有良好的兼容性,为研制高速度、远射程的导弹提供了有利条件。BTT 导弹的另一优点是升阻比会有显著提高。除此这外,平衡冲角、侧滑角、诱导滚动力矩和控制面的偏转角都较小,导弹具有良好的稳定特性,这些都是 BTT 导弹的优点。

与 STT 导弹相比,BTT 导弹具有不同的结构外形。其差别主要表现在:STT 导弹通常以轴对称形为主,BTT 导弹以面对称形为主。然而,这种差别并非绝对,例如,BTT-$45°$ 导弹的气动外形恰恰是轴对称形,而 STT 飞航式导弹又采用面对称的弹体外形。在对 BTT 导弹性能的论证中,其中任务之一即是探讨 BTT 导弹性能对弹体外形的敏感性,目的是寻求导弹总体结构外形与 BTT 控制方案的最佳结合,使导弹性能得到最大程度的改善。

由于导弹总体结构的不同,例如导弹气动外形及配置的动力装置的不同,BTT 控制可以是如下三种类型:BTT-$45°$、BTT-$90°$、BTT-$180°$。它们三者的区别是,在制导过程中,控制导弹可能滚动的角范围不同,分别为 $45°$、$90°$、$180°$。其中,BTT-$45°$ 控制型适用于轴对称形(十字形弹翼)的导弹。BTT 系统控制导弹滚动,从而使得所要求的法向过载落在它的有效升力面上,由于轴对称导弹具有两个互相垂直的对称面或俯仰平面,所以在制导过程的任一瞬间,只要控制导弹滚动角度小于或等于 $45°$,即可实现所要求的法向过载与有效升力面重合。这种控制方式又被称为滚转转弯(Roll-During-Turn,RDT)。BTT-$90°$ 和 BTT-$180°$ 两类控制均是用在面对称导弹上,这种导弹只有一个有效升力面,欲使要求的法向过载落在该平面上,所要控制导弹滚动的最大角度范围为90°或180°,其中BTT-90°导弹具有产生正、负攻角,或正、负升力的能力。BTT-180°导弹仅能提供正向攻角或正向升力,这一特性与导弹配置了颚下进气冲压发动机有关。

二、倾斜转弯控制面临的几个技术问题

尽管BTT技术可能提供上述的优点,然而作为一个可行的、有活力的控制方案取代现行的控制方案,仅就飞行力学与飞行控制方面来说,还必须解决好以下几个问题。

(1) 寻找合适的BTT控制系统的综合方法

STT导弹上采用的三通道独立的控制系统及其综合(设计)方法已经不再适用于BTT导弹,而变成一个具有运动学耦合、惯性耦合以及控制作用耦合的多自由度(6-DOF或5-DOF)的系统综合问题。就其控制作用来说,STT导弹采用了由俯仰、偏航双通道组成的直角坐标控制方式,而BTT导弹则采用了由俯仰、滚动通道组成的极坐标控制方式。综合具有上述特点的BTT控制系统,保证BTT导弹的良好控制性与稳定性,是研究BTT技术面临的技术问题之一。

(2) 协调控制问题

要求BTT导弹在飞行中保持侧滑角近似为零,这并非自然满足,要靠一个具有协调控制功用的系统,即CBTT控制系统(Coordinated - BTT Control System)来实现,该系统保证BTT的偏航通道与滚动通道协调动作,从而实现侧滑角为零的限制。因此,设计CBTT系统是BTT技术研究中的又一大课题。

(3) 要抑制旋转运动对导引回路稳定性的不利影响

足够大的滚动角速率是保证BTT导弹性能(导引精度以及控制系统的快速反应)所必需的,而对雷达自动导引的制导回路的稳定性却是个不利的影响,抑制或削弱滚动耦合作用对导弹制导回路的稳定性影响,是BTT研制中必须解决的又一问题。然而,这个问题对于红外制导的BTT导弹则不必过分顾虑。

此外,BTT导弹在目标瞄准线旋转角度较小时,控制转动角的非确定性问题,也是BTT技术论证中需要解决的问题。

三、倾斜转弯控制系统的组成及功用

BTT与STT导弹控制系统比较,其共同点是两者都由俯仰、偏航、滚动三个回路组成,但对不同的导弹(BTT或STT),各回路具有的功用不同。表5-2列出了STT导弹和三种BTT导弹控制系统的组成与各个回路的功用。

表5-2 导弹控制系统的组成及功用

导弹类别	俯仰通道	偏航通道	滚动通道	注 释
STT	产生法向过载,具有提供正负攻角的能力	产生法向过载,具有提供正负侧滑角的能力	保持倾斜稳定	适用于轴对称或面对称的不同弹体结构

续表

导弹类别	俯仰通道	偏航通道	滚动通道	注 释
BTT-45°	产生法向过载,具有提供正负攻角的能力	产生法向过载,具有提供正负攻角的能力	控制导弹绕纵轴转动,使导弹的合成法向过载落在最大升力面内	仅适用于轴对称型导弹
BTT-90°	产生法向过载,具有提供正负攻角的能力	欲使侧滑角为零,偏航必须与倾斜协调	控制导弹滚动,使合成法向过载落在弹体对称面上	仅适用于面对称型导弹
BTT-180°	产生单向法向过载,仅具有提供正攻角的能力	欲使侧滑角为零,偏航必须与倾斜协调	控制导弹滚动,使合成法向过载落在弹体对称面上	仅适用于面对称型导弹

四、倾斜转弯自动驾驶仪实例

为实现倾斜转弯控制的自动驾驶仪称为倾斜转弯自动驾驶仪。根据对侧滑角的控制要求,倾斜转弯自动驾驶仪可分为协调式与非协调式两大类。协调式倾斜转弯自动驾驶仪在按导引律控制导弹飞行的过程中,保持导弹的侧滑角近似为零。非协调式倾斜转弯自动驾驶仪不保持导弹的侧滑角近似为零。

采用 BTT-45°控制方式的导弹,一般允许在飞行过程中存在侧滑角,有人甚至主张在倾斜转弯过程中同时操纵导弹作小量的倾滑转弯,以提高飞行控制的准确性,因此一般要求使用与惯常的侧滑转弯自动驾驶仪相类似的非协调式倾斜转弯自动驾驶仪。

采用 BTT-90°和 BTT-180°控制方式的高性能导弹,为了提高导弹的气动稳定性,减小诱导滚转力矩,减小气动涡流的不利影响和提高最大可用攻角,一般要求使用协调式倾斜转弯自动驾驶仪,以保持导弹在飞行过程中的侧滑角近似为零。

由于在倾斜转弯控制过程中,需要操纵导弹绕纵轴高速旋转,过去常用的俯仰、偏航、滚动运动互相独立的导弹动力学模型已不再适用。这时不仅需要考虑气动耦合,而且需要考虑运动学耦合和惯性耦合,如图5-22所示。

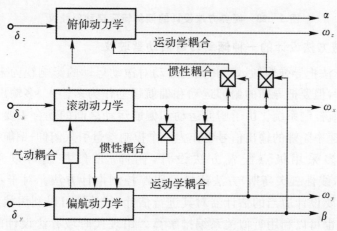

图 5-22 倾斜转弯导弹动力学的耦合关系

因此,倾斜转弯自动驾驶仪的控制对象,是一种多输入、多输出的动态过程。倾斜转弯自动驾驶仪必须寻求多变量系统的分析与设计方法。要在所有的飞行条件下实现侧滑角近似为零的协调转弯是一个复杂的问题,因为作为受控对象的导弹动力学特性,不仅随着导弹的飞行速度、飞行高度和质心位置而变化,而且随着导弹的攻角、侧滑角和姿态角速度而变化。具有代表性的倾斜转弯自动驾驶仪设计实例有以下三种。

1. 采用经典频域方法设计的一种典型倾斜转弯自动驾驶仪

首先把导弹俯仰、偏航、滚动运动之间的耦合作用视为未知干扰,采用经典频域设计方法分别设计俯仰、偏航、滚动控制系统。在设计中主要通过提高滚动回路通频带的方法,使各控制系统具有良好的去耦能力,然后考虑耦合因素,给偏航控制系统引入协调控制信号,使导弹飞行过程中的侧滑角尽可能接近于零。采用经典频域方法设计的一种典型倾斜转弯自动驾驶仪如图5-23所示。

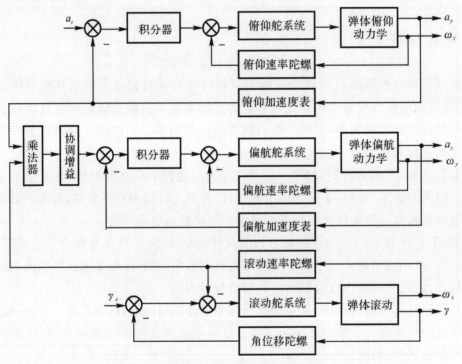

图 5-23 经典方法设计的倾斜转弯自动驾驶仪

2. 采用现代时域方法设计的一种倾斜转弯自动驾驶仪

现代时域设计方法把导弹俯仰运动和偏航运动对滚动运动的影响视为未知干扰,对滚动控制系统单独进行设计,但要把导弹的俯仰运动和偏航运动作为多输入、多输出的受控对象,设计相互耦合的俯仰-偏航控制系统。由于俯仰运动和偏航运动之间的耦合主要是通过滚动角速度而产生的,因此滚动速率陀螺的输出信号也作为一个控制参量引入俯仰-偏航控制系统。

滚动控制系统多采用极点配置方法设计,俯仰-偏航控制可以采用 LQG(Linear Quadratic Gaussian,线性二次高斯)方法或模型跟踪控制设计方法。对于不能直接测量攻角和侧滑角的导弹,需要设计适当的估计器对其进行估计,估计器可以利用状态观测器和卡尔曼滤波理论进行设计,也可以利用近似关系编排解算。用现代时域方法设计的一种倾斜转弯自动驾驶仪基本结构如图5-24所示。

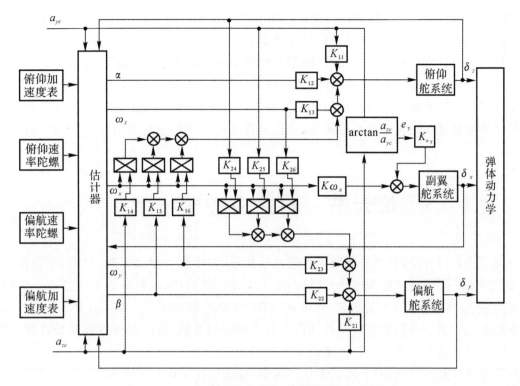

图 5-24 现代时域方法的一种倾斜转弯自动驾驶仪

3. 多变量频域设计方法设计的一种倾斜转弯自动驾驶仪

把导弹俯仰运动和偏航运动对滚动运动的影响视为未知干扰,对滚动控制系统单独进行设计,但要把导弹的俯仰运动和偏航运动作为多输入、多输出的受控对象,使用多变量频域设计方法设计相互耦合的俯仰-偏航控制系统。用多变量频域方法设计的一种倾斜转弯自动驾驶仪原理框图如图 5-25 所示。

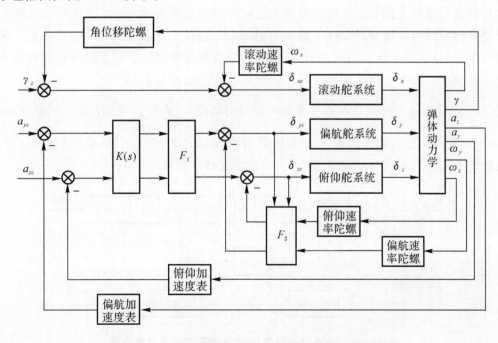

图 5-25 多变量频域方法设计的倾斜转弯自动驾驶仪

多变量频域方法设计相互耦合的俯仰-偏航控制系统的设计思想是:首先以改善受控对象的稳定性为目的,用多变量根轨迹法设计静态补偿器阵 $F_1(2\times2)$ 和 $F_2(2\times4)$,然后再利用特征根轨迹法设计出具有良好稳定性、解耦性和控制品质的动态补偿阵 $K(s)(2\times2)$。

上述三种设计方法都是在"系数冻结"条件下进行的,对于气动参数变化范围较大的导弹,自动驾驶仪在按照该导弹的各种典型气动参数进行设计之后,还应把其中的某些参数处理成与导弹气动参数相关的某种信息的函数,并在导弹飞行过程中用这种信息对这些参数进行在线调整。

第六节 自适应控制技术

在导弹飞行过程中,弹体参数随飞行条件变化,这种变化一般是未知、时变、非线性的,依靠常规的时不变反馈控制原理进行的设计,实际上是一种折中,牺牲一点额定条件下的性能,以满足全程飞行条件下的性能要求,但在飞行条件变化剧烈时就不能保证所要求的性能,而控制器参数能适应弹体参数随飞行条件变化的自适应控制系统,可以保证导弹在很宽的参数变化范围内均具有满意的受控飞行性能。

随着导弹作战空域的加大,性能要求的提高,自适应控制技术在导弹武器系统设计中的应用已受到了普遍重视,特别是导弹数字控制技术的普遍应用,为具有复杂算法的自适应控制系统的实际应用创造了必备条件。

一、自适应控制系统的分类

(一)"开环"自适应控制

这是目前导弹稳定控制系统中已普遍采用的一种自适应技术,它是按经典控制理论设计的采用变参数控制器以达到对弹体参数变化的适应。这种变参数控制器的设计是基于系统性能与飞行条件、控制器参数之间的关系是已知的,适应能力受到这些信息的准确性和变参数的实现方法的限制。由于这种系统并没有一个性能指标的闭环控制,常称"开环"自适应控制。

"开环"自适应稳定控制系统的变参数可通过对速度 V、高度 H 或动压 $q=\frac{1}{2}\rho V^2$ 的测量来调整,即将控制器中的可调参数 K(K 可以是增益或时间常数)作为 V,H 或 q 的函数。图5-26就是以动压 q 的测量来调整增益 K 的"开环"自适应稳定控制系统。

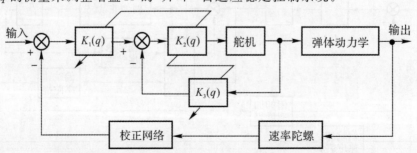

图 5-26 "开环"(变增益)自适应稳定控制系统示意图

此外,有些导弹稳定控制系统采用了激励信号或自振荡方式的"开环"自适应控制,图5-27、图5-28分别为它们的原理示意图。

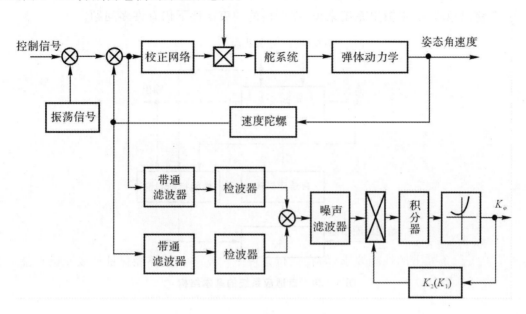

图 5-27 振荡自适应系统

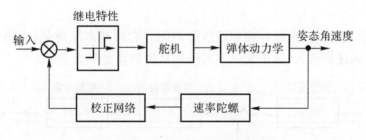

图 5-28 自振荡自适应控制系统

(二)"闭环"自适应控制

"闭环"自适应控制的基本思想是:利用系统的输入、控制对象的状态及系统输出的测量得到系统的性能,根据所测性能与规定性能的比较,自适应机构调整系统参数并产生辅助输入,以使得系统保持接近于给定的性能。

图 5-29 所示为自适应系统的基本结构,图中可调系统可以通过修改其参数调节性能。三个基本环节是性能指标测量、比较判别和自适应机构,它们和可调系统一起形成对性能指标的"闭环"控制。

"闭环"自适应控制主要有三种类型:
1)高增益自适应控制系统;
2)模型参考自适应控制(Model Reference Adptive Control,MRAC)系统;
3)自校正控制(Self-Tuning Control,STC)系统。

模型参考自适应控制系统(MRAC)和自校正控制系统(STC),作为现代设计理论的完整体系和实用性方法都是 20 世纪 50 年代后期提出的。目前,基于稳定性理论和正实性概念的 MRAC 的设计方法,以及基于随机控制理论和辨识理论的 STC 设计方法已经成熟,但在实际应用中,即使对单输入-单输出系统来说,在严格的约束条件下仍有许多问题。

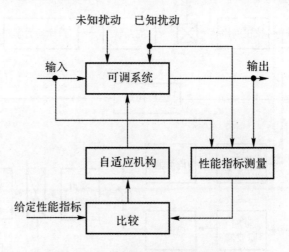

图 5-29 自适应系统的基本结构

二、高增益自适应控制

图 5-30 所示为高增益自适应控制系统原理图。它的基本原理是,当闭环系统的开环增益保持足够高时,系统的输入-输出实际上与控制对象的动力学无关。

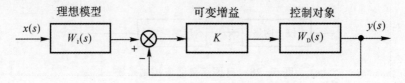

图 5-30 高增益自适应控制示意图

图 5-30 中,$W_D(s)$ 为控制对象的传递函数,K 为增益,$W_1(s)$ 为按希望特性设计的理想模型传递函数。于是系统的闭环传递函数为

$$\frac{y(s)}{x_1(s)} = \frac{KW_D(s)}{1+KW_D(s)} \cdot W_1(s)$$

当 $|1+KW_D(s)| \gg 1$ 时,有

$$\frac{y(s)}{x_1(s)} \approx W_1(s)$$

则系统的实际输出与对象参数的变化无关,而仅取决于理想模型的输出 $x_2(t)$。

在实际应用中,控制对象参数改变时,为了保持足够高的增益,应随控制对象参数的变化随时调整增益,但必须满足系统的稳定性要求。因此,这种自适应控制取"稳定性"作为性能指标来调整增益,保持系统处于稳定边界,理想模型按系统所要求的性能指标设计。图 5-31 为实际的导弹高增益自适应稳定控制系统的简化结构图。

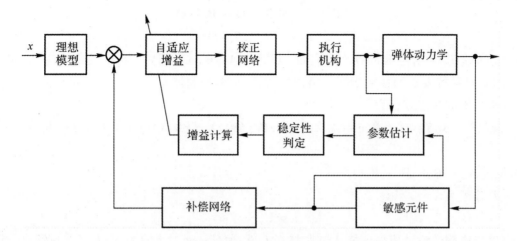

图 5-31　高增益自适应稳定控制系统简化结构图

这种高增益自适应控制的严重缺点是为了检测系统的稳定性，必须知道足够的信息。实际上，为了利用这个方案，必须能够计算系统特征方程的根进入右半平面的增益值。

三、模型参考自适应控制(MRAC)

MRAC 的基本原理是：模型具有控制系统需要的性能，通过调整控制器中的可变参数，使受控对象的输出与参考模型的输出一致。通常参考模型由使系统的稳定性、快速性等最优的条件选定。MRAC 的基本结构如图 5-32 所示。

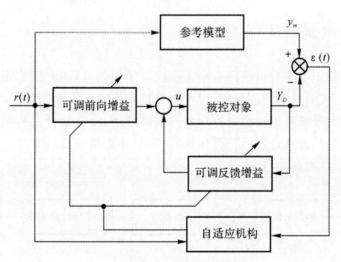

图 5-32　MRAC 的基本结构

设被控对象的状态方程和量测方程为

$$\dot{\boldsymbol{X}}_\mathrm{D}(t) = \boldsymbol{A}_\mathrm{D}(t)\boldsymbol{X}_\mathrm{D}(t) + \boldsymbol{B}_\mathrm{D}(t)u(t) \tag{5-1}$$

$$\boldsymbol{Y}_\mathrm{D}(t) = \boldsymbol{C}_\mathrm{D}(t)\boldsymbol{X}_\mathrm{D}(t) \tag{5-2}$$

式中，$\boldsymbol{A}_\mathrm{D}(t)$，$\boldsymbol{B}_\mathrm{D}(t)$，$\boldsymbol{C}_\mathrm{D}(t)$ 为未知参数阵或向量。按照系统所要求的性能给定参考模型状态方程和量测方程为

$$\dot{X}_m(t) = A_m X_m(t) + B_m r(t) \tag{5-3}$$

$$Y_m(t) = C_m X_m(t) \tag{5-4}$$

式中,A_m,B_m,C_m 为给定的常数阵或向量,分别与 A_D,B_D,C_D 同阶。$r(t)$ 为参考输入,其输出 $Y_m(t)$ 满足对系统要求的性能指标。由被控对象,可调控制器 Q,F 一起组成可调系统,可写出如下可调系统的状态方程为

$$\dot{X}_D(t) = A_D X_D(t) + B_D u = A_D X_D(t) + B_D[Qr(t) - FX_D(t)] = \bar{A}_s X_D(t) + \bar{B}_s r(t) \tag{5-5}$$

式中,$\bar{A}_s = A_D - B_D F, \bar{B}_s = B_D Q$。

误差方程为

$$\varepsilon = Y_m - Y_D$$

自适应机构的设计应保证能实时调整 Q 和 F,使(5-5)式与(5-3)式完全一致,且当 $t \to \infty$ 时,$\varepsilon(t) \to 0$。

MRAC 设计的关键是参数调整律的设计,目前主要采用的三种设计方法如下。

(1)以梯度法为基础的局部参数最优化方法。这种方法的缺点是不能保证自适应系统的稳定性,自适应速度较慢。

(2)李雅普诺夫直接法。该方法首先推导模型和被控对象之间的误差方程,然后按使此误差渐近稳定的李雅普诺夫函数确定参数调整律。利用李雅普诺夫函数的实用方法是莫勒卜李(Monopoli)提出的,参数调整律为比例-积分形式式。

(3)波波夫超稳定理论设计方法。该方法本质上与李雅普诺夫方法等价,其优点是可以具有更普遍的应用范围。

四、自校正控制系统(STC)

自校正控制是根据受控对象的已有输入和输出实测信息,用在线辨识的方法确定受控对象的数学模型参数,实时修正控制规律,以实现受控系统满意的性能要求。

图 5-33 所示为导弹自校正稳定控制系统的原理图,图中估计机构根据受控对象(导弹)的输入和输出的量测信息估计(辨识)弹体参数,根据性能指标设计计算机构调整自适应补偿器的参数,达到自适应控制的目的。

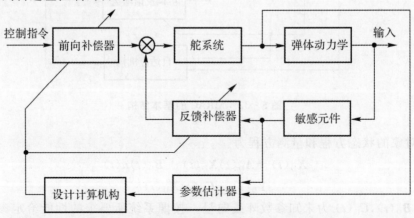

图 5-33 导弹自校正稳定控制系统的基本结构

这种系统的设计步骤是：
1) 按特征点弹体参数，设计常参数满足性能指标要求的稳定控制系统；
2) 设计弹体参数的辨识算法，递推估计弹体参数；
3) 依据性能指标要求，设计补偿器随弹体参数变化的参数调整律；
4) 以估值的弹体参数作为真值调整补偿器参数；
5) 通过数字仿真，检验和修改系统设计。

可以看出，自校正控制实际上是经典设计方法的在线化，是常参数稳定控制系统的自然推广。参数辨识方法的设计是自校正控制系统的关键。为了确定补偿器参数，由参数辨识算法得到的弹体参数能否收敛到真值，是能否确保自校正控制系统稳定的必要条件。

上面所述自校正控制一般称显式算法自校正控制，如果参数估计是直接估值所需要的补偿器参数，称隐式算法自校正控制。

由于导弹稳定控制系统对系统的响应时间和稳定性均有较一般动态系统更高的要求，而自适应控制中的复杂的自适应和估值算法又具有相当大的计算量，为了降低这种计算量带来的延迟影响，应保证弹上计算机具有足够的计算速度和与之相应的字长。目前自适应稳定控制系统尚少有实际应用，但随着计算机技术的发展和自适应控制理论在实用化方面的进展，自适应稳定控制系统广泛应用的时代将会到来。

第七节 超精确控制与 KKV 技术

导弹的传统控制方式是在自动驾驶仪的作用下，依靠操纵气动舵面（即操纵面）产生气动力和力矩变化及改变发动机推力大小来实现的。事实上，在这种传统控制方式下，无论采用何种先进的控制策略（如模糊控制、自适应控制、自适应逆控制、变结构控制、H_∞ 控制、神经网络控制等）和精心研制的新型控制律（如最优二次型控制律、多变量非线性控制律等），都无法从根本上改善导弹的高机动性（或机敏性），达到脱靶量趋近零的目标。为此，需要研究新的超精确控制方法和直接动能杀伤技术（即 KKV 技术）。

一、超精确制导控制技术及系统

在新的防空、防天战略需求牵引下，第四代防空、防天导弹是历代防空导弹技术进步最大的一代，其最关键的技术进步点是精确制导控制，而实现超精确制导控制的核心是直接燃气动力控制技术，即直接侧向力控制技术。它从根本上实现了导弹（在大气层内）脱靶量最小（可达 0.3~0.6 m），乃至导弹（在大气层和大气层外）直接命中，从而大幅度地提高了防空导弹的作战效能。

利用直接燃气动力控制技术，在第四代防空导弹上采用了气动舵面与反作用力装置复合控制。目前，实现这种技术的方法主要有两种：①利用空气动力与相对质心一定距离火箭发动机系统相结合，以实现"力矩"控制；②利用空气动力与接近导弹质心安置的脉冲发动机系统相结合，以实现"横向"控制。为了获得有效控制，满足导弹对目标所需要的机动性，反作用控制系统特别是控制器和复合控制律的设计与实现是至关重要的，如图 5-34 所示。

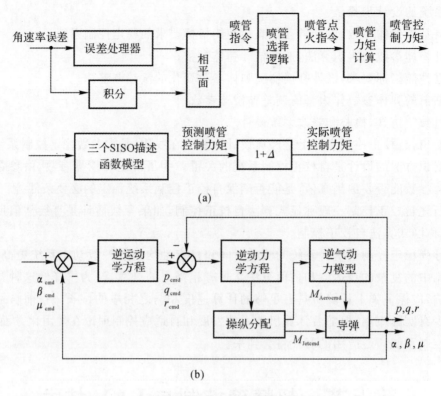

图 5-34 RCS 控制器及复合控制律设计原理
(a)RCS 控制器； (b)复合控制律设计原理

二、KKV 技术及其应用

KKV 技术是从新概念武器中的动能武器引出的。动能武器又称超高速射弹武器或超高速动能导弹。它是一种利用发射超高速弹头的动能直接撞毁目标的新型武器系统，也是一种典型的直接拦截武器，代表了反战术弹道导弹的一个重要发展方向，并将成为弹道导弹、卫星、飞机等高速飞行目标的有力杀手。

这里，超高速通常指马赫数在 5 以上的飞行速度。在此速度下，只要利用适当碰撞几何条件，动能拦截弹就能够很容易直接将目标毁伤。因此，动能武器的核心是加速与制导控制。

动能武器的杀伤机理很简单，就是以巨大的动能通过直接碰撞来摧毁目标。理论和试验表明，当弹头与目标的相对速度大于 1 km/s 时，动能弹头的单位面积有效质量为几克每平方厘米，且与目标的相对动量为 100～1 000 kg·cm/s 时，就足以将任何目标摧毁。对来袭的洲际导弹而言，由于飞行速度一般达到 8 km/s 以上，因此只要动能拦截器具有 3～10 km/s 的速度，并利用适当的碰撞几何条件，就完全可以将其摧毁。

动能武器的核心技术是智能技术、KKV 技术、精确制导与超精确控制技术。这里，主要包括动力加速、KKV 识别、导引头、直接侧向力控制、组合导航、凝视成像探测、多传感器融合、大推重比、快速响应姿/轨控及高速信息处理等关键技术。其中，KKV 技术是一种超级灵巧、能自主识别真假目标、高度智能化的先进拦截器技术，截止目前已发展了三代，正在朝着小型化、智能化和通用化的方向迅速发展。美、俄等国都曾在此方面获得过技术性突破。

在KKV技术实际应用中,动能拦截弹可称为典型代表。动能拦截弹是相对于采用高爆战斗部(弹头)的常规导弹而言的,其显著区别在于它毋须引爆战斗部,而是弹体以极高的速度与目标直接碰撞,从而释放极大的动能来摧毁任何类型的目标。动能拦截弹是美国星战武器家族里的重要成员。目前已拥有陆基"爱国者先进能力"-3拦截弹、舰载"标准"-3拦截弹、地基动能反卫星武器拦截弹和天基"智能卵石"动能拦截弹等,并成功进行了多次拦截试验。如用于海军区域导弹防御的战区高空区域防御拦截弹的KKV(动能杀伤拦截器)速度可达4.8 km/s,作战高度为500 km,拦截距离约为1 200 km。总之,空中拦截弹主要用于弹道导弹的防御和反卫星。美国在这方面已构成较完整的体系,主要包括:用于地基中段防御拦截弹的大气层外拦截器、用于海基中段防御拦截弹的大气层外轻型射弹、用于战区高空防御拦截弹的动能拦截弹、末段防御拦截弹PAC-3和反卫星武器系统。

三、防空反导系统与KKV技术

防空反导系统就是人们常说的导弹防御系统,其产生和发展是与美、苏/俄及其他发达国家的长远太空军事战略分不开的。太空军事战略所追求的战略优势包括天基制地权、天基制天权和天基制星权,而弹道导弹技术和反弹道导弹技术的发展既是太空对抗的必然结果,也是太空战争的具体体现。正因为如此,导弹防御系统是发达国家之间太空争夺和太空对抗的最现实、最重要的表现形式之一,同时也是太空军事战略的重要组成部分。

截至目前,反导系统已经发展了四种类型,即防空拓展型、分层拦截型、天基拦截型和防空兼容型。它们有各自的特点和功能:防空拓展型是防空导弹功能的拓展,具有拦截弹道导弹的能力,但只能对付单个或少量的来袭弹头,而对大规模来袭的核弹头将无能为力;分层拦截型反导系统由多功能远程搜索雷达、场地雷达、高性能计算机系统和高空与低空拦截导弹等部分构成,并采用指挥式指令制导体制和电扫相控阵雷达体制,因此具有分层拦截弹道导弹的明显反导效果,但仍然难以对付大规模、暴风骤雨般的核袭击;天基拦截型反导系统借助天基平台居高临下,并引入超视距探测和临空逼近目标靠前拦截技术,利用天基综合信息系统(C4ISR系统)和天基激光、粒子束及动能拦截武器,同时与地基相结合,可形成纵深防御,多层拦截配置,以达到能对付敌方战略进攻武器的所有威胁,但由于天基定向武器难度很大,而地基动能拦截器技术已取得突破性进展,故当前此型反导系统仍以地基动能拦截器作为主战武器;由于防空与反导有许多相似之处,因此研制新一代防空导弹的同时,使其具有反中、近程战术弹道导弹能力成为可能,从而出现了当前的防空兼容型反导系统。无论是哪一种类型的反导系统,采用超精确制导控制和KKV技术都是最为关键的,特别是地基拦截器和新型防空防天导弹。地基拦截器由三级固体运载火箭外大气层动能拦截器和多杀伤组成,速度可达40 000 km/h;防空防天导弹采用惯性+末段主动式寻的复合制导和反作用力燃气气动力控制,并设有杀伤增强装置。

复 习 题

1. 导弹控制系统的功能是什么?具有哪些特点?

2. 为什么要采用大迎角飞行控制技术？大迎角条件下导弹的空气动力学特性主要受哪些因素影响？

3. 什么叫做推力矢量控制？

4. 直接力控制与推力矢量控制有什么相同点和不同点？

5. 实现对导弹的倾斜转弯控制需要考虑哪些方面的影响？

6. 简述模型参考自适应控制的基本原理。

7. 未来的防空防天任务对导弹/拦截弹的控制技术提出哪些需求？

第六章　地空导弹引信与战斗部技术

第一节　概　　述

引信、战斗部以及对两者动作起连接和保险作用的安全执行机构统称为引信战斗部系统，简称为"引战系统"。引战系统是决定地空导弹最终能否成功摧毁目标的一个重要装置，在导弹脱靶量符合指标要求的前提下，引信和战斗部的配合决定导弹的杀伤概率。

一、引战系统的组成

引战系统中，通常把保险执行机构看作引信的一部分，因此引战系统主要由引信和战斗部两部分组成。在引战系统和目标之间，构成了一个三元系统，如图 6-1 所示。

图 6-1　三元系统

目标产生信息，加至引信；引信形成引爆指令，加至战斗部，使其爆炸；战斗部爆炸后产生杀伤诸元，作用到目标上，摧毁目标。

二、引战系统的功用

1) 在非战斗状态和飞行过程中引信解除保险前要绝对安全可靠，任何情况下不允许引爆战斗部；
2) 在安全执行机构按规定程序解除保险后，引信在导弹接近目标时要适时引爆战斗部；
3) 引信应具有抗干扰能力，避免早炸或误动作，并具有适当调整延迟引爆时间的能力；
4) 战斗部类型与起爆方式的选择应与引信启动方式相配合，力求达到引战配合效率最佳的目的。

三、引战系统的工作特点

引信和战斗部系统的工作具有以下特点：
1) 引信的启动和战斗部的杀伤效果是对满足要求的脱靶条件而言的。
2) 引信和战斗部的工作具有瞬时性，因为它们只是在终端弹道工作，而不是在全弹道工作；在遭遇段，工作时间仅为毫秒量级。
3) 引信目标特性具有体目标效应和局部照射的特点，因为引信工作在近场内，其作用距离与目标的几何尺寸在同一数量级，甚至更小。

第二节 引　　信

一、引信的定义和功用

1. 传统意义上的定义（广义）

凡是能引起爆炸物在一定条件下爆炸的装置都称为引信。

2. 现代意义上的定义（狭义）

在导弹上，引信是导弹接近目标时，觉察目标或感受其他预定条件，实现战斗部起爆的一种装置。

它能觉察接触目标时的机械能量或接近目标时的声、光、电、磁、环境压力等物理场能量的变化，或感受装定时间的改变，或者接收外部指令等，在战斗部能发挥最大毁伤效果的位置上，适时起爆战斗部，对目标造成最大的破坏或毁伤。

3. 引信的基本功用

1) 保险：保证爆炸物在储存、运输及勤务处理过程中的安全，即不发生意外爆炸。
2) 解除保险：根据预定的条件进入待爆状态。
3) 起爆：在预定的时间或地点起爆战斗部。

在地空导弹上，引信一般还具有自毁的功能。它是指在导弹飞越目标之后没有爆炸，由引信来控制导弹自毁。自毁的目的主要有两个方面：一是避免导弹落到我方阵地上，造成人员和设备的损失；二是防止导弹落到敌方区域，造成泄密事件发生。

二、引信的分类

地空导弹引信可按多种形式分类：
1) 按对目标作用方式分为触发引信（即着发引信、碰炸引信）、非触发引信（即近炸引信）及定时引信；
2) 按敏感装置的物理特性分为机械引信、电引信（如压电引信等）、无线电引信、光学引信、磁引信、声引信和压力引信等。

三、地空导弹常用的引信

地空导弹的引信可分为触发引信和近炸引信（即非触发引信）两种。触发引信用于直接命中的地空导弹，其性能用导弹命中目标后引信的启动概率进行评定。近炸引信是在导弹接近目标时，按目标与导弹之间的相对位置自动引爆战斗部。地空导弹一般都采用近炸引信，但在某些制导精度高的小型导弹上也有加装触发引信或只用触发引信的，例如，SA－7便携式地空导弹就采用了触发引信，而在其改进型导弹上加装了近炸引信。地空导弹采用的近炸引信分为主动型、半主动型和被动型三类。

1) 主动型近炸引信一般为无线电引信。这种引信"主动"发射电磁波，并接收目标反射回波经处理后给出引爆信号。按其信号调制、处理方式的不同，有脉冲多普勒引信、连续波调频引信、伪随机码调相引信等各种不同体制的无线电引信。近年来利用激光的主动式引信也在发展中。

2) 半主动型引信只有接收装置，它利用地面制导站照射目标的能量，被动地接收目标反射回波而动作。这种引信多在半主动寻的制导体制中与导引头的功能相结合。

3) 被动型近炸引信主要是利用目标本身的热辐射特性而动作的红外引信。在具体实施方案上，红外引信在敏感的红外波长范围和接收信息的处理形式方面也有多种不同的设计选择。采用红外引信的地空导弹有法国"响尾蛇"等。

（一）主动式连续波多普勒引信

主动式连续波多普勒引信是一种工作在连续波状态，利用多普勒效应探测目标信息的无线电引信。在导弹与目标交会过程中，引信发射等幅连续的射频信号，并利用部分射频信号与接收的目标反射信号混频所得的差频信号（即多普勒信号）进行工作。这种引信的基本组成是连续波发射机、发射天线、定向耦合器、接收天线、滤波器、混频器、多普勒带通放大器、信号处理器和启动指令产生器等。为保证武器系统对引信的基本要求，主动式连续波多普勒引信的主要技术指标为：发射功率和频率、接收机灵敏度、接收机通频带、收发天线方向图和增益、引信误动作概率、抗干扰能力以及起爆延迟时间等。主动式连续波多普勒雷达体制有超外差式、外差式和自差式三种类型，导弹引信中常用的是外差式。外差式连续波多普勒引信线路结构简单，又有较高的接收机灵敏度，因此在地空导弹上被广泛采用，如苏联的SA－2地空导弹。然而，连续波多普勒引信难以得到距离信息，且无距离截止特性，无法获得较好的低空性能和抗干扰能力。

（二）脉冲多普勒引信

脉冲多普勒引信是一种工作在脉冲状态，利用多普勒效应探测运动目标的无线电引信。与普通脉冲引信不同的是，它发射高重复频率的射频脉冲波。同未加调制的简单连续波引信相比，其主要特点是，既可获得距离信息，又可同时获得速度信息。这种引信具有较好的低空性能和抗干扰能力。按脉冲多普勒相干检测的方式划分，脉冲多普勒引信大体可分为脉冲对脉冲相干检测和脉冲对连续波相干检测的脉冲多普勒引信两种。脉冲多普勒引信原理图如图

6-2所示。

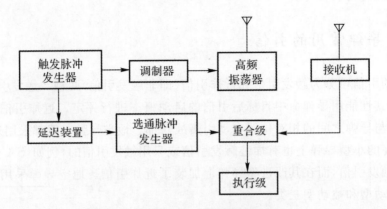

图 6-2 脉冲测距引信原理方框图

脉冲多普勒目标探测装置作为一种技术性能先进的设备,被用于地空导弹的引信体制设计中。其特点是:

1)具有脉冲和连续波两种引信体制的优点;
2)既可获得距离信息和锐截止的距离特性,又可获得速度信息;
3)脉冲多普勒引信距离和速度的两维分辨能力,使之具有对抗地(海)面杂波和背景干扰的能力及良好的低空性能;
4)在低平均功率情况下,可获得高峰值功率的发射脉冲,使之具有对抗扫频干扰能力;
5)具有系统通带窄、制造方便和抗干扰能力强的特点。

尽管多普勒引信性能优良,但由于大占空系数、高峰值功率的脉冲相干发射机在制造技术等方面有难度,因此脉冲多普勒引信体制在地空导弹上用得较少。

(三)伪随机码引信

伪随机码引信是一种用伪随机码对发射机载波进行适当调制的引信。由伪随机码产生器、载波振荡器、0/π 二调相器、定向耦合器、发射天线、接收天线、混频器、恒虚警接收机、相关器、检波与信息处理器和执行级等组成。其基本工作原理是利用延时本地码同回码的相关获得距离和速度信息。伪随机码引信不仅具有良好的速度分辨能力,而且可以获得较高的距离测量精度和距离分辨能力。同时,编码参数易于控制和处理,从而使引信具有较好的低空性能和抗干扰能力。

伪随机码具有类似随机噪声的特性,它具有一定的随机性,也具有预先可确定的规律性。其调制方式可采用调幅、调频、调相或几种调制的复合,在地空导弹引信中,通常采用调相获得较好的性能。载波既可用连续波,也可用脉冲,因而伪随机码引信分为连续波伪随机码调相(或调频)引信和脉冲式伪随机码调相(或调频)引信两种基本类型。连续波伪随机码调相引信原理如图 6-3 所示。

伪随机码引信的基本特点:

1)不论是脉冲体制还是连续波体制,它都可获得距离信息和速度信息;
2)距离分辨力好,使引信具有尖锐的距离截止特性;
3)易于改变参数,如时钟频率、编码参数、延时距离等,从而易于根据具体作战条件的需要

改变引信参数;

4)在大的距离范围内有不模糊的距离测量,但伪随机码的相关函数是周期性的,所以这种引信仍存在模糊距离。

基于上述特点,国内外对伪随机码进行了大量的开发研究,使其得到了广泛的应用。

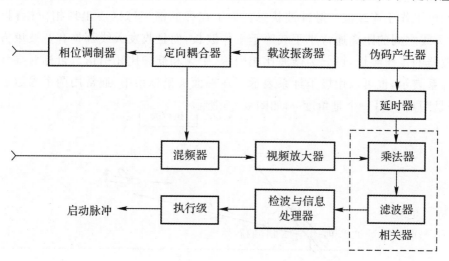

图 6-3 连续波伪随机码调相引信原理图

(四)调频引信

调频引信是一种发射信号频率按预定规律变化的无线电引信。调制波形可以是三角波、锯齿波和正弦波等。根据目标反射信号对发射信号在时间上的延迟关系,或引信与目标间相对运动产生的多普勒效应,从接收信号与发射信号混频输出的差拍信号中,获得导弹和目标交会时的距离信息和相对速度信息,使执行级启动,适时起爆战斗部。

调频引信原理框图如图 6-4 所示。

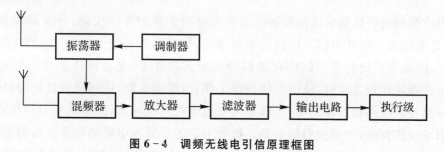

图 6-4 调频无线电引信原理框图

按信号的不同处理方法,在地空导弹中采用的调频引信可分为四种基本类型,即三角波或锯齿波线性调频测距引信、正弦调频多普勒边带引信、多调制频率的正弦调频边带引信,以及特殊波调频引信。调频引信具有较好的抗干扰能力。在 20 世纪 50 年代以后,国内外都大力开展了调频引信的研制工作,如早期的"波马克"采用了正弦调频边带引信,"罗兰特"采用了特殊波调频引信。我国在 20 世纪 60 年代以后研制的几种地空导弹上也采用了正弦调频边带引信。

(五)比相雷达引信

比相雷达引信是利用两个接收天线所收到的目标信号之间的相位差信息,来确定目标位置的一种雷达引信。它是根据相位干涉仪测角原理设计的,有主动式、半主动式和被动式三种类型。它们可工作于连续波或脉冲波状态。为了在弹的前半球区不出现相位模糊,且能连续测角,接收天线之间的距离通常小于或等于工作波长,而且收发天线都具有宽波束方向图。根据相位检波器的工作频域,可分为微波比相引信、中频和低频比相引信。目标对导弹的位置可用直角坐标系表示,也可以用极坐标系表示。在平面极坐标系中,通常用两个参数表示目标的位置:一个是距离 r,另一个是角度 φ,如图 6-5 所示。

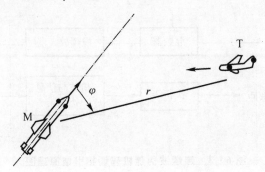

图 6-5　目标对导弹位置示意图

比相雷达引信可以获得角信息,因此有较好的引信与战斗部配合性能,但引信是超近程雷达,体目标效应引起的相位闪烁和信号幅度起伏都很大,使比相雷达引信的这一优点不能得到充分发挥。同时,比相引信有较好的抗目标自卫式干扰的能力,是一种抗干扰引信体制。反辐射导弹和地空导弹中被动引信通常采用比相引信。

(六)红外引信

红外引信是利用目标辐射或漫反射的红外光进行工作的光学引信,分主动式和被动式两种,常用的是被动式。红外引信工作的基本原理是,导弹与目标交会时,目标的红外辐射进入引信"视场",经光学系统会聚到红外探测器的光敏感器件上,光敏器件把光信号转换为电信号,经处理,在满足预置条件时,使引信执行级工作,引爆战斗部,达到摧毁目标的目的。

为了抑制背景红外辐射源的干扰,常采用双通道红外敏感装置,即只有当目标依次被两个通道的探测场探测到时,才能使引信启动。红外引信不受外界电磁场和静电场的影响,有较强的抗电子干扰能力,但红外辐射易受大气衰减的影响,尤其在雨、雾、雪等恶劣气候下,其工作将受到更大的影响。此外,被动式红外引信对目标辐射的依赖性较强,应用范围受到一定限制。

(七)激光引信

激光引信是利用激光束探测目标的光学引信。激光引信按工作原理可分为半主动式和主动式激光引信。半主动式与主动式的区别在于引信是否直接携带激光源,直接携带的为主动式,不直接携带的为半主动式。半主动式激光引信的光源可以是机载照射器,也可以是固定或装在地面、海上运载工具上的激光照射器,它特别适用于激光波束制导的导弹。目前多数采用的是主动式激光引信。主动式激光引信由激光发射机、激光接收机、信号处理电路、执行级传爆序列等组成。激光发射机通过发射光学系统发出的激光束照射目标,当目标进入预定的光电探测场时,光电探测器接收来自目标的部分漫反射光,经光电转换、信号放大与处理后,启动执行级,适时起爆战斗部。

激光引信具有优越的性能,其主要特点是:抗电子干扰能力良好,引信启动位置控制精度高,激光引信的距离方程呈平方或立方关系,而不同于无线电引信接收功率随距离的四次方关系变化,因此接收信号功率随距离变化较小,激光源具有高度的时间和空间相干性,引入接收机的噪声小。

激光引信是一种新型的非触发引信。它敏感光场,工作于光频波段,且具有单色性,因而不受外界电磁场和静电感应的影响,避免了无线电引信中的电子干扰问题,同时激光引信的激光束方向性非常强,几乎没有旁瓣,所以激光引信具有尖锐的空间方位选择性,从而进一步提高了引信抗背景辐射和抗电磁场干扰的能力。

激光引信光束的强方向性、窄光束宽度(一般为 $1°\sim 30°$),使引信启动区受脱靶量等的影响小,加之采用距离选择技术,可将最佳起爆位置控制得比较精确;同时,激光引信很容易实现与可控定向爆炸战斗部的配合,获得更高的引战配合效率,有效地摧毁目标。激光引信的缺点是易受雨、雾、雪等恶劣气候的影响。

第三节 战 斗 部

一、战斗部的作用及类型

战斗部是导弹的有效载荷,是直接完成预定战斗任务的分系统,根据被攻击目标的特性,导弹武器系统将战斗部和引信运送到预定的适当位置(指目标附近、目标表面或目标内部);引信探测或觉察目标,适时可靠地提供信号,起爆传爆序列,使战斗部主装药爆轰释放出能量,与战斗部其他构件一起形成各种毁伤元素(破片、连续杆、金属射流、爆炸冲击波等),对目标产生预期的破坏效果。

使用导弹武器系统的最终目的就是为了有效地摧毁目标。导弹武器系统探测发现目标,可靠、及时地发射导弹,把导弹导引到命中或拦截目标的各个阶段,其任务都是有效地摧毁目标。从这个意义上来说,战斗部是导弹武器系统中重要的分系统,而导弹其他分系统都是为保证将战斗部和引信可靠、准确地运送到预定适当位置的。

战斗部在导弹武器中的作用可从两方面来阐述。首先,导弹武器系统设计师和导弹武器使用者总是期望所设计导弹的毁伤效率或威力尽可能大。单凭导弹本身的动能,即使直接命中目标,其对目标所造成的破坏仅是一个与导弹直径同样大小(或稍大)的穿孔,毁伤效率很低,难以达到对目标的预期作战效果。如战斗部内装高威力炸药,炸药爆炸所释放出的能量能形成各种毁伤元素,满足导弹的毁伤效率和威力要求。其次,战斗部借助其威力,在一定的范围内可以弥补导弹制导系统存在的不可避免的制导误差。在一般情况下,由于制导偏差圆概率误差(Circular Error Probable,CEP)的存在将导致导弹不易直接命中目标,当导弹配置战斗部时,战斗部的威力半径 R 与导弹的 CEP 相匹配,因此战斗部威力可以弥补导弹的制导偏差,从而达到毁伤目标的战斗部效果。

战斗部的类型很多,主要包括爆破战斗部、聚能爆破战斗部、半穿甲战斗部、破片战斗部、云爆战斗部和集束战斗部等。

二、战斗部的组成

战斗部的类型虽然很多,但其组成基本上是相同的。

1. 壳体

它是战斗部的基体,用以装填爆炸装药或子战斗部,起支撑体和连接体作用。根据导弹总体要求,战斗部壳体可以作为导弹弹体的组成部分,参与弹体受力,也可以不作为导弹弹体的组成部分而安置于战斗部舱内。

2. 装填物

装填物是战斗部毁伤目标的能源。如果装填物为高能炸药,在引信适时可靠提供信号、起爆的作用下,将其自身储存的能量通过化学反应释放出来,与战斗部其他构件一起形成金属射流、自锻破片、自然破片、预制破片、冲击波等毁伤因素。

3. 传爆序列

传爆序列是由火工元件组成的能量逐级放大、感度逐级降低的装置。其功能是将微弱的激发冲量传递并放大到能引爆主装药,或将微弱的火焰传递并放大到引燃发射药。按序列输出能量的特性,可将其分为传爆序列和传火序列。

传爆序列通常由雷管、传爆药柱(或传爆管)组成,有时在序列中还加入延期药、导爆药柱或扩爆药柱。

三、地空导弹常用的战斗部

(一)爆破式战斗部

爆破式战斗部是以炸药爆炸时产生的生成物、爆炸形成的冲击波或应力波为主要毁伤因素的战斗部。它由壳体、装药和引信组成,通常以对目标作用状态的不同而分为内爆式和外爆式两种。爆破式战斗部的威力取决于炸药的性能、装药量、目标的易损性、战斗部的结构和碰击程度。在爆破式战斗部中,炸药占战斗部质量的绝大部分,而壳体只是在满足强度要求的情况下,作为炸药的容器。

内爆式是指在目标内部爆炸毁伤目标,它对目标产生由内向外的爆破性破坏,显然,装备内爆式战斗部的导弹必须直接命中目标,因而对制导精度要求很高。战斗部必须配用触发延期引信,且必须具有较厚的外壳,特别是头部,以保证战斗部完整地进入目标内部过程中结构不致损坏。

外爆式是指在目标周围爆炸毁伤目标,它对目标产生由外向内的挤压性破坏,与内爆式相比,它对导弹的制导精度要求可以降低些,当然其脱靶距离应不大于战斗部冲击波的破坏半径。为增大装填系数,战斗部壳体的厚度可以薄些,可以配用近炸引信或瞬发引信。

爆破式战斗部主要用于对付地面非装甲目标和低空目标,如机场、导弹发射阵地、城镇、交通枢纽与低空入袭的飞机等。

作为爆破式战斗部杀伤手段的爆炸产物和空气冲击波,可以使飞机的机身、翼面等变形、开裂甚至折断,从而使其失去继续飞行的能力。较弱的爆炸冲击波虽不足以引起飞机结构的损伤,但可能使飞机的控制翼面卡住而导致操纵失灵,也可以使轰炸机的炸弹舱开启不灵而无法完成投弹任务。

爆炸冲击波在空中呈球形传播,形成体杀伤场,因此,不管目标在空间与战斗部处于何种相对位置,只要在冲击波的破坏距离内就会被摧毁,这大大简化了地空导弹关键技术之一的引战配合问题,但是这种战斗部也有其弱点,比如:

1)相对同样质量的杀伤式战斗部而言,其破坏半径较小,而且随着传播距离的增大,冲击波的威力急剧下降。

2)冲击波的威力还随着爆炸高度的增加而降低。这与杀伤式战斗部破片在一定距离上的杀伤力随着爆炸高度的增加而逐渐增大的特点恰恰相反。

3)冲击波的传播速度随着峰值超压的降低而下降。因此,当导弹处于尾追目标的状态时,对于在目标外部爆炸式战斗部,存在着冲击波能否来得及作用于目标的问题。

计算证明,当爆炸高度为 3 km 时,峰值超压若小于 0.24 MPa,则冲击波将追不上 2 倍于声速的目标;峰值超压若小于 0.1 MPa,将追不上 1.5 倍于声速的目标。因此,在非直接命中的情况下,这种战斗部不宜用于尾追作战。

总之,爆破式战斗部较适宜在低空使用(一般认为在 6 km 以下效果好),而且要求武器有很高的制导精度。

(二)连续杆式战斗部

连续杆式战斗部又称链条式战斗部。战斗部爆炸后,以放射环状高速向外飞行的连续杆为主要杀伤元素,切割毁伤目标。它由杆束组件、波形控制器(亦称透镜)、切断环、套筒、炸药装药和传爆管等组成,主要用于摧毁空中目标,如飞机、导弹等。

连续杆式战斗部的炸药装药产生的球面爆轰波经波形控制器后,转变为与杆束组件同轴的柱面波,杆束组件在爆炸力作用下向外抛射,以杆端的焊点为绞接点迅速向外扩张,形成一个扩张的圆环,扩张初速可达 1 000~1 600 m/s,扩张的圆环能似钢刀一样切割目标。圆环超过理论周长的 80% 以后,就在焊点处断裂,杆条发生转动和翻滚运动,由环的线性杀伤转化为破片杀伤。例如,连续杆环以一定的速度与飞机碰撞时,可以切割机翼或机身,对飞机造成严重的结构损伤,它对目标的破坏属于破片线杀伤作用。

连续杆式战斗部具有以下重要特点:

1)"扩大"了目标的要害尺寸,因为一般认为的非要害部位,可能由于连续杆环的切割而导致目标失稳或被摧毁,这是破片式战斗部难以做到的;

2)使飞机的某些防御措施失效,例如,自封式油箱对由于破片穿孔而引起的漏油、燃烧有一定的防御效果,而对连续杆式战斗部则基本无效;

3)连续杆环在超过最大扩张半径后,杆环的切割效应变为破片杀伤效应,由于杆的数量

少,命中目标的概率很低,因而它的杀伤效率一般忽略不计;

4)连续杆环的飞散初速较低,静态杀伤区只是垂直弹轴的一个平面,因此引战配合必须特别精确,基于此原因,这种战斗部只宜用于脱靶量较小、目标尺寸较大的情况,如果采用多环结构,即战斗部产生几个飞行方向不同的连续杆环,则可形成一个一定宽度的飞散区,从而弥补上述不足;

5)对于飞机的某些强结构,连续杆环难以切割,除非加大杆的截面,但这将大大增加战斗部的质量。

连续杆式战斗部的不足之处是:连续杆环的扩张速度较低,且静态杀伤区通常只是垂直于弹轴的一个平面,即飞散角近似为 0°。这就对引战配合提出了特别严格的要求。因此,这种战斗部只宜用于脱靶量较小的情况。美国的"麻雀"Ⅲ、"黄铜骑士"等导弹使用了这种战斗部。

(三)多聚能装药战斗部

在介绍多聚能装药战斗部之前,必须首先介绍一下聚能装药战斗部。聚能装药战斗部又称"聚能破甲战斗部""空心装药战斗部"。它利用装药的聚能效应,使战斗部中的金属药型罩形成高速的聚能射流摧毁目标。由于聚能射流只有按一定的炸高和着角直接接触及目标才能充分发挥作用,因此要求导弹或战斗部必须直接命中目标,或与目标的距离在非触发引信的有效作用距离内。

聚能装药战斗部主要由药型罩、炸药装药(主、副药柱)、隔板、传爆药柱等组成。当战斗部位于导弹头部,并作为弹体的组成部分时,为了保持弹体的气动外形和获得有利炸高,在聚能装药前部装有风帽。聚能射流穿透能力取决于炸药装药的性能、药形罩的材料、加工工艺和几何形状、隔板的形状和尺寸、炸高,以及靶板材料性能等。

1. 聚能装药战斗部的特点

聚能装药战斗部一般用来对付空中目标和坦克等装甲目标。地空导弹聚能装药战斗部有以下特点:

1)由于空中目标的速度大、距离远,制导系统的误差使导弹难以直接命中目标,因而只能由近炸引信引爆(便携式地空导弹例外);

2)炸距一般较大,最大可达几十米;

3)由于炸距大,聚能射流到达目标时已断裂为高速破片流,因此主要是以高速破片流摧毁目标;

4)难以保证单一的轴向射流能正好对准目标,唯一的办法是使射流在空间形成必要的分布,即一个战斗部在不同方向产生多个聚能射流,因此,地空导弹的聚能装药战斗部通常称为多聚能装药战斗部。

2. 多聚能装药战斗部的类型

多聚能装药战斗部分为两种类型:一种是组合式多聚能装药战斗部,它以"聚能元件"作为基本构件,"聚能元件"是一个与破甲战斗部十分相似的小聚能战斗部;另一种叫作整体式多聚能装药战斗部,它的整体的战斗部外壳上,镶嵌有若干个交错排列的聚能穴。

(1)组合式多聚能装药战斗部

这种战斗部的聚能元件固定在支承体上,其下端与扩爆药环相邻,药型罩呈球缺形。聚能元件沿径向和轴向对称分布,元件的对称轴与战斗部纵轴间有适当的夹角,以使聚能射流或高速破片流在空间均匀分布。夹角的大小取决于对战斗部杀伤区域的要求。聚能元件间的排列应保证各束破片流之间互不干扰。

(2)整体式多聚能装药战斗部

半球形药型罩沿壳体的周围围绕战斗部纵轴对称地排列,为了保证在空间形成均匀的杀伤场,上一圈药型罩与下一圈药型罩的位置互相交错,每一圈药型罩的数量相等。战斗部如果是截锥形,则药型罩的直径由上至下逐圈增大。药型罩的形状除半球形外,还可以是锥形、球缺形等,实际的多聚能装药战斗部特别是小型战斗部一般都采用半球形药型罩。药型罩的材料通常是铜、铁或铝,这取决于所要对付的目标。对于制导精度较高的导弹系统,战斗部药型罩直径为 30~40 mm,这样,根据战斗部的直径,并考虑药型罩间的合理间隙(约为 0.1 倍药型罩底径),就可确定每一圈的药型罩数,再根据所要求的空间杀伤带宽度并与给定的战斗部长度相协调,就可以基本确定药型罩的圈数。

多聚能装药战斗部爆炸后,各药型罩形成高密度的聚能射流,射流具有一定的速度梯度,前端速度大,后端速度小。随着距离的增加,聚能射流逐步断裂并略有发散地成为金属粒子或破片。这种粒子或破片仍具有很高的速度,它们能洞穿目标并使其形成许多二次碎片,射流粒子和二次碎片对电缆、管路、通讯设备和人员等具有相当大的破坏能力。当脱靶量小时,这种战斗部比破片式战斗部的效果要好一些,在杀伤半径相同时,战斗部质量也小。距离再增大时,由于微粒速度急剧衰减,这种战斗部的杀伤效果将迅速降低。因此,这种战斗部的有效作用距离较小,只适用于武器制导精度较高的情况。到目前为止,只有"罗兰特"导弹使用了这种战斗部。

(四)破片式战斗部

破片式战斗部是利用战斗部内高能炸药的爆炸,使壳体形成或释放高速运动金属破片,这些破片能对目标造成多种形式的破坏。这种战斗部的结构形式有很多种,其破片形成机制也有很大的差别。大体可分为自然破片式战斗部、半预制破片式战斗部和预制破片式战斗部等几类。破片式战斗部的特点是杀伤概率随作用距离增加而缓慢地下降,对导引系统误差较大的导弹有利。由于破片是离散分布,必须有多个破片直接命中要害部位,才能有效地摧毁目标。这种战斗部主要用于对付空中目标和地面设施。

破片式战斗部是地空导弹中应用最广泛的一种。它的结构形式多种多样,各有特点。主要有刻槽式、聚能槽式、叠环式和预制破片式等。这种战斗部的壳体可以是单层、双层甚至多层,以便在装药爆炸后产生足够数量的金属破片。高速破片能破坏飞机的构件、仪表,切断电缆、油路,杀伤乘员,使飞机失去控制。如果击中飞机的油箱,则破片穿过蒙皮和油箱时引起油料起火燃烧。

质量较大的高速破片击中飞机中的弹药时,还可能引起弹药中炸药的爆炸,使飞机彻底毁坏。战斗部装药爆炸产生的冲击波,在近距离内也对目标有破坏作用,但相对破片杀伤作用来说,作用距离很小。

破片式战斗部的性能,可以根据导弹和目标的不同特点进行调整。对几乎所有的空中目标,不管导弹系统的制导精度如何,在多高的高度上作战,这种战斗部都有较强的适应能力。苏联的 SA-2,SA-6,美国的"霍克""爱国者",法国的"响尾蛇"等导弹都装备了这种战斗部。

与适当的地空导弹武器系统结合,破片式战斗部也可用于拦截弹道导弹。然而,拦截中、远程弹道导弹与拦截战术弹道导弹的破坏机理是不同的:前者拦截高度较高,来袭弹头只要被破片击穿,甚至防热层被破坏,便会在再入大气层时烧毁;后者由于拦截高度低,战斗部破片必须直接引爆来袭弹头中的装药才算完成拦截任务。两者相比较,虽然它们的破片飞散方式相似,但后者的单枚破片质量要大得多。美国的"爱国者"改进型PAC-2用于拦截战术弹道导弹,其战斗部每枚破片质量达45 g。

第四节 引战配合技术

一、引战配合基本概念

1. 定义

引信启动区与战斗部动态杀伤区的配合称为引战配合。引战配合的基本概念可用引信最佳起爆时机来说明。

2. 最佳起爆时机

最佳起爆时机如图6-6所示。

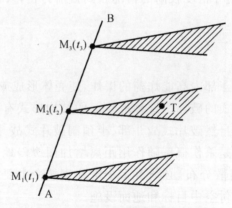

图6-6 最佳起爆时机示意图

图6-6中:AB为弹目交会过程中的一段相对弹道;M_1,M_2,M_3为t_1,t_2,t_3三个不同瞬时的导弹空间位置点;T为目标空间位置点;三个阴影区为战斗部在t_1,t_2,t_3三个不同瞬时起爆时所形成的杀伤区。

从图中可以看出:当战斗部在M_1点(t_1瞬时)爆炸时,目标不在杀伤区内,而是在杀伤区的前方,战斗部破片不能杀伤目标;当战斗部在M_2点(t_2瞬时),目标正好在杀伤区内,战斗部破片正好能杀伤目标;当战斗部在M_3点(t_3瞬时),目标不在杀伤区内,战斗部破片也不能杀伤目标。

从上面的分析中可以看出,引信必须在M_2点(t_2瞬时)引爆战斗部,才能保证战斗部破片杀伤目标。因此,战斗部在t_2瞬时起爆最好,称t_2为最佳起爆时机。

3. 引战配合的基本概念

引信通过选择最佳起爆时机来选择最佳起爆点，进而选择战斗部杀伤区的空间位置，使战斗部破片能有效地杀伤目标。这就是引战配合的基本概念。

4. 引战配合的基本要求

引战配合的基本要求是：无线电引信启动区应略小于战斗部的杀伤区，并被杀伤区所覆盖，如图6-7所示。

图6-7 引战配合示意图

5. 战斗部有效起爆区

要使战斗部破片能有效地杀伤目标，战斗部的杀伤区必须穿过（或说覆盖）目标的要害部位。现在结合图6-8来说明这一点。

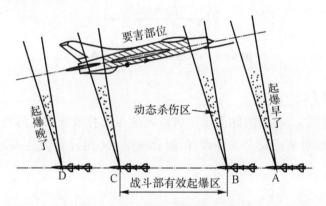

图6-8 战斗部有效起爆区示意图

1）当导弹在A点时战斗部起爆，杀伤区在目标的前方，即起爆早了；
2）当导弹在B点时战斗部起爆，杀伤区的前沿正好通过目标的要害部位；
3）当导弹在C点时战斗部起爆，杀伤区的后沿正好通过目标的要害部位；
4）当导弹在D点时战斗部起爆，杀伤区在目标的后方，即起爆晚了。

可见，在目标的周围存在这样一个区域：战斗部只有在这个区域内起爆时，动态杀伤区才会穿过目标的要害部位，破片才有可能杀伤目标。我们称这个区域为战斗部的有效起爆区。BC段即为战斗部的有效起爆区。

引战配合的好坏直接影响杀伤效率。那么如何表示引战配合的程度呢？

二、引战配合的量度

通常用引战配合度 ξ_m、引战配合概率 P_m 和引战配合效率 η 三个参数来表示引战配合的程度。

1. 引战配合度 ξ_m

引战配合度的定义为：引信实际引爆区与战斗部有效起爆区重合部分的宽度与引信实际引爆区的宽度之比（见图 6-9）。即

$$\xi_m = \frac{A}{B}$$

式中：A 表示两区重合部分的宽度；B 表示引信实际引爆区的总宽度。

ξ_m 能够说明引战配合的基本情况，具有简单直观等优点。

完全配合时，$\xi_m = 1$；部分配合时 $\xi_m < 1$。当引信启动区为非均匀分布时，即使引战配合度相等，实际的引战配合的情况也并不相同。为此，要进一步说明引战配合问题，需要考虑启动的概率密度，因此引入引战配合概率的概念。

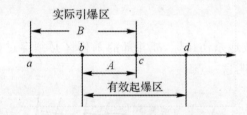

图 6-9 引战配合度计算示意图

2. 引战配合概率 P_m

引战配合概率定义为：引信实际引爆位置落入战斗部有效起爆区的概率。

在某一交会面上，对某一交会条件而言，配合概率 P_m 的计算表达式为

$$P_m = \int_c^b f(x/\rho_1) \, dx = \int_c^b \frac{1}{\sqrt{2\pi}\sigma_x(\rho_1)} e^{-\frac{[x(\rho_1) - \bar{x}(\rho_1)]^2}{2\sigma_x^2(\rho_1)}} dx$$

式中：$f(x/\rho_1)$ 为给定脱靶量 ρ_1 条件下，启动点沿 x（相对速度方向）的分布密度函数；$\bar{x}(\rho_1)$ 为给定脱靶量 ρ_1 条件下 x 的数学期望；$\sigma_x(\rho_1)$ 为给定脱靶量 ρ_1 条件下 x 的均方差；b、c 为引信实际启动区与战斗部有效起爆区相重合部分的边界坐标值，如图 6-10 所示。

引信的作用是引爆战斗部以杀伤目标。因此，评定引战配合最好和单发毁伤概率联系起来。为了用单发毁伤概率说明引战配合情况，这里引入引战配合效率这一参数。

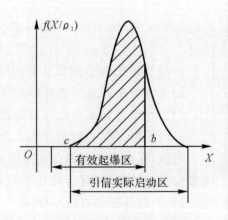

图 6-10 引战配合概率计算示意图

3. 引战配合效率

引战配合效率 η 的定义式为：

$$\eta = \frac{R'}{R^*}$$

式中：R' 为配用真实引信时的单发毁伤概率；R^* 为配用理想引信时的单发毁伤概率。

所谓理想引信即最佳引信，是指符合最佳启动面要求而最大作用距离足够大的引信。

三、影响引战配合的因素

由引战配合定义可知，影响引信实际起爆区和战斗部动态飞散区的因素，也就是影响引战配合的因素。影响引战配合的主要因素如下：

1）遭遇条件，即导弹和目标的速度、姿态角、交会角、脱靶量和遭遇高度等参数。遭遇段在引战配合中一般指导弹与目标接近过程中，导弹引信能收到目标信号的一段相对运动轨迹。由于遭遇段所经历的时间很短，目标和导弹机动所造成的轨迹弯曲很小，因此在引战配合中把遭遇看成为直线等速运动的轨迹，而遭遇条件的参数在遭遇段被视为常数。这些参数主要是由目标飞行特性和导弹在杀伤区内的空域点位置所决定的。它们可以在各种坐标系内给出，通常在计算弹道的地面坐标系中给出。

2）目标特性，即要害部位的尺寸及位置、分布情况、质心位置、飞行性能、无线电波散射特性、红外辐射特性和易损特性等。

3）战斗部参数，即破片静态飞散角和飞散方向角以及破片的形状、质量和初始速度等。战斗部破片的飞散参数包括破片静态密度分布和破片初速分布等。飞散参数决定了破片在空中爆炸后的飞散空域。单枚破片的杀伤特性参数包括破片质量、材料密度、杀伤物质形状特征参数、飞散速度和速度衰减系数等。它们决定破片命中目标后的杀伤效果。战斗部的爆轰性能，如爆轰超压随距离的变化、超压持续时间等，决定了战斗部爆炸产生的冲击波对目标的毁伤能力。

4）引信参数。对无线电引信来说，这些参数包括天线方向性图的宽度和最大辐射方向的倾角以及引信的灵敏度、发射机功率和延迟时间等。对红外引信来说，这些参数包括通道的接收角、延迟时间和引信的灵敏度等。

四、提高引战配合效率的技术途径和措施

当引战配合特性不能满足杀伤概率的要求时，通过适当调整引信的实际引爆区或战斗部的动态飞散区，可以提高引战配合效率。要提高引信与战斗部的配合效率，可以从以下几方面入手：

1）为了在弹目交会过程中获得有关信息，必须拥有完备的目标探测装置；

2）为了迅速或实时并足够精确地计算出最佳起爆角和最佳延时起爆时间，必须具备完善的信息处理和运算装置；

3）采用适当的控制机构和措施，以便及时、准确地在最佳起爆角或最佳起爆时间引爆战斗部。

现代空中目标的飞行速度变化范围很大,要在这样大的速度变化范围内保证提高引信与战斗部的配合效率,就一定要使引信的启动区与战斗部的动态飞散区相重合。从调整引信和战斗部的参数方面考虑,主要有以下两种方法。

1. 调整引信的启动区

在弹目交会过程中,利用从引信探测器或制导系统获得的导弹和目标的有关信息,调整引信的启动区,使之与战斗部的动态飞散区相匹配。采取的主要技术措施如下:

1)定角启动,调整自适应启动延时使引信的起爆角与战斗部的动态飞散中心方向角相重合。引信延迟时间是对引信实际引爆区影响较大的一个因素。选择不同的延迟时间,就改变了引信实际引爆区的位置和宽度,可以使引战配合达到满意的效果。

2)为了在不同射击条件下均获得最佳配合,要求引信采用宽波束天线探测目标角位置,并根据获得的其他信息(如相对速度、相对速度与弹轴夹角、脱靶矢量等)实时预定最佳引爆角度,当目标角到达预定的角位置时,引爆战斗部,此角位置即为战斗部动态飞散中心方向角。

3)采用雷达相控技术,根据弹目交会中获得的有关信息,调整引信天线的波束倾角,使引信启动角与战斗部动态飞散中心方向角一致。

4)利用谱识别和图像识别技术,对目标部位进行识别,当目标易损要害部位位于战斗部动态杀伤区时,引爆战斗部。

2. 调整战斗部的动态飞散区

在弹目交会过程中,利用引信或制导系统获得的目标信息,调整战斗部的动态飞散区,使之与引信的启动区相重合。采取的主要技术措施有:

1)采用宽飞散角战斗部,在引爆战斗部时,动态飞散区总能覆盖目标要害部位;

2)通过改变战斗部起爆点的位置,改变其静态飞散角的大小,达到调整战斗部的动态飞散区;

3)采用一种破片飞散方向可选择的定向式战斗部,用引信和制导信息进行控制,当引信启动时,战斗部绝大部分破片均能投向目标。

第五节 引战系统发展趋势

空袭目标种类多,技术先进,速度变化范围很大,机动性能也很高,解决导弹的引战配合效率问题更显得突出。国内外地空导弹引战系统的总的发展趋势如下。

一、提高引信抗干扰能力

引信的抗干扰是个复杂的问题,同时也是各种体制的引信必须考虑的问题。引信的干扰源为两类:第一类属于自然干扰源,主要是太阳、地物和海面等背景干扰源;第二类属于人为干扰源。通过利用多光路、匹配滤波器原理,以及在光学引信中选择适当的波段等方法,可以达到排除背景干扰的目的。引信体制的变化也是抗干扰的有效措施,多体制引信或复合体制引信的应用,对抗干扰是有利的。早期地空导弹无线电引信大都采用单一的连续波多普勒体制,只具有速度选择能力,不能抗低空地面背景干扰及敌方施放的有源干扰,容易在低空及存在有源干扰情况下引起早炸。近代引信的启动普遍采用多种目标特征参数的选择技术,包括速度、距离、多普勒频率和角度选择等。如法国"响尾蛇"导弹红外引信、苏联 SA-6 导弹无线电引信均采用了信号增强选择电路,抑止了固定目标的干扰,增强了对动目标的选择。近代地空导弹引信广泛采用了脉冲多普勒、伪随机码、连续波调频等体制的引信,扩大了距离的选择,大大增强了抗背景和抗作用距离外的干扰的能力,同时提高了对引信启动区的控制精度。

二、引信启动区自适应控制

引信启动区是对遭遇点(又称交会点)和交会条件而言的。遭遇点和交会条件不同,引信的启动区不同。当遭遇点相同时,两组不同的交会条件,其启动区不同。当引信启动区与相同交会条件下战斗部的动态飞散区部分重合或完全重合时,引信与战斗部有最好的配合,战斗部起爆时,对目标产生最大的杀伤效果。为了适应不同的交会条件,提高引战配合效率,近代地空导弹广泛采用各种引信启动区的自适应控制技术,如引信延迟时间的自适应调整、引信天线波瓣倾角的控制等,使战斗部破片动态飞散区更准确地覆盖目标要害部位。当引信的启动区和引信的最佳启动区不一致时,可以用不同的延迟时间来协调。自适应选择延迟时间解决引战配合问题是一种很有前途的方法。微型电子计算机和大规模集成电路的迅速发展,为引信自适应选择最有利炸点创造了有利条件。随着引信和计算技术的进一步发展,启动区的自适应控制将越来越完善。法国"响尾蛇"地空导弹引信对不同的目标速度方向采用三档延迟时间控制。苏联 SA-2 地空导弹的引信采用固定的延迟时间和固定的天线波瓣,因此引信启动区不能调整,但其改进型的引信采用了两档天线波瓣倾角的控制,以便适应不同的相对速度的情况。新一代地空导弹由于弹上普遍采用计算机,可以处理更多的导弹和目标交会信息,如相对速度、交会角、脱靶量及脱靶距离等,按这些参数可以更精确地进行引信启动区的自适应控制。

三、减少战斗部的质量

战斗部的质量应在导弹总质量中占有合理的比例。一方面,战斗部应在满足总体要求的杀伤概率条件下,使质量尽可能小,以便增大导弹的射程或改善其机动能力。另一方面,导弹总体对战斗部质量的限制,不应影响战斗部的威力。战斗部质量的大小,主要取决于武器的制导精度。战斗部对目标的有效杀伤半径,应能弥补制导误差造成的目标"脱靶"。因此,不同的制导体制,战斗部的质量可以相差很大。例如,中程地空导弹在射程相同的情况下,寻的制导和指令制导两种体制的导弹,前者的战斗部质量只有后者的 $1/3 \sim 1/4$。新一代地空导弹普遍采用精确制导技术,提高了制导精度,导弹的制导误差从数十米降到十几米、几米,因此,战斗部质量普遍有减小的趋势。例如,俄罗斯的 C-300 地空导弹武器系统的 48H6E 导弹的战斗部质量为 143 kg,而为其新研制的小型导弹 9M96E 的战斗部质量仅为 24 kg。

四、提高战斗部杀伤物质定向飞散性能

战斗部杀伤物质是指战斗部爆炸时能杀伤目标的飞散物,如战斗部破片、连续杆和聚能射

流等,它随战斗部的类型不同而异。为了在减小战斗部质量的同时,不降低其杀伤效能,普遍采用提高战斗部破片及其他杀伤物质的定向飞散性能、减小战斗部破片的飞散角、提高破片在飞散角内的密度等方法,战斗部破片的质量亦有所减小,从早期的十几克降到几克。改变战斗部起爆点的位置可以改变破片飞散的方向,实施战斗部破片飞散方向的控制,以适应不同相对速度的情况。

五、提高制导精度以实现动能杀伤

随着制导技术水平的提高,地空导弹将达到直接命中目标的技术水平,即利用导弹本身的动能来摧毁目标,所以导弹不需要配备专门的战斗部,而完全靠其本身的动能摧毁目标。目前,国外在研的新一代具有反导能力的地空导弹应用先进的精确末制导技术,采用动能杀伤拦截器(KKV)直接碰撞动能杀伤目标。

精确末制导控制技术包括目标精确探测技术、快速响应精确控制技术、拦截器精确测量基准与导航技术以及直接命中导引方法。在目标探测方法上,它主要采用了红外成像或毫米波精确探测技术;在导弹自身测量上,采用捷联惯性导航系统或惯性+GPS组合导航系统,其定位精度可达到厘米级;在制导规律设计中主要采用直接命中导引律,可保证理论脱靶量为零;在控制方法上,主要采用了快速响应的轨、姿控发动机推力脉冲开关控制技术。

采用动能杀伤拦截器技术的导弹有美国的 THAAD 和 ERINT 拦截导弹。以 THAAD 导弹系统为例,其动能杀伤拦截器是导弹实际拦截来袭战术弹道导弹的部分,它能够搜索和锁定目标,然后只使用高速弹体对来袭导弹进行撞击。动能杀伤拦截器上装有双组元推进剂的轨道和姿态控制发动机系统,其中,4 个轨控发动机以"+"字形安装在拦截器质心周围,6 个姿态控制发动机系统安装在拦截器尾部。姿态控制发动机包括分离式铝氧化剂、推进剂、压力油箱和转向助推器,提供姿态、横滚和稳定性控制以及末段机动转向能力。动能拦截器采用中波红外寻的导引头,用于对目标进行探测与跟踪,它对 TBM 弹头目标最大探测距离为 42 km。导引头的设计包括红外探测装置和全铂硅凝视焦平面阵列,导引头红外探测装置安装在一个沿侧窗口安装的伺服平台上,动能杀伤拦截器的综合导引系统包括制导控制计算机、小型激光陀螺惯性测量装置和 GPS 接收机,用于提供动能杀伤制导。

复 习 题

1. 引战系统由哪几部分组成?各自的作用有哪些?
2. 苏联的 SA-2 地空导弹采用的是什么体制的引信?这种引信具有什么特点?
3. 什么是破片式战斗部?其主要特点是什么?
4. 引战配合用什么来量度?如何表达?
5. 提高引战配合效率的技术途径和措施有哪些?
6. 简述引信、战斗部的发展趋势。

第七章 地空导弹弹上能源技术

第一节 概　　述

弹上能源系统是指弹上设备及活动装置工作时需要的动力源,弹上设备工作时需要的电源,活动装置工作时需要的电源、气源或液压源。弹上能源系统为弹上的设备提供启动、控制和运转的能源,弹上能源系统通常由蓄电池、高压气(液)瓶和相应的分配装置组成。

在导弹总体设计中,对能源系统的总体技术要求和有关依据应从以下几方面考虑:
1) 功能与用途;
2) 质量要求;
3) 尺寸要求;
4) 性能及参数要求;
5) 电点火特性;
6) 环境条件、贮存要求、运输要求;
7) 可靠性及寿命期;
8) 标准化、系列化、模块化设计要求;
9) 安全性要求;
10) 其他要求。

总之,能源系统在设计时,除应满足工作电流与电压等基本技术要求外,还应兼顾上述多项技术要求。一般在满足基本性能指标的前提下,应力求减轻质量,缩小体积,提高可靠性和安全性,降低成本,降低研制费用,提高效费比等。作为一种非寿命型的"长期贮存、一次使用"产品,导弹的能源系统要经受导弹全寿命周期内各种自然和贮运环境、严苛的飞行综合环境和复杂的电磁环境考验,以保证安全可靠地工作。

能源系统的设计研制工作要在达到导弹总体设计提出的基本功能和任务要求的同时,配合导弹总体及其有关分系统做好特殊的协同设计工作。

第二节 弹上能源系统

一、弹上电源系统

弹上电源一般采用化学电源,如铅酸电池、锌银电池和热电池等。化学电源电解液和电极平时分离,需要电池工作时,利用其他能源(如气压源、加热等)激活电池,提供电力。弹上电源的另一种形式是燃气涡轮发电机,它由燃气发生器产生的燃气推动涡轮,涡轮带动发电机发电。以上电源称为弹上一次电源,将一次电源输出的电能变换成弹上各种设备所需的各种电压、频率的电能的设备称为弹上二次电源。地空导弹上应用的二次电源来自变流器。

(一)一次电源

1. 化学电源

化学电源主要通过电解液与正负极板的化学反应将化学能转变为直流电能,具有电动势大、内阻小、适于大电流工作、对无线电无干扰和使用简便等优点,主要包括铅酸电池、锌银电池和热电池等。下面以锌银电池为例来进行说明。

(1)结构及组成

锌银电池的剖面图和内部结构如图7-1和图7-2所示。

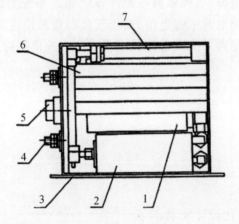

1—干荷电池组; 2—化学加热器; 3—外壳; 4—接线柱;
5—化学加热器接线柱; 6—贮液器; 7—延时管

图7-1 锌银电池剖面图

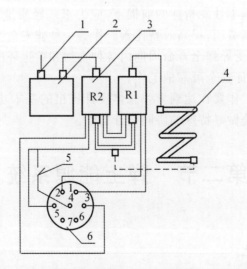

1—气塞; 2—电池组; 3—化学加热器; 4—贮液器; 5—温度继电器; 6—插座

图7-2 锌银电池内部结构图

锌银电池由若干个干荷电一次电池串联而成,其组成主要包括干荷电的电池组、化学加热器和贮液器三部分。电池组主要由电池壳、干电荷极板组成。电池壳由有机玻璃加工而成。壳体带有供安装干电荷电极板组用的槽腔,每个槽腔有一个进液孔和一个很小的出气孔。壳体侧面有气液分离板,其上装有出气塞;化学加热器由热交换管、火药片、火药包及外罩组成。热交换管的外面装有火药片和火药包。火药包通电立即燃烧,引燃火药片。该加热器由两级组成:当电池内的温度高于10℃时,只点燃第一级;低于10℃时,温度继电器将使第二级也同时点燃;贮液器采用蛇形管结构,用紫铜管弯制而成。贮液器的两端装有经过热处理的银箔和聚乙烯薄膜,把电解液封存在贮液器中。

(2)基本工作原理

锌银电池是以银的氧化物$AgO(Ag_2O)$为正极、锌为负极、氢氧化钾水溶液为电解液的碱性电池。

电池激活后,化学反应过程的结果是在正负极之间产生电位差。放电时,两极活性物质的化学反应式如下:

正极
$$2AgO + H_2O + 2e \xrightarrow{放电} Ag_2O + 2OH^-$$

$$AgO + H_2O + 2e \xrightarrow{放电} 2Ag + 2OH^-$$

负极
$$Zn + 2OH^- - 2e \rightarrow Zn(OH)_2 \downarrow \rightarrow ZnO + H_2O$$

总反应式为
$$AgO + Zn + H_2O \xrightarrow{放电} ZnO + H_2O + Ag$$

使用电池时,给电池供直流26 V电压,点燃化学加热器内的火药包,使其立即点燃,引燃火药片。火药片所产生的高压气体推动贮液器内的电解液,经过加热器进行交换后均匀地进入每个单体电池内,产生26 V工作电压,电池即被激活。

2. 燃气涡轮发电机

燃气发生器产生的高温高压燃气,通过驱动涡轮,带动交流发电机和液压泵运转,发电机产生的初级电源经制导舱的电源组合稳压和变换后提供给电子设备所需的电源。燃气涡轮发电机原理将在后面电液能源系统中详细讲解。

(二)二次电源

将一次电源输出的电能变换成弹上各种设备所需的各种电压、频率的电能的设备称为弹上二次电源,地空导弹上应用的二次电源主要有三相换流器和电源变换器。

1. 三相换流器

三相换流器用于将直流电转换成三相交流电供给弹上各交流用电设备。

(1)结构及组成

三相换流器的组成原理图如图7-3所示。

它由LC振荡器、九分相电路、九合一功率变压器、LC滤波器、并联开关升压器、2分频器、检测电路及控制电路组成。其中:九合一功率变压器由九相桥式开关和谐波抵消电路组成;检测电路由隔离变压器、整流滤波和检测器组成;放大、PI调节器和电压-相压变换电路组成了控制电路。

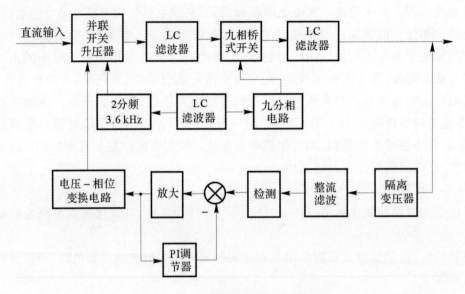

图 7-3 三相换流器的组成原理图

(2)基本工作原理

LC 振荡器产生标准频率信号,经过九分相电路得出依次序相移20°、400 Hz 的方波信号,再经九分相电路后产生 9 个依次相移20°的准方波,把它作为九合一功率变压器原边绕组的输入,其副边绕组按"谐波抵消"方法设计和连接,使得这 9 个方波叠加,得出近似于正弦波的三相九阶梯形波,经 LC 滤波后输出三相正弦波。输出的三相交流电压幅值与并联开关升压器的合成输出电压成正比。当负载变化或直流电源电压变化而引起交流输出电压变化时,由检测电路检测其误差的大小,经过控制电路调节并联开关升压器的输出直流电压的幅值,达到稳定交流输出电压的目的。

2. 电源变换器

电源变换器主要用于导弹在不同阶段以及导弹飞行过程中对地面或电液能源组合提供的电源进行电压变换和整流。电源变换器的主要原理将在电液能源组合中详细介绍。

二、弹上气源系统

弹上的气源主要用来为操纵舵机和为发动机装置增压提供高压气源。弹上的气源分为冷气源和热气源两种。冷气源一般由气瓶、减压器组合和相应管道组成。气瓶用来储存导弹飞行过程中所需要的全部压缩气体,充气压力一般为 35~70 MPa;减压器组合将来自气瓶的高压气体降压至所需要的工作压力,并保持出口压力的稳定。热气源则由发动机或专门的气体发生器提供。下面详细介绍冷气源。

弹上的冷气源实际上是一个压缩空气系统,它的功用主要有:保证液体发动机起动活门启动,给氧化剂箱和燃料箱增压,将硝酸异丙酯供应给燃气发生器,向自动驾驶仪的舵机供气,推出空气压力受感器,以及在弹上储存一定数量的空气。

1. 结构及组成

冷气源组成方框图如图 7-4 所示。

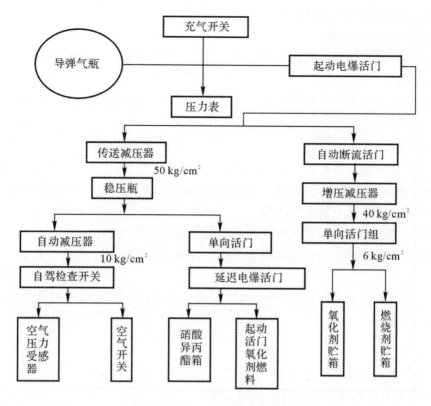

图 7-4 冷气源组成方框图

2. 各元件作用

(1) 弹上气瓶

弹上气瓶可储存压缩空气。气瓶上有一个用螺塞堵住的工艺接管嘴和一个带过滤器的直通管接头,带过滤器的直通管接头用于给气瓶充气和放气。

(2) 充气开关

充气开关供弹上气瓶充气使用,它同时起着三通接头的作用,从气瓶来的空气经过充气开关通向压力表和电爆活门。

(3) 压力表

压力表用来指示弹上气瓶内压缩空气的压力。

(4) 电爆活门

两个电爆活门具有同样结构,起动电爆活门截断了从弹上气瓶到减压器的气路;延迟电爆活门截断了通向液体发动机氧化剂和燃料起动活门和通向硝酸异丙酯箱的气路。

(5) 增压减压器

增压减压器用来降低从弹上气瓶来的空气压力,以供氧化剂贮箱和燃烧剂贮箱增压。在启动单项活门动作后,高压气体经一级和二级减压后,使其输出压力降为 0.59 MPa,再经单项活门组进到氧化剂贮箱和燃烧剂贮箱的膜片组。单向活门组排除了氧化剂和燃烧剂或其蒸气相混合及倒注的可能性。

(6) 自动断流活门

自动断流活门用于当弹上气瓶内压力降到某一值时,截断从弹上气瓶到增压减压器的气路,以延长向二级舵机的供气时间。

(7) 自动驾驶仪检查开关

该检查开关用于当导弹进行地面测试和飞行时,由此处通入压缩空气给气压舵机。

(8) 单向活门

单向活门用于当发动机工作快结束时防止空气从硝酸异丙酯箱的空气腔回流传送至减压器中。

(9) 检查开关

该开关用于导弹电气系统检查时,检查压力信号器的功能;在发动机装置工作时,它起弯管的作用;测量液体发动机氧化剂喷嘴前压力的管接头经此开关进入压力信号器。

(10) 空气压力受感器及其推出机构

空气压力受感器用于在导弹飞行时把静压和总压供给传感器。

空气压力受感器在弹上的状态可分为工作位置和非工作位置。它的工作状态受推出机构控制。

把空气受感器推出到工作位置(当导弹发射或地面测试时),是由空气压力受感器的推出机构实现的。

3. 工作过程

结合导弹在不同阶段的工作特点,压缩空气系统的工作过程如下。

(1) 导弹准备与检查时压缩空气系统的工作

导弹在发射前的准备工作中,压缩空气充气车经充气开关向弹上气瓶充入一定表压的压缩空气,瓶内压力的大小可由壳体上的冷气压力来指示。

(2) 导弹发射时压缩空气系统的工作

气瓶向各用气设备供气后,从导弹气瓶出来的高压气体经自动断流活门到增压减压器(双极减压)减压,经过单向活门组,该压缩空气被分别送到氧化剂贮箱和燃烧剂贮箱的膜片组等候,以备两箱增压使用。

进入自动驾驶仪供气支路的压缩空气经自动驾驶仪减压器减压,经自动驾驶仪检查开关分两路输出:一路到空气压力受感器的推出机构,将空气压力受感器推出;另一路到空气开关等候,以便给自动驾驶仪的气动舵机供气。

进入气动活门供气支路的压缩空气经单向活门送到延迟电爆活门,准备用来推动燃料涡轮泵,为液体火箭发动机供给燃料和氧化剂。

(3) 固体火箭发动机启动后压缩空气系统的工作

固体火箭发动机工作后,燃气经管路加到燃烧剂贮箱和氧化剂贮箱的膜片组,冲破膜片,原来在此等候的高压气体进入各自的箱内,使其增压。

(4) 导弹带固体助推器飞行时压缩空气系统的工作

导弹起飞后,速度不断增大。经过一段时间飞行后,速度达到一定值,对应的速压达到规定表压时,空气压力信号器工作,常开触点闭合,接通直流电源电路,起爆燃气发生器火药启动器电爆管和启动电爆活门(延迟)电爆管。

电爆活门(延迟)电爆管起爆后,气路导通,在此等候的压缩空气冲破氧化剂和燃烧剂启动活门的膜片,并将硝酸异丙酯从硝酸异丙酯箱压入燃气发生器。

燃气发生器火药启动器电爆管,起爆后的后续工作属液体火箭发动机启动问题。

(5) 二级火箭飞行时压缩空气系统的工作

一级火箭脱落后,分离插头座分开,空气开关的线圈断电,打通了气路,使在此等候的压缩空气进入自动驾驶仪的气动舵机。

三、弹上电液能源系统

(一)功用

电液能源系统是弹上一体化的能源系统,为弹上设备提供电源和液压能源。

(二)组成

电液能源系统包括电源系统和液压能源系统。电源系统由电液能源组合和电源变换器(A、B)组成,液压能源系统由位于电液能源组合的液压泵和其他液压系统元件(单向阀、加载阀、阀门组合、溢流阀、自增压油箱、安全阀等)组成。

电液能源系统各组合组成如图7-5所示。

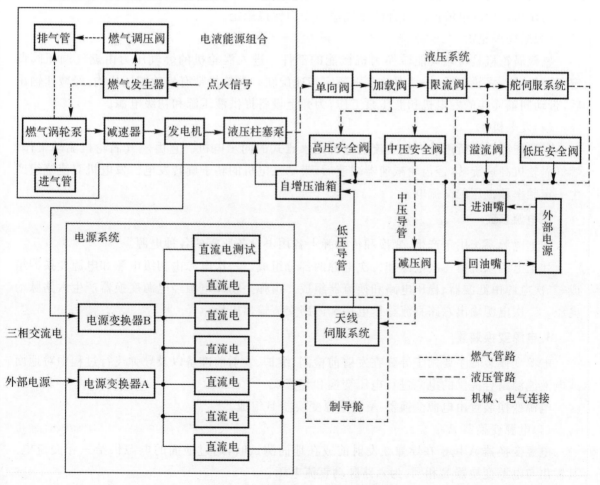

图7-5 电液能源系统组成原理图

(三)各元件作用

1. 电液能源组合

电液能源组合的功用是为导弹的各种电气设备提供电源,为弹上液压系统提供液压源。它是一个具有燃气压力控制,并将燃气能转换成液压能和电能的综合能源系统。电液能源组合由燃气发生器、燃气调压阀、燃气涡轮机和三相交流同步发电机等部分组成。

(1)燃气发生器

燃气发生器是导弹上的初级能源。燃气发生器工作时,供给电点火管一定大小的直流点火电压。在点火电流的作用下,点燃引燃组件和缓燃药柱。引燃组件和缓燃药柱燃烧产生一定的燃气压力峰值,使燃气涡轮机迅速起动。

引燃组件包括大小药片,当点火器通电后,同时点燃引燃组件和缓燃药柱,发生器产生的高温燃气一路经喷嘴将燃气加速喷出,推动涡轮叶片旋转做功,另一路经延期管与燃气调压阀接通。

(2)燃气调压阀

燃气调压阀是在高温情况下工作的压力阀,它是电液能源组合的压力调节元件。燃气调压阀的作用是控制电液能源组合的燃气输出压力保持稳定。

(3)燃气涡轮机

燃气涡轮机是将燃气能转换为机械能的部件。进入涡轮机的燃气压力由燃气调压阀调定。燃气进入涡轮机后,推动涡轮盘以额定转速旋转。涡轮机带有齿轮减速机构,经减速输出后,带动同轴连接的发电机和液压泵工作,为弹上设备提供液压源和初级电源。

(4)发电机

电液能源组合所用的三相交流发电机是永磁式的同步电机。它由燃气涡轮机驱动工作,燃气涡轮机高速旋转,经齿轮减速器减速后,带动发电机的转子旋转发电。发电机双流绕组产生一定频率和电压的交流电。

2. 电源系统

弹上电源系统用于产生、变换和传输弹上各用电设备所需的各种电源。

弹上电源系统由一次电源和二次电源两部分组成。一次电源由初级电源和电源变换器组成;二次电源由滤波器、稳压电路和换流器组成。由弹上初级电源经电源变换器产生六路脉动电压。二次电源输出六路直流稳压电压和两路交流输出电压。

3. 电源变换装置

电源变换装置主要用于导弹在发射前检测、维护、发射前准备以及导弹飞行过程中对地面或电液能源组合提供的电源进行电压变换和整流。

电源变换装置由电源变换器 A 和电源变换器 B 组成。

(1)电源变换器 A

电源变换器 A 用于在导弹在发射前或在地面测试时,通过地面的电源供给三相交流电。其输出与电源变换器 B 相同,为六路脉动直流电压。

(2)电源变换器 B

电源变换器 B 用于在电液能源组合点火后,通过电液能源组合产生三相交流电作为其输入。

4. 液压系统

液压系统的作用是为液压伺服系统的正常工作提供稳定的压力和足够的流量。弹上液压伺服系统包括舵系统和天线伺服系统。液压能源系统由电液能源组合中的液压泵和包括单向阀、加载阀、阀门组合、溢流阀、自增压油箱等在内的各种液压系统元件组成。

(1) 单向阀

单向阀在液压系统中起正向通流、反向截止的作用,保护液压泵免受液压系统冲击影响。

(2) 加载阀

液压系统压力的建立是由负载决定的,加载阀的作用是在系统启动过程中,为液压系统建立一定的负载,在泵的出口处快速建立起压力,使弹上电液能源系统快速启动,同时防止涡轮的转速过高。

(3) 阀门组合

阀门组合是一个液压集成块,安装有高压安全阀、限流阀、减压阀、中压安全阀和油滤等部件。

限流阀将液压油按比例分流,一路由阀体的固定节流孔经减压阀后流入天线伺服机构,另一路经可变节流孔流向舵伺服机构。限流阀可以限制进入舵伺服机构的流量,优先保证天线伺服机构在液压系统中获得稳定的流量供给,从而保证天线伺服系统的正常工作。

减压阀是定压输出减压阀,用于天线伺服系统中,将限流阀分流到天线伺服机构的流量减压,并使其输出压力保持稳定,不受入口的压力、流量变化的影响。

(4) 溢流阀

溢流阀是带有导向阻尼阀芯结构的锥形阀,并联安装在舵伺服机构入口处,用于调定液压系统的工作压力,使系统压力维持在一定的范围内。在舵伺服机构的各种工作状态下,溢流阀通过关闭或溢流来稳定舵伺服机构的工作压力。

(5) 自增压油箱

自增压油箱是液压能源系统的贮油装置,同时在工作时为泵吸油口增压和补偿贮存期间油液体积的变化。

为了防止压力过高,在高压油路中并联一个高压安全阀,当系统压力过高时,安全阀开启,使一部分液压油流回油箱,从而降低系统压力。另外,在贮存期间,通过低压安全阀排出部分液压油,从而保证液压系统的安全。

(四) 工作过程

燃气发生器工作后,产生高温高压燃气,推动涡轮快速启动,使燃气涡轮泵工作。当燃气压力大于规定值时,燃气调压阀工作,通过排气管放气,使燃气压力调节到工作压力。

高速旋转的燃气涡轮泵经过减速器减速后,带动同轴连接的发电机和液压柱塞泵工作。

发电机工作后,输出两路交流电压,经电源变换器 B 整流、稳压和变频后,为弹上电气设备提供不同电源。

电源变换器 A 用于导弹外供电时,提供同电源变换器 B 输出相同的输出电源。

液压泵工作后,弹上液压系统通过加载阀快速建立液压负载,当天线伺服系统油路中的压力升高至规定值时,通过压力继电器输出液压返回信号。

液压系统的流量分为两路，一路经减压后提供给天线伺服机构，一路提供给舵伺服机构。

第三节　能源系统发展趋势

近年来，随着武器系统的快速发展，作为弹上设备及活动装置工作时需要的动力源，弹上能源系统的发展也非常快。

弹上的电源一般采用化学电源，早期的地空导弹使用铅酸电池，铅酸电池价格便宜，但体积比能量和质量比能量均较小，且低温性能不好，在现代地空导弹上已很少采用。锌银电池价格较为昂贵，但体积比能量和质量比能量均较铅酸电池大，放电时电压平稳，激活时间小于 $1.5\ s$，低温性能好，是现代地空导弹的主要应用电池，如美国的"爱国者"、法国的"响尾蛇"导弹均采用锌银电池。热电池是一种高能贮备电池，工作可靠、比功率大、脉冲放电能力强、使用温度范围广、结构牢靠、环境适应能力好、不需维护、贮存寿命长、成本较低，在地空导弹的应用上有逐渐取代锌银电池的趋势。

早期型号的导弹的舵机多采用弹上气源系统来操纵，信息和防空导弹的舵机则多采用液压系统来操纵。

作为弹上一体化的能源系统，电液能源系统具有快速启动、稳定、恒压、体积小、发热低、效率高等特点，它是一个恒功率输出系统，能保证系统输出的功率稳定，因此在未来的防空导弹中将会得到更广泛的应用。

复　习　题

1. 弹上能源系统的功能是什么？具有哪些特点？
2. 弹上电源有哪几种类型？各自的特点是什么？
3. 弹上气源系统一般由哪几部分组成？其工作过程是怎样的？
4. 弹上电液能源系统由哪几部分组成？各具有什么样的功能？

第八章 地空导弹试验技术

第一节 概　　述

在地空导弹武器系统的研制过程中，从方案设计开始直到系统设计定型的整个阶段，涉及的因素和考虑的环节很多。为了确定总体设计方案、考核关键技术、验证技术指标、鉴定作战使用性能以及检验产品质量等，必须对地空导弹武器系统进行一系列的试验。其目的在于检验和评定研制过程中的方案是否合理，设计思想和设计方法是否正确，并最终验证武器系统是否达到原先预定的战术技术指标。可见，地空导弹试验是一项几乎贯穿整个研制工作的重要内容，也是一项涉及面宽、要求高、周期长、难度大、费用高的综合性系统工程。因此，要制定出一个全面的、合乎实际的试验方案，导弹研制部门就必须具备一整套试验工程的方法与手段。

从地空导弹武器系统的总体角度考虑各类试验，将涉及武器系统的全系统试验和各分系统之间相互关联的各类试验，这里大致可划分为地面对接试验（包括地面动态环境模拟试验）、靶场飞行试验和系统仿真试验等三种类型。这三种试验在整个研制过程中有着不同的作用和地位。按照不同研制阶段所需实现的目标，依据各类试验的特点及内容，合理安排系统试验的各种项目是总体研制工作很重要的一项程序。在型号研制初期，总体设计人员就应该编制各项试验的流程，并明确所需解决的问题。

下述对地面对接试验、靶场飞行试验和系统仿真试验的内容及相互关系进行简述。

地面对接试验是指武器系统地面（舰面）各设备之间的对接试验，以及有关设备与导弹之间的对接试验。这也是武器系统研制阶段所不能缺少的环节。系统对接试验是实物的对接，根据不同的研制阶段要进行相应的对接试验。系统地面对接试验主要有两种：一种属于功能性对接，检查各设备之间的机械接口与电气接口是否匹配，是否协调；另一种是检查系统对接后输入与输出之间量值的精度，包括静态精度和动态精度。系统地面对接试验是进行靶场飞行试验前必须进行的一个程序，不论进行哪种类型的靶场飞行试验，所有参试设备都必须先通过地面（舰面）对接试验，各类指标经检验合格后才能进行靶场飞行试验。因此，系统地面对接试验是各类靶场飞行试验的前提。

靶场飞行试验是武器系统研制过程中的一项重要试验手段，其优点是可在接近真实的作战环境下验证武器系统及各分系统的工作性能和可靠程度，直观地检验导弹的杀伤效果，在某种程度上较真实地反映外场环境。靶场飞行试验能够考核全武器系统的性能，包括雷达对目标的搜索、截获、跟踪、照射、信息处理以及地面与导弹上行下行各类信息的传递等这类武器系统的功能，还有地面设备的系统静态性能和系统动态性能，都必须靠靶场飞行试验和其他试验来鉴定。另外，参加靶场飞行试验的设备都是武器系统的实物，反映了武器系统在特定条件下的真实性能，不存在仿真试验带来的逼真度误差。然而，靶场飞行试验的耗费大、周期长，且这类试验次数不能太多,否则就很难反映各分系统在极限参数变化下对武器系统性能的影响。由于每一次试验只能是在特定条件下对空域某个特征点进行评定,因此,要对全空域进行评定,就需要进行大量的飞行试验。随着武器系统日趋复杂、技术日趋先进,导弹价格也越来越高,大量靶场飞行试验将耗资巨大。

系统仿真试验也是一种重要的系统试验手段,可分为数学仿真试验和半实物仿真试验。数学仿真试验是指整个系统都用数学模型表述而进行的数学运算;半实物系统仿真试验是指系统回路中接入一部分实物,其余部分仍用数学模型表述的混合型系统试验。地空导弹的系统仿真试验主要指对制导回路的仿真,包括与制导回路有关的内容。它贯穿于从方案设计开始直到武器系统设计定型的整个研制过程,在武器系统方案选择、工程设计、靶场各类飞行试验的验证以及设计定型等环节均发挥着重要作用。其优点是:①试验全部在实验室内的仿真设备上进行,多为非破坏性的可重复性试验,次数一般不受限制;②试验能使参与系统试验的各分系统的各类参数调整变得非常容易,方便分析各分系统参数变化以及各种干扰因素对系统性能的影响,可广泛用于方案设计阶段对武器系统总体优化设计及分系统的参数选择,从而对各分系统提出有关参数变化要求;③试验能够模拟目标的速度特性、机动能力、机动方式以及目标的雷达特性,还能够初步模拟武器系统的工作背景及各类干扰环境;④试验还能对靶场飞行试验所获得的各类数据进行分析和验证,从而对靶场飞行试验的结果给予评估。

然而,系统仿真试验也有存在一定的不足之处,如:①试验的精度和置信度除与仿真设备的完善程度有关外,在很大程度上也取决于有关分系统数学模型表述的准确性,为使这些数学模型尽可能准确,仍需通过风洞试验和靶场飞行试验进行验证和修正;②试验还不能和外场飞行的真实状态相等同,如导弹飞行中同时受到的综合外力或外力矩、气象条件和电磁环境影响等,目前的发展阶段还无法达到完全替代飞行试验的水平。

由上述三类试验的内容和特点看,其作用各有侧重。地面对接试验是各类靶场飞行试验的前提条件,是为检查系统所有参试设备的功能和性能而必须进行的地面试验;靶场飞行试验是接近真实作战环境下验证系统工作性能和可靠度的外场试验,是武器系统能否通过设计定型的决定性环节;系统仿真试验是一种在实验室内仿真设备上对系统全部试验可重复性进行的非破坏性试验,也是一种可贯穿于整个研制过程的试验。总之,各类试验有各自的解决领域,不能完全相互替代。将更多的资金投向研制高技术含量的仿真设备,以不断完善系统仿真试验的设备和条件,从而提高数学模型的准确度和保证仿真模型的逼真度,尽量降低靶场飞行试验的消耗,已逐渐成为系统研制人员努力的方向和各国军方的发展趋势。

第二节 试验分类与要求

一、试验的依据与分类

(一)系统试验的依据

制定系统试验方案应考虑到全面检验系统性能的需要及实现的可能性。系统试验必须在研制工作的初期就予以明确落实。

系统试验方案是系统试验的指导性文件,它应该包括试验目的、内容、方法、程序、设备,以及评定标准和计划进度等,这是系统试验的基本依据。

大规模系统试验要求有各方面的机构予以保证,所以,除了试验技术工作外,人员组织也是整个试验工程的一项重要组成部分。同时,为了完成试验计划,需要有足够的试验设备与试验场区。现代化试验设备花费大,研制周期长,所有这些在编制整个试验进度计划时均应给以充分考虑。

(二)试验分类

通常,地空导弹试验根据试验的性质、对象、阶段和状态有以下几种分类方法。

1. 按照试验性质分

按照试验性质分可划分为原理性试验、系统性试验和鉴定性试验。原理性试验是对单项关键技术或分系统进行的地面或空中试验,以验证其原理的可行性;系统性试验是研制单位负责进行的大型综合性试验,用以考核导弹系统的设计与使用性能;在系统试验考核通过的基础上,使用方与研制部门共同对导弹系统进行鉴定性试验。

2. 按试验对象分

按试验对象分可划分为元器件、原材料、部组件(组合级)、弹上设备(分系统级)试验和导弹系统(系统级)试验。元器件、原材料是导弹系统的基本组成,它还包括电路板与机电产品;部组件是构成弹上设备的主要组成。

3. 按试验阶段分

按试验阶段分可划分为研制性试验、设计定型试验与生产定型试验。研制性试验是由研制部门为主进行的试验,只有完成了研制性试验,才能交由国家定型委员会进行设计定型试验,经生产定型试验,才能全面转入批量生产。

4. 按试验状态分

按试验状态分可划分为地面(含动态环境模拟)试验、飞行试验和仿真试验。

图 8-1 所示为按上述 4 种方法划分的试验分类框图。以下将按试验状态的分类对地空导弹试验的有关内容作进一步叙述。

二、试验方案制定的原则与要求

制定试验方案是整个导弹研制方案的一个重要环节。制定方案的原则与要求必须由简到繁、循序渐进,符合实际使用环境。

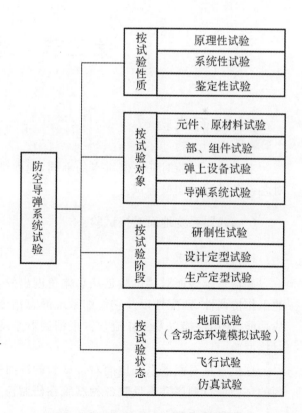

图 8-1 防空导弹试验分类框图

(一) 先零部件试验,后分系统、系统试验

要求组成零部件的材料、元器件具有足够的可靠性,并经环境试验考核后才能用于弹上设备。同样,分系统经过充分考核后,才能提供系统进行试验。

(二) 先地面试验,后空中试验

要充分进行各类地面试验,把大量问题暴露在地面试验中。在经受各类地面试验考核的基础上,才能进行接近实际使用条件的飞行试验。

(三) 先原理试验,后系统性能验证试验

在进入飞行试验阶段,要遵循循序渐进的原则,先进行原理性飞行试验,如为验证发动机性能、弹上控制系统性能而进行的模型遥测弹、独立回路遥测弹飞行试验;在上述原理性分系统试验成功基础上,再进行导弹系统的综合性能飞行试验。

(四) 先对模拟目标试验,后对实体目标飞行试验

为充分考虑导弹系统的控制特性,通常先对空中某假设点固定目标或以一定规律运动的模拟目标进行拦击。这样,可以排除目标支路的因素,充分检验导弹的引入品质、控制性能和制导精度。在充分考核导弹系统控制特性的条件下,对实体目标(如靶机)进行实弹拦击,用来全面检验对真实目标的杀伤效率。

第三节 地 面 试 验

一、地面试验

考虑地面试验时任务侧重点的不同,地面试验一般可从武器系统和导弹系统这两个角度对各设备进行地面检查试验。

(一) 武器系统地面对接试验

1. 目的与要求

武器系统地面对接试验是从总体角度出发,检查各设备之间(包括导弹与有关设备之间)的工作协调性、匹配性以及它们的系统静态精度和动态精度,同时还可检查武器系统部分的作战功能、使用性能以及工作流程。根据武器系统研制进展程度,要相应地进行各种类型的系统对接试验。

这里着重对武器系统地面对接试验的项目分类及每项包含的主要内容进行介绍,以下所列的试验项目顺序并不反映各种试验在研制流程中的先后顺序。

2. 分类与内容

(1) 导弹与发射控制设备之间的对接试验

为了保证导弹在发射瞬间满足预先设计好的发射条件,在导弹与发射控制设备的线路上设计了一套发射程序,构成在线路上相互联锁、相互制约的条件。当给出发射命令后,导弹与发射控制设备之间迅速进行信息交换。这种信息交换的速度是非常快的,通常在数十毫秒内即可完成。对于不同考核内容的靶场飞行试验,在试验之前,为使发射正常,以验证所设计的发射程序是否正确、弹上线路与发射控制设备的线路是否协调,都要进行导弹与发射控制设备之间的对接试验。在整个研制过程中,导弹的技术状态按研制阶段划分是不一样的,对应的导弹发射控制设备的线路也不一样,因此对每一种技术状态都要进行对接试验。

(2) 导弹与计算装置之间的对接试验

导弹在发射前需要装订一些参数。这些参数是根据对应发射瞬间目标的运动参数(飞行高度、速度、航路捷径以及目标的转弯趋势)选定的。装订参数的目的是使武器系统得到最好的制导性能。例如寻的制导体制,需要装订弹上导引头回波天线在高低方向和方位方向的角位置以及多普勒频率,使导弹发射后能迅速截获目标,不致丢失目标。有时还需要根据目标飞行空域,改变制导回路内一些参数。参数的装订是由计算装置根据接收到的瞬时的目标飞行参数,按照预先设计的软件,解算出所需的各种装订参数,送到弹上。试验的目的是检验装订参数是否满足精度要求。在实际情况下,计算装置解算出的信息不能直接送到弹上,必须通过发射装置的传送接口。因此,这项对接试验事实上包含了发射装置的传送接口。一般在初始研制阶段,这项对接试验不包含目标跟踪雷达硬件。目标飞行的各种参数是利用计算装置设计的软件来模拟目标的航路而得到的。

(3) 计算装置与发射装置间的对接试验

不管选用哪种导引规律的制导体制,在发射瞬间,导弹的初始指向都不是对准飞行目标的,而相对目标有一个前置量。因此,发射装置的发射臂在高低方向要随着目标进入情况随时受控于计算装置。计算装置将根据接收到的瞬时目标飞行参数,采用预先设计的软件,求出发射臂应有的前置量,以此去随动发射臂。这项对接试验的目的是检验发射臂的指向角度精度。这里指的精度包含计算装置与发射装置随动系统的接口转换精度以及计算装置数学模型的解算精度。计算装置的输入量仍用软件实现模拟目标航路代替真实的目标飞行参数。

(4) 目标搜索(指示)雷达与跟踪雷达对接试验

目标搜索雷达完成对远距离目标的搜索和发现,并将目标的空间坐标参数(如果是两坐标雷达就只有方位角度和距离)通过信息通道传送给跟踪雷达。跟踪雷达受控于目标搜索雷达,并在距离、高低和方位方向进行小范围的目标搜索,然后截获目标并最终跟踪好目标。跟踪雷达从接收到目标搜索雷达送来的信息开始,经搜索、截获并稳定跟踪目标这段反应时间的长短,除了取决于跟踪雷达本身的性能外,很大程度上取决于目标搜索雷达送来的目标参数的精度。如果方位精度和距离精度都很高,那么跟踪雷达只需在高低方向进行点头式的搜索,免除了在距离和方位方向的搜索,可大大缩短反应时间。这段反应时间在武器系统总反应时间中占有很大比例。因此,目标搜索雷达和跟踪雷达的坐标传送精度是很重要的指标,必须进行对接试验考核。试验可经两个步骤:第一步,先在目标搜索雷达中人工装订不同的目标坐标参数,观察跟踪雷达的输出端,从而确定两者的传递精度(包括接口的转换精度);第二步,在目标实际飞行条件下,对两部雷达进行综合性考核。当然,两部雷达在进行对接试验之前,各自要通过飞行试验的精度考核。

(5) 目标跟踪雷达与计算装置的对接试验

计算装置的输入量是来自跟踪雷达探测到的目标三个坐标参数（距离、方位角和高低角）。从雷达的数据变换装置，经过设备的接口以数字量形式输入到计算装置的主机，这之间经过了某些变换误差。这项对接试验的目的就是检验两个设备间的目标参数传递和转换误差。这里单纯是指传递误差，雷达送出的数据是装订的，不包括飞行目标的起伏参数。

(6) 照射雷达与导引头对接试验

对于半主动寻的制导体制，导引头获取的目标信息是由照射雷达的射频信号射到目标后经反射得到的。导引头根据目标反射回来的信号经自身的信息处理电路得到很丰富的信息量。这些信息量是导引头正常工作、正确识别并跟踪目标所必需的，大致包含目标识别信息、多普勒频率信息、表示导弹与目标相对距离的距离频偏信息等。导引头在实验室研制阶段，照射雷达的射频信号及目标的回波是用测试设备产生的。这总是难以保证测试设备和真实的雷达完全等同，况且还要模拟具有起伏特性的飞行目标的反射信息。任何信息的微小变化，如相位变化都可能影响导引头的正常工作，更不用说真实的照射雷达信号还包含调频噪声和调幅噪声，这将直接影响导引头的工作情况。因此，导引头在研制阶段后期必须用照射雷达与导引头在外场通过空中飞行目标进行飞行对接试验。试验方法是用照射雷达跟踪照射目标，导引头在地面接收目标回波信号，检查导引头的跟踪情况。在目标飞行过程中，要使导引头天线每时每刻对准目标，简单的办法是将导引头放在发射装置的发射臂上，由计算装置随动，计算装置根据跟踪雷达送来的目标参数，通过转换不断地驱动发射臂指向目标。这项试验虽然是考核照射雷达与导引头的信息对接，但跟踪雷达、计算装置、发射控制设备及发射装置作为辅助设备也要参加。

(7) 武器系统全部地面设备对接试验

此项试验有静态精度检查的对接试验和动态精度检查的对接试验两部分内容。

1) 静态精度检查对接试验。这项试验内容是令跟踪雷达跟踪地面上某一地标。雷达测得此目标的角度信息，输给计算装置，计算装置再通过设备接口驱动发射装置的发射臂指向该地标。发射臂的指向是用瞄准仪放在发射臂上读出的。在无前置量的情况下，考虑距离修正后，跟踪雷达指向与发射臂指向理应是一致的。发射臂的不对准误差即反映了全部地面设备的静态对接精度。通常应该跟踪几个地标，由得出的几组数据，用统计方法判断出系统的静态对接精度。有时地标由于条件限制不能有射频输出口，可以在跟踪雷达天线上安装一个望远镜，在雷达出厂前其电轴与光轴已经对准的情况下，可以用光学瞄准的办法对准地标的一个参考点来代替射频跟踪。一般地标离观察点相当远，而且要有准确的距离标定，这只有在具有一定条件的开阔的阵地上才能进行。

2) 动态精度检查对接试验。试验方法是用跟踪雷达跟踪空中飞行目标，将测得的目标飞行参数送给计算装置；计算装置根据预先设计的数学模型，计算出各种输出量（如导引头天线的预置角、多普勒频率、发射臂的高低角和方位角以及弹上要预先装订的各类参数）；根据计算结果计算装置随动发射臂，用记录设备记录下计算装置的输出量和发射臂的度盘值。

目标的空间坐标由光测站（或用雷测方法）测出作为目标的真值，将此真值在实验室内输到一台通用的大型计算机上，按同一数学模型计算出该武器系统所需的各种输出量，将其结果与实际飞行记录下来的各种输出量相比较，即可求得武器系统地面设备的动态精度。这项试验真实地反映了武器系统这部分的作战使用性能。它考核了跟踪雷达对目标跟踪性能、数学模型的平滑公式及模型动态解题性能、计算装置的解算速度和字长的选用，以及所有接口的转换精度等。

这项试验需要进行多次的飞行,在同一航路要做多次飞行进入,以便得到概率统计数据。还要选不同高度、不同航路捷径的多次飞行进入,最终从大量的统计数据中确定系统地面设备的动态精度。

这项大型试验是关键的地面对接试验,只有在武器系统研制阶段的后期才能进行。它又是闭合回路靶场飞行试验前的一个必经的程序,只有地面对接试验的动态精度检查满足要求,才能进行闭合回路的靶场飞行试验。

(8)全武器系统供电检查试验

整个发射阵地设备所需的各种电源以及导弹在发射前准备阶段所需的电源均由发射阵地配置的供电设备提供。为了考核发射阵地所有设备(包括所有导弹)都开机情况下(满负荷情况)供电设备的工作性能,有必要进行这项试验。考虑到供电设备受负载变化的影响而产生的电源电压及频率的波动,还要对供电设备做拉偏试验,以考核发射阵地所有设备在供电电源拉偏情况下能否工作正常,即人为地将电压和频率调到公差的上限和下限,以检查在此情况下各设备的工作性能。

(9)武器系统地面设备的展开和撤收试验

武器系统的展开,是指武器系统中与作战直接有关的各种车辆从行军状态进入发射阵地后转入到可以立即进行作战程序的这一系列准备工作。这一段准备工作所需的时间称为武器系统的展开时间。它是武器系统作战使用性能很重要的一项指标,反映了武器系统的机动性能,直接关系到武器系统的作战效果。武器系统总体设计人员在总体方案设计时就应该考虑如何使武器系统具有较好的机动性。武器系统的展开包括各作战车辆的展开及调平、各车辆间的统一方向标定、各车辆动力电缆连接及通电准备、各车辆自身功能检查以及各车辆间通信信道的准备等。由于武器系统体制不同,其所做的工作内容以及完成每项工作所需的时间会有很大的差别。目前,武器系统发展趋势是力求每个车辆成为一个作战单元,自备动力装置,能工作在地势不太平坦的地区,无需调平仍可作战,各车辆利用无线通信,无需敷设电缆。这样就可以大大缩短系统的展开时间。它能使武器系统在每次作战之后,迅速转移,并立即投入下一阶段的战斗准备。不论何种体制,一个武器系统在研制阶段后期都应进行展开试验以考虑具体作战使用性能。

武器系统的撤收,是指各作战车辆经过撤收工作程序转入行军状态的一系列工作。虽然撤收时间一般都小于展开时间,但它也是衡量武器系统作战使用性能的一项指标,也要经过撤收试验考核。

上述各种试验大致概括了武器系统地面对接试验的主要内容。由于武器系统体制多种多样,这里不可能全面而准确地反映每一武器系统的地面对接试验,使用过程中应视具体情况有所增减。

(二)导弹系统地面对接试验

1. 目的与要求

随着地空导弹技术的日益复杂,性能要求不断提高,作战环境日趋严酷,促进了地面试验与相关领域研究的飞速发展。

导弹系统地面试验的目的就是在地面实验室、实验站或实验场内,在模拟的条件下,对组成导弹的各部件、组件和分系统,直到全系统,进行性能试验(包括可靠性增长、环境适应性与长期贮存等)。通过试验来评定参试产品的性能参数与特性,以检验设计方案与工艺质量是否满足总体设计的要求。为此,要求试验条件尽可能模拟逼真,参试产品尽可能满足设计要求,测试设备落实、测试方法可靠易行。

2. 分类与内容

导弹系统地面试验一般可分为以下几类。

(1)风洞试验

风洞试验是利用风洞环境获得被试对象气动特性而采取的一种试验方法。通常是在风洞模拟的飞行速度与风洞雷诺数条件下,测量出部件与全弹的空气动力学特性,通过对实际飞行雷诺数的转换,来确定被试导弹的空气动力外形与气动特性。一般一个新型号导弹的研制需要进行数千次、甚至上万次的风洞试验,才能满足实际的要求。

随着风洞技术的发展,已经从六分力的常规试验发展到铰链力矩、动导数、气动加热及气动弹性等性能的风洞试验。

防空导弹风洞试验主要项目见表8-1。

表8-1 防空导弹主要风洞试验项目

序号	试验项目	试验目的	测量内容
1	导弹部件(翼面、弹身及组合体)与全弹测力试验	验证导弹气动布局合理性及升、阻力与静稳定性能	测量六分力,包括三个分力系数C_x、C_y、C_z和三个力矩系数m_x、m_y、m_z
2	导弹部件及全弹测压试验	测定压力分布以分析导弹部件及全弹受载情况,作为结构设计的依据	测量压力分布
3	舵面效率与铰链力矩试验	验证导弹的操纵性与机动性	测量舵面的俯仰、偏航、滚动三个方向的舵面效率及铰链力矩
4	阻尼动导数试验	验证导弹的动力学特性	测定纵向、横向与滚动三个方向的阻尼动导数
5	弹翼、舵面的颤振试验	确定颤振临界马赫数,若出现在使用速度范围内,则需要采取措施予以排除	测量弹翼、舵面发生颤振时的临界马赫数
6	其他试验	确定导弹外表面的温度分布,以验证材料强度及舱内环境温度	测定温度分布
		测量多级导弹级间分离,验证分离方案	测定级间分离过程
		测量头部流场,验证外形设计	测量头部分离涡的流场
		底部测压试验,修正阻力系数	测量底部压力

(2)力学环境试验

力学环境试验是指在地面模拟环境下,对导弹在发射、飞行、装填、转载、运输等过程中所经受的振动、冲击、加速度、跌落、颠震等条件进行的试验,其主要包括:

1)振动试验。振动试验是在地面卧式或立式振动试验台上进行的,目的在于考核弹上设备在使用环境下的抗振性能和弹体结构的耐久性。通常采用的振动环境条件见表 8-2。

表 8-2 防空导弹弹上设备、导弹及筒弹振动试验条件

名称项目	弹上设备、导弹	筒 弹
试验条件	正弦振动： a. 对数往返扫描 每一循环 10～2 000 Hz，时间 5 min。 b. 幅值 10～35 Hz，1.5 mm(峰-峰)； 35～150 Hz，4g(峰)； 150～400 Hz，6g(峰)； 400～2 000 Hz，8g(峰)。 c. 持续时间 三个相互垂直轴，每轴 30 min。 随机振动： a. 幅值 10～2 000 Hz，功率谱密度为 0.04g^2/Hz，平直谱。 b. 持续时间 三个相互垂直轴，每轴 10 min	正弦振动： a. 对数往返扫频 每一循环 5 Hz～500 Hz～5 Hz，时间 30 min。 b. 幅值 5～23 Hz，2.54 mm(峰-峰)； 23～500 Hz，2.5g。 c. 持续时间 三个相互垂直轴，每轴 2 h。 运输： a. 铁路运输 5 000 km，速度不限。 b. 公路运输 500 km，良好公路，时速≤40 km

2) 冲击试验。冲击试验是考核导弹在发动机点火、熄火等瞬时激励环境下，导弹的适应能力。例如，某导弹的冲击试验条件见表 8-3。

表 8-3 某类防空导弹冲击试验条件

脉冲波形	幅值/g	方向	次数	持续时间/ms
半正弦波	30	x 轴	3	11

3) 加速度试验。加速度试验是考核弹上设备及结构部件承受加速度的能力。通常加速度的环境条件为 X_1, Y_1, Z_1 轴向的最大加速度的 1.1 倍。

4) 颠震试验。颠震试验用于舰空导弹上，模拟由海浪引起的能量激励，它较冲击能量要小，但重复次数要多。它与冲击试验一样，同样是考核弹上设备的适应能力。通常舰空导弹的颠震试验条件见表 8-4。

表 8-4 舰空导弹颠震试验条件

脉冲波形	幅值/g	方向	次数	持续时间/ms	重复频率/(次·min^{-1})
半正弦	7	任意	1 000	>16	30

5) 跌落试验。跌落试验是针对导弹在维护使用过程中意外发生的跌落检验其抗跌落性能。例如某类防空导弹的试验条件为：导弹(带筒导弹)一端抬高 50 mm，另一端置于混凝土上，沿任意母线跌落，每端 3 次，共 6 次。

(3) 自然环境试验

自然环境试验是检验导弹及其弹上设备对自然环境的适应性能力，通常防空导弹的自然

环境条件见表 8-5。

表 8-5 导弹通常采用的自然环境条件

序号	项目	状态	设备名称	
			弹上设备、导弹	筒弹
1	低气压	工作条件	气压：最大飞行高度等效压力； 温度：-30℃～+35℃	
		承受条件		气压：运输高度等效压力； 温度：-40℃～+35℃
2	温度	工作条件	-30℃～+60℃（舰用）； -40℃～+60℃（陆用）	
		承受条件	-40℃～+65℃，贮存-25℃～+50℃	
3	湿度	工作条件	+30℃时，相对湿度93%	
		承受条件	+30℃时，相对湿度93%	
4	盐雾	承受条件	具有防盐雾能力	+35℃时，5%盐溶液的盐雾
5	霉菌	承受条件	具有防霉菌生长的能力	
6	浸渍	承受条件		浸没在0.2 m水下保持水密性
7	其他	承受条件		具有承受雾雪雹能力

（4）电磁环境试验

地空导弹是在复杂的内部和外部电磁环境下工作的，为此，要求导弹系统能适应这种工作环境，并能在该干扰环境下正常工作。

电磁环境试验就是模拟导弹系统工作所处的电磁环境，对导弹进行的电磁兼容性试验，检验导弹系统电磁干扰能力。为达到上述要求，在研制工作初期，就要制定出电磁兼容性准则与电磁兼容性大纲，对研制工作各个阶段规定电磁兼容性任务与具体要求。

为了保证导弹正常工作，弹上设备还必须经受辐射和传导等电磁兼容验证试验。

（5）弹体结构静力试验与结构模态试验

弹体结构静力试验是在使用载荷条件下进行的，通过应力与变形的测量结果，来分析结构的受力特性，检验弹体结构是否满足强度和刚度的设计要求。

除了在使用载荷下进行静力试验外，还继续加载到结构破坏，通过结构安全余量的测定，来改进弹体结构的设计。

结构模态试验的目的是弄清结构的振动模态参数（模态频率、阻尼系数和广义质量等），从而为解决弹体结构与控制系统所遇到的振动问题提供依据。

模态试验是计算机技术高速发展与快速傅里叶变换应用的产物。它可用多点激振取代单点激振；由脉冲和随机多频激振取代正弦激振；由计算机自动控制取代手工操作，能快速、较好地获得弹体结构的模态参数。

（6）发动机地面试车，半弹与全弹热试车

发动机地面试车是指在地面环境或模拟空中工作条件下进行的热试车。通过试验参数测量，来检验发动机的设计正确性和测定发动机推力、压力、总冲、比冲、工作时间等设计参数以及发动机工作时的振动、冲击、温度等环境参数。

全弹热试车是将被试导弹固定在地面试车台上进行的热试车,它要求参试导弹的状态与真实导弹基本一致。热试车的目的是在发动机工作状态下,全面检验推进系统的设计性能、弹上各设备的环境适应性与相互协调性,以及启动程序等。

半弹热试车是介于发动机地面试车与全弹热试车之间的一种中间状态试验。试验目的是检验部分与发动机密切相关设备的协调性能,如尾舱内设备工作性能、发动机与安全引爆装置协调性,以及环境参数等。

(7)战斗部地面静态爆炸试验

静态爆炸试验就是在地面静态条件下启爆战斗部,用来检验战斗部的设计方案及协调性能,并通过测量分析,来确定战斗部破片的飞散速度、飞散角或聚焦半径、破片数,以及对不同距离、不同目标的杀伤机理与杀伤能力,同时检验引爆系统与安全引爆装置的协调性能。

战斗部实际杀伤效率,是指基于静态爆破试验参数,并考虑到与目标的动态交会条件下,在引信战斗部配合下的对目标的实际杀伤效率。它将在地面仿真试验与实际打靶试验中确定。

(8)导弹电气匹配试验

弹上设备电气性能的协调性与兼容性是一项重要的研究课题,直接涉及导弹设计的成败。弹上设备电气性能匹配试验,是为了检验导弹电气系统设计正确性和弹上设备相互间的协调工作及电磁兼容性。被试导弹可以是模型弹、独立回路弹,也可以是闭合回路弹与最后的战斗弹。通过匹配试验来修改弹上电气系统、设备的电气参数以及接口设计。为此,每一种重要的导弹状态一定安排有电气性能匹配试验。

(9)遥控线地面静态对接试验

为了检验导弹与地面制导站遥控线的匹配性能(包括地址码、频率的对接和遥控指令对接等),在导弹遥控应答机与地面制导站进行校飞试验前,还要进行地面静态对接试验。试验时遥控应答机放置在离制导站一定距离的标校塔上。

(10)引信地面静态试验

引信地面静态试验是在实验室内模拟引信与目标的交会过程,以此来测定引信对目标的启动特性。如对红外近炸引信,将引信置于转台上,在一定距离放置一个绝对黑体(模拟目标热源),通过调节距离与转动角速度,模拟空中交会过程,来测定引信的灵敏度及启动曲线等性能。

(11)遥控系统与电气系统的匹配试验

地空导弹在飞行试验阶段,为了测量导弹运动参数及弹上设备的参数,往往在导弹上装有遥测系统(包括遥测传感器)。当弹上装上遥测系统后,如电磁兼容性不好,往往会对弹上系统产生干扰,严重的会引起弹上控制系统失稳、发散。为此,在导弹研制中,还必须对弹上系统进行匹配试验,以验证两个系统工作性能和电磁兼容性是否满足要求。

(12)运输试验

运输试验是为了检验导弹经过公路、铁路运输后的稳定工作能力及测定在运输过程中的振动参数等。通常的试验条件与要求如下。

1)铁路运输试验条件与测量要求。通常的试验条件:车速 30～80 km/h;进出道岔时为 30～50 km/h;稳定拐弯半径 R_{min} 为 170～250 m;上下坡最大坡道约 15‰～30‰;典型刹车车速 50～70 km/h 运行时刹车；路程为 5 000 km；要求试验时测量参试导弹上若干点的三个方向振动参数及车厢底板、轮轴若干点的振动参数。

2)公路运输试验条件与测量要求。基本要求同铁路运输试验，但运输路程不同。例如某防空导弹运输路程为 2 000 km。其中 1 400 km 为 Ⅰ、Ⅱ 级路面(平整水泥或沥青路)；600 km 为 Ⅲ、Ⅳ 级路面(碎石路与乡村土路)。

(三)试验方案设计

地面试验从导弹研制任务书要求的战术技术指标出发，通过需求分析，提出试验目的、要求、内容及实现途径。在此基础上进行试验方案设计，确定试验项目、程序、方法、试验设备及评定标准等。

根据试验方案，编制试验规范、试验大纲及实施细则。地面试验工作贯穿于导弹与各个组成系统的全部研制过程，主要内容见图 8-2。

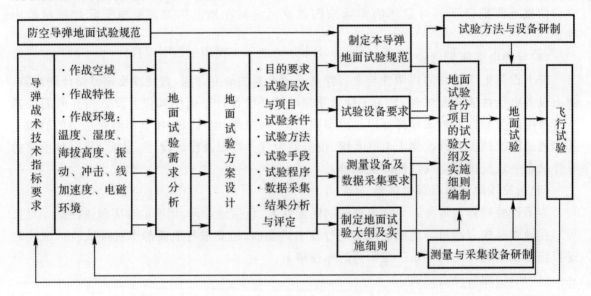

图 8-2 地面试验流程框图

二、动态环境模拟试验

(一)目的与要求

为了提高飞行试验的成功率，防空导弹还必须进行动态环境模拟试验。动态环境模拟试验是介于实验室试验与外场飞行试验中间阶段的一种飞行环境模拟下的试验。

动态环境模拟试验的目的是检验导弹在模拟飞行环境下的总体性能与弹上分系统的工作性能。弹上分系统主要指近炸引信、无线电遥控接收与发射装置以及弹上控制系统等。为此，要求：动态试验环境，包括动态模拟的速度、相对位置及姿态等，尽可能模拟真实的飞行条件；参试设备尽可能满足设计要求；试验结果易于测量、处理、分析与评定。

(二)分类与内容

动态环境模拟试验主要有以下几类。

1. 火箭橇试验

火箭橇试验技术已大量应用于如下的试验内容:
1)导弹制导及控制系统试验;
2)发动机及推进剂输送系统试验;
3)空气动力性能试验;
4)战斗部、引信及引战配合性能试验等。

2. 柔性滑轨试验

在火箭橇试验技术基础上,又发展了一种柔性滑轨动态模拟试验。不同于火箭橇试验,它是将试验对象悬挂在两端固定的两条悬空钢索柔性滑轨上,通过火箭加速前进来达到要求的试验速度。这种试验对试验场区要求不高、费用少、建设周期短,但由于吊索的承载量受到限制,要求试验对象不能太大、太重,速度不能太高。通常主要用于如下项目:
1)引信灵敏度与启动区性能试验;
2)无线电脱靶量指示器试验。

3. 引信超低空绕飞试验

地空导弹的引信一般作用距离在数米至数十米。为了在飞行试验考核以前充分检验引信的性能,发展了这种比较真实的模拟导弹与目标交会速度、姿态与距离的试验方法,从而检验引信的启动特性。通常,试验时引信置于地面,飞机以一定速度、姿态与距离飞过地面工作的引信,记录下引信对目标的启动特性。

4. 挂飞试验

把弹上设备悬挂于以一定速度飞行的飞机下部,通过与地面接收站的对接,来确定它们的性能,称之为挂飞试验。这种试验常用于悬挂无线电遥控应答机和弹上遥测头系统等。遥控应答机挂飞试验,通常与制导站的校飞试验相结合,通过挂飞来检验遥控应答机的对接性能及作用距离等;同样,遥测头系统挂飞试验,也是测定遥测头与地面遥测系统接收站的对接性能及它的作用距离与传输精度等;其次,挂飞试验还有更广阔的试验范围,如通过吊挂干扰机对武器系统的抗干扰性能也能进行试验等。

第四节 飞 行 试 验

一、目的与要求

飞行试验是地空导弹研制阶段中的重要的环节。它试验状态多、试验周期长、试验费用高,却是最终鉴定导弹武器系统性能的主要依据。因此,在确保全面检验性能指标的前提下,如何减少飞行试验状态与飞行试验次数,成了飞行试验工作者研究的主要任务。

飞行试验的目的是在真实飞行条件下检验导弹系统的协调工作性能及作战使用性能,为此要求飞行试验条件尽可能与真实使用条件一致,产品试验状态满足设计要求,试验批次、状态尽可能压缩,对靶场测量设备要求尽可能通用化、标准化。

二、分类与内容

根据飞行试验所处的阶段及参试设备的组成、状态等,有不同的分类方法,但主要的有以下两种。

(一)按研制阶段性质划分

按研制阶段性质划分,有研制性飞行试验、设计定型飞行试验和生产性批抽检飞行试验三类。

1. 研制性飞行试验

研制性飞行试验包括方案原理飞行试验、分系统性能飞行试验以及系统性能协调与鉴定性飞行试验。

方案原理性飞行试验是对构成方案的原理和关键技术等进行飞行试验,以便对方案关键原理、技术途径等的可行性作出结论。

分系统性能飞行试验主要对关键组成部分,如发动机系统、弹体结构、空气动力布局和稳定控制系统等,进行单独的飞行试验,在这些重要分系统考核成功的基础上,再对导弹系统进行飞行试验。

系统性能协调与鉴定性飞行试验对组成全系统的各部分协调工作及全面的战术技术性能进行考核,从研制单位角度鉴定系统是否全面达到预期的设计要求。

2. 设计定型飞行试验

设计定型飞行试验是根据军方提出的试验大纲,在国家靶场对导弹系统的战术技术性能与作战使用性能进行全面考核的试验。考核项目有拦截不同目标的作战空域、精度与杀伤概率、抗干扰能力、系统可靠性,以及系统反应时间、展开、撤收等实战使用性能。考核通过,装备可以提供部队使用。

3. 生产性批抽检飞行试验

批抽检飞行试验主要考核交付批次导弹的生产工艺质量。

(二)按参试装备的组成与状态划分

按参试装备的组成与状态划分,有模型遥测弹、独立回路遥测弹、闭合回路遥测弹、战斗遥测弹和战斗弹等飞行试验。

1. 模型遥测弹飞行试验

模型遥测弹是导弹飞行试验的最早参试状态,主要用来检验推进系统与弹体结构的工作性能,以及部分空气动力与导弹速度特性,同时测量弹上环境参数(如温度、振动、冲击等);有时,还测量发动机的尾流参数,以研究尾流对地面光学跟踪测量装备与遥控信息传输的影响。参试装备除弹体结构、发动机和弹上遥测系统外,其他设备均为质量模型,要求模型遥测弹外形、质心、转动惯量等与真实的战斗弹一致。

如果导弹由两级或多级发动机组成,往往把模型遥测弹分成两种或多种状态。如果导弹由两级串连而成,Ⅰ级为助推发动机,Ⅱ级为主发动机,则可分两种试验状态进行,试验Ⅰ级发动机及弹体结构时,把Ⅱ级发动机设计成质量模型。

对筒装导弹,在模型遥测弹飞行试验阶段,还可增加考核筒弹配合性能的筒弹协调飞行试验。

2. 独立回路遥测弹飞行试验

在模型遥测弹飞行试验成功的基础上,进行独立回路遥测弹飞行试验。它主要用来检验弹上控制系统、弹体结构及气动布局等性能,从而对导弹的速度特性、气动力特性、稳定性与操纵性以及导弹机动能力等作出验证。为此,参试设备在模型遥测弹基础上,增加稳定控制系统、电池及换流器等。在模型遥测弹状态,舵面是固死的,而对独立回路遥测弹是可操纵的。同时,为了使导弹按预期的弹道飞行,需要在弹上增加一套飞行程序机构。

在独立回路遥测弹设计时,为了能直接测量与分析导弹空气动力学特性,校验空气动力学数学模型,通常把它分成两个状态进行飞行试验,也即独立开回路状态与独立闭回路状态。独立开回路状态就是为检验导弹空气动力学特性而设计的,它与独立闭回路不一致的地方是取消控制系统中姿态稳定回路,而保留舵系统控制。

也有个别导弹在进行独立回路遥测弹飞行试验时,增加一种独立遥控闭合回路状态进行飞行试验,这种试验状态可以先进行遥控应答机和遥控线的检验。为此,在弹上加上遥控应答机,地面设计一个专用的遥控指令发送装置,把弹上程序机构功能放到地面来执行,通过地面遥控指令发射装置发射指令,由弹上遥控应答机接收后,传送给弹上稳定系统来执行。

3. 闭合回路遥测弹飞行试验

在上述弹上设备状态飞行试验考核成功的基础上,导弹系统开始进入弹上、地面装备闭合控制的试验状态,称之为闭合回路遥测弹飞行试验。

闭合回路遥测弹飞行试验主要用于检验弹上设备的协调工作性能、制导控制系统工作性能、导弹飞行特性和环境参数,以及制导精度等总体性能。进行这种状态飞行试验时,空中没有实际目标,它只是对空中假想的目标(模拟目标)进行拦截试验。这种试验状态弹上一般不装引信和战斗部,而用质量模型代替,但为检验各级安全解除保险性能,弹上装有安全引爆装置。

近炸引信的研制是导弹研制工作的难点与重点,而按试验程序它又是在最后阶段验证,一旦有问题,往往会拖延整个导弹系统的研制过程。目前在有些导弹研制工作中,为了提前检验引信对飞行环境的适应性,以及与安全引爆装置和地面遥控指令的工作协调性,在闭合回路试验阶段提前进行功能检验。因此,在闭合回路遥测弹状态中,常有带引信与不带引信两种状态。

4. 战斗遥测弹和战斗弹飞行试验

战斗遥测弹和战斗弹是防空导弹飞行试验的最后两种状态,它们的组成和状态与正式装备完全一致。在战斗遥测弹上装有小型或超小型遥测系统,测量导弹飞行状态下的引战配合并把参数记录下来。

战斗遥测弹和战斗弹飞行试验,主要用来检验包括导弹对目标的杀伤能力在内的战术技术指标及实战使用性能,通过试验验证导弹是否全面完成设计性能。

三、方案设计

靶场飞行试验方案设计涉及确定飞行试验状态及程序,飞行弹道特性设计,遭遇参数与拦截目标选择,对靶场场区和测量勤务要求,以及数据采集与结果分析、评定等。

(一)飞行试验状态设计

不同类型的地空导弹研制,其试验状态是不同的。对一个新研制的地空导弹系统,通常把导弹研制的飞行试验状态设计成四类:①模型遥测弹飞行试验;②独立回路遥测弹飞行试验;③闭合回路遥测弹飞行试验;④战斗弹、战斗遥测弹飞行试验。

(二)模型遥测弹状态飞行试验方案设计

模型遥测弹状态飞行试验方案设计涉及如下主要内容:①研究试验目的与要求;②试验状态及设备配套要求;③靶场试验流程设计;④弹道特性设计;⑤测量参数及数据处理要求;⑥对靶场测量及场区的要求。方案设计中各项内容的设计要点见表8-6。

表8-6 模型遥测弹飞行试验方案

试验目的与要求	试验状态	弹道设计	测量参数	靶场测量要求
a. 初步试验导弹飞行力学与空气动力学性能; b. 检验发动机系统的工作性能; c. 初步验证导弹外形设计与部位安排; d. 测量飞行条件下的环境参数; e. 检验弹架(或弹与筒)发射协调性能; f. 检验弹上安全自毁系统(如需要安全自毁)工作协调性	a. 导弹外形与定型状态一致; b. 除发动机系统外,其他弹上设备为质量模型; c. 舵面固死; d. 简易定角发射架	通过选择不同固定发射角来实现不同飞行弹道,满足飞行参数要求	a. 运动与环境参数:过载、攻角、角速度、姿态角、动、静压、温度、冲击、振动; b. 发动机系统参数:燃烧室压、喷口压力; c. 飞行速度、加速度; d. 飞行弹道	a. 光学弹道测量; b. 地面遥测接收站; c. 大气测量; d. 统一时统信号; e. 场区通讯,指挥系统; f. 供电

(三)独立回路遥测弹状态飞行试验方案设计

独立回路遥测弹状态飞行试验方案设计的项目与上述模型遥测弹状态是一致的,但内容是不一样的,最大不同是飞行弹道的设计。弹道设计涉及特征弹道选定与如何实现特征弹道。

1. 特征弹道选择

特征弹道的选定是从导弹系统总体设计需要出发,在满足全空域的飞行参数的条件下,验证导弹的空气动力特性、控制特性与结构特性。地空导弹通常选取高远、低远、高近遭遇点弹道为特征弹道。

考虑到导弹特性不但要在垂直平面内,而且要在倾斜平面内验证,故特征弹道不但要在垂直平面内选择(航路捷径 $P=0$),更要考虑在倾斜平面内验证($P\neq 0$ 时的情况)。

2. 特征弹道设计

特征弹道是通过专为独立回路遥测弹设计的飞行程序来实现的,飞行程序由装在导弹上的专用程序控制机构来实现。通常飞行程序设计成方波形(见图 8-3),通过调整程序方波的幅值与周期,来设计出接近实际的特征弹道,使飞行参数(如位置、速度、攻角、过载和弹道倾角等)满足设计需要。

3. 独立开回路与独立闭回路状态

为分析导弹空气动力特性与控制特性,通常把独立回路遥测弹设计成两种状态:一种为独立开回路遥测弹状态;另一种为独立闭回路遥测弹状态。

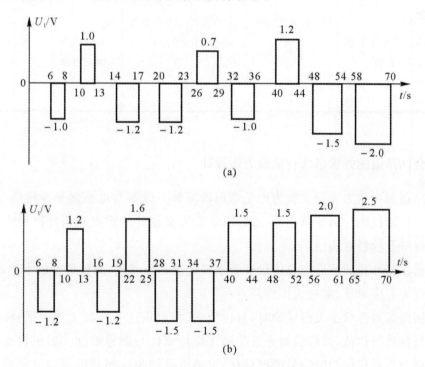

图 8-3 典型特征弹道程序设计

(a)某导弹对称面飞行程序设计(双通道指令,模拟 $H=30$ km 弹道);
(b)某导弹倾斜平面飞行程序设计(单通道指令,模拟 $H=30$ km 弹道)

独立回路遥测弹飞行试验目的、状态、弹道设计、测量参数及靶场测量要求等见表 8-7。

表 8-7 独立回路弹飞行试验方案

状态	试验目的	试验状态	弹道设计	测量参数	靶场测量要求
独立开回路遥测弹	a. 验证导弹空气动力学性能； b. 验证导弹特性； c. 验证舵系统设计特性； d. 部分检验弹体结构设计； e. 验证发动机特性； f. 验证筒弹协调性	a. 外形、质量、质心等与定型导弹一致； b. 弹上设备有舵系统、弹上电源及发动机，其他为质量模型，有时装滚动稳定系统； c. 采用简易定角发射装置； d. 弹上增加程序指令机构	a. 通常选用一种定角发射； b. 通过多种程序指令设计，使飞行弹道实现高远、低远、高近与倾斜面飞行； c. 程序指令设计满足弹道特性及空气动力学性能分析需要	a. 运动与环境参数：过载、速度、攻角、角速度、姿态角、动静压、温度； b. 发动机参数； c. 飞行弹道； d. 舵系统参数(包括铰链力矩)； e. 程序指令； f. 弹上电源参数	a. 光学外弹道测量； b. 地面遥测接收站； c. 大气参数测量； d. 统一时统信号； e. 通信指挥系统； f. 供电
独立闭回路遥测弹	a. 验证弹上控制系统设计性能及工作协调性； b. 检验弹上设备的工作环境； c. 部分检验弹上供电系统设计性能； d. 其他同开回路状态	a. 用弹上控制设备(如驾驶仪)取代上述的质量模型； b. 其他状态同上述开回路遥测弹	a. 弹道设计状态与上述独立开回路遥测弹一致； b. 为满足弹道设计需要，程序指令与上述不完全一致	a. 弹上控制系统参数，如敏感元件测量参数，舵面及副翼偏角，网络反馈信号等； b. 其他同上述开回路遥测弹	与上述开回路遥测弹一致

(四)闭合回路遥测弹状态飞行试验方案设计

闭合回路遥测弹状态飞行试验为的是全面检验弹上设备与地面制导系统的工作性能，以及无线电指令传输性能与制导精度等。因此，试验方案设计的重点是选择遭遇点参数及制导精度的检验标准及检验方法。

通常根据试验导弹的特点与总体设计要求确定遭遇点参数，而作战空域中的高远界、低远界、高近界、近界与中界等，常被选作遭遇点。

在闭合回路遥测弹状态飞行试验时，目标搜索、指示雷达不参加工作。试验时，导弹是对假想的模拟目标进行拦截，以检验制导系统的工作协调性与制导精度。假想目标可以设计为模拟目标噪声与运动规律的电信号模拟目标，也可以设计为空间某固定点的模拟目标。这样的试验状态，能把试验目的限定在精度考核，而对真目标的探测、跟踪、制导直到摧毁目标，放在最后检验。

闭合回路遥测弹的试验目的、状态、弹道设计、测量参数及对靶场测量要求见表 8-8。

表 8-8　闭合回路遥测弹试验方案

试验目的、要求	试验状态	弹道设计	测量参数	靶场测量要求
a.检验弹上设备设计性能与协调性； b.验证弹上与地面遥控线的协调性； c.验证制导系统设计性能及对各类目标的制导性能； d.检验导弹系统软件的设计性能； e.检验全空域弹道特性及制导精度； f.检验弹、站、架的协调性； g.检验地面支援维护系统的合理性	a.导弹状态,战斗部用质量模型代替,其他与战斗弹相同； b.发射架与发控系统与战斗弹状态一致； c.制导站系统除目标支路不工作外,其他同设计状态； d.支援维护设备同设计状态	a.选定几个特征遭遇点,如：高远点、低远点、高近点、近界点及大航路捷径等； b.选定典型模拟目标特性参数,如飞行速度、机动方式及噪声谱特性等	a.遥控应答机参数,如偏航指令、俯仰指令、AGC 电压等； b.引信参数等,如：引信延迟、解锁指令、引信延迟组装定、信号积累电压、放电时刻及自毁与安全引爆装置解锁时间等； c.制导精度与脱靶量； d.其他同独立闭回路遥测弹	a.雷达测量； b.制导站专用站测系统； c.其他同独立闭合回路遥测弹

(五)战斗弹、战斗遥测弹状态飞行试验方案设计

战斗弹状态飞行试验是地空导弹最终状态的飞行试验,主要试验目的是检验导弹对实体目标的拦击能力及实战使用性能。为了能对战斗弹飞行试验时的性能与故障进行分析,研制了战斗遥测弹状态的导弹。它既可以在研制与定型阶段检验导弹性能,也可在部队装备后批抽检与部队训练时使用。

1. 拦截目标选择

战斗弹与战斗遥测弹状态飞行试验拦截的目标是实体目标。目标特性有飞行速度、机动能力、雷达反射截面与红外辐射特性、几何外形和结构特性等,要求接近或尽量接近真实目标。根据需要与可能,并考虑到经济等因素,目前地空导弹常用的实体靶标有以下几种。

(1)固定靶标

固定靶标基本上模拟武装直升机在低空、超低空进行的悬停和慢速运动,可供采用的有伞靶、气球靶和海上浮靶等。

(2)航模靶机

航模靶标主要模拟低空低速飞行的固定翼飞机。为了使雷达和红外特性与真实目标相近,在航模靶机上装有雷达反射体与红外增强装置(如曳光管等),由于其几何尺寸小,要害部位结构特性又与真目标相差较远,目标模拟有局限性,但其有价廉和易于实现的优点,故仍是地空导弹飞行试验时大量采用的靶标。

(3)靶机

靶机在飞行性能、外形与结构等方面都与真实固定翼战斗飞机相近,有的就是利用退役战斗机改装而成的。由于靶机价格昂贵,通常地空导弹在飞行试验后期才利用它来作为靶标。目前不但有高亚声速靶机,还研制有超声速靶机,并可根据需要来调节雷达与红外特性。

(4) 靶弹

空中来袭目标除有人驾驶固定翼战斗机与武装直升机外,还有各种空地导弹、反辐射导弹、巡航导弹和战术弹道式导弹。为此,发展了一种模拟导弹目标特性的靶弹。目前,靶弹作为一种被拦截的目标,不但可模拟来袭的各种导弹,而且经改装后还可模拟超声速固定翼飞机目标。

2. 拦截点选择

战斗遥测弹与战斗弹的拦截点的选择原则,是全面检验对实体目标的拦截能力。为了能通过拦截试验,统计出引战配合与杀伤效率,通常选用的引战配合与杀伤概率统计点与闭合回路考核点相近,但试验点要少些。

战斗遥测弹与战斗弹的试验目的、状态、弹道设计、测量参数及对靶场测量要求等见表8-9。

表8-9 战斗遥测弹与战斗弹飞行试验方案

试验目的	试验状态	弹道设计	测量参数	靶场测量要求
a. 全武器系统的协调性及设计性能; b. 对特征点拦击各类实体目标的引信、战斗部配合效率; c. 在特征点对各类目标的杀伤概率; d. 全面检验武器系统的实战使用性能; e. 部分检验可靠性、可维护性等设计性能	试验状态与设计状态一致	对应闭合回路遥测弹试验及进行拦击试验。考虑到目标飞行与靶场条件限制,拦击点可作适当调整	基本同闭合回路遥测弹测量参数,重点可增加: a. 测量目标的飞行航迹; b. 测量导弹与目标交会参数; c. 测量引信工作参数; d. 测量战斗部爆炸时刻; e. 测量靶机残骸破坏情况	同上述闭合回路遥测弹,重点可增加: a. 对目标航迹的测量; b. 脱靶量的测量; c. 战斗部起爆时间的测量

四、结果录取

飞行试验结果的录取与处理是试验工作的重要环节,只有全面真实地录取下飞行试验的各种参数,才能对试验结果作出全面的分析评定。

(一) 主要录取手段

飞行试验靶场常用的录取手段有下述5种:

1. 光学测量

光学测量设备通过对目标与导弹飞行过程中的外弹道进行测量及处理,可以得出目标与导弹的飞行航迹、速度、加速度等参数以及导弹与目标的交会过程与交会参数(脱靶量)。

通过高速摄影可以记录发射及遭遇的过程,便于进行故障分析。

2. 无线电遥测

无线电遥测是通过装于导弹上的传感器或附加器等录取导弹参数,由遥测系统发射,地面遥测站接收和处理。

无线电遥测量的参数可以有导弹运动参数(如飞行攻角、速度、加速度等),弹上环境参数(如振动、冲击、温度等),弹上设备性能参数(如发动机压力曲线、近炸引信启动特性、自动驾驶仪和遥控应答机等的工作参数等)。

3. 站测

通过精密测量雷达可以测量出导弹与目标的外弹道参数,测量雷达可以是无线电雷达,也可以是红外或激光雷达;也可通过被试武器配套的制导站设备的数字或模拟量接口,录取导弹与目标的运动参数、脱靶量以及制导站工作参数。

4. 特种测量

特种测量为了特定的测量要求而研制测量设备进行测量,如遥控指令记录仪、导弹与目标雷达反射特性测量仪、发动机火焰红外辐射强度记录仪、光继电器(记录战斗部爆炸时刻)以及脱靶量测量设备等。

5. 其他测量

其他测量还有气象参数测量、时间统一勤务测量等。

(二)对录取设备的要求

为正确全面地得到试验结果,要求录取设备具有准确性、有效性、快速性和可靠性。

1. 准确性

要求测量设备的精度高于被测量参数的精度,对外弹道参数的测量,通常要求高一个量级,最低也不能低于3~5倍。例如:对一种最大作用距离15 km的低空超低空地空导弹,要求飞行航迹的三个坐标位置测量精度不低于0.5~1.0 m,而要求外弹道测量设备的定位精度不能低于0.2 m左右。

2. 有效性

要求测量设备录取的数据能真实地反应参数的特性。遥测设备测量弹上设备参数时,其采样频率要能反应参数的频率特性:对缓变参数(导弹表面与舱内温度参数、电池放电参数等),用每秒50次左右的采样频率,就能正确地记录参数的变化特性;但对速度参数(振动特性、引信启动特性等),需要每秒几千次甚至更高的采样频率,才能正确地反应被测参数的特性。

3. 快速性

参数实时记录下来后,要求能快速地处理好所需的一部分参数,以便确定试验的成败与进行发生故障后的判断。

4. 可靠性

测量设备要求可靠且使用方便。

五、结果分析

通过各个状态的飞行试验对导弹各组成部分进行综合分析,从而验证其性能是否达到设计要求。

(一) 火箭发动机分析

对火箭发动机性能的分析,主要是在模型遥测弹和独立回路遥测弹飞行试验中进行的,通过对如下参数的分析验证,可以对火箭发动机性能是否满足设计要求作出结论。

1) 根据遥测弹测得发动机燃烧室表压 p_t(单位:MPa),进而计算发动机推力 F(单位:N)。对应于遥测 p_t-t 曲线,可以得出 $F-t$ 曲线。图 8-4 所示为某导弹飞行试验的 p_t-t 和 $F-t$ 曲线。

2) 由 p_t-t 曲线可得出发动机启动时间与启动特性(如压力峰)。

3) 由 $F-t$ 曲线可得出平稳段最大推力 F_{max} 与最小推力 F_{min}。

4) 由 $F-t$ 曲线,用数学积分可求出发动机总冲和比冲值。

5) 根据 p_t-t 曲线,可以找出发动机工作时间 t。

通过上述发动机启动特性、推力特性、总冲、比冲和工作时间等参数的分析验证,可以对发动机的设计性能作出评定。

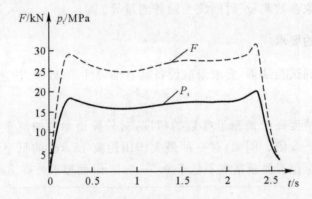

图 8-4 某防空导弹飞行试验 F、p_t 随时间的变化曲线

(二) 空气动力特性分析 —— 直接求解法

如何通过飞行试验所测得的外弹道参数与内弹道参数(遥测结果)来分析验证导弹的空气动力特性,是防空导弹总体设计师们多年来研究的主要课题。到目前为止,已发展有多种分析方法,但经典的直接求解法仍被广泛采用。

所谓直接求解法是指通过模型遥测弹和独立开回路遥测弹测量参数并分析,直接求取空气动力性能,其具体分析方法如下。

1) 由靶场提供飞行试验测量数据,包括光测数据速度 V_H,高度 H,遥测数据舵偏角 δ_I, δ_{II}, δ_{III},过载 n_{x1}, n_{y1}, n_{z1},动压 p_q。

2) 光测遥测数据换算,包括动压头换算、攻角、过载换算。

3) 零升阻力系数,全弹阻力系数 C_x 等于零升阻力系数 C_{x0} 加上诱导阻力系数 C_{x1},而诱导阻力系数是升力在速度方向的投影,根据升力系数就可得出诱导阻力系数。

4) 升力系数,根据飞行状态为"×"字形或"+"字形时的情况,分别计算法向力系数和升力系数。

5) 气动力导数,包括纵向静态稳定导数 m_x^α,纵向舵面效率 m_x^δ,升力系数 c_y^α 与舵面升力系数斜率 c_y^δ,纵向动导数 $m_x^{\dot\alpha}+m_x^{\omega_z}$,全弹压力中心 X_a。

(三) 空气动力特性分析 —— 参数辨识法

可用于地空导弹空气动力参数辨识的方法有许多种,如极大似然法、广义卡尔曼滤波法、动态规划法、相关函数法、分割辨识法和最小二乘法等。这里不作进一步的讲述。

(四) 导弹弹道特性分析

通常对导弹弹道特性的分析是基于模型遥测弹及独立回路遥测弹试验结果,通过闭合回路遥测弹及战斗弹进行验证。一般内容涉及飞行试验结果的获取、独立回路遥测弹飞行试验的计算、飞行速度特性的分析和飞行航迹的分析等。

第五节　仿真试验

随着计算机技术的飞速发展,系统建模理论与仿真技术已成为各类复杂的工程系统、生物系统和社会系统,特别是高技术产业,不可缺少的研究、设计、评价和训练的手段,并得到越来越广泛和有效的应用。

一、系统建模

(一) 系统的概念

系统,广义上是指按照某些规律结合起来,实现某些特定的功能,且互相作用、互相依存的所有物体的集合或总和。一般包括所有的工程系统和非工程系统,如电气、机械、交通和管理等系统。

任何系统都存在三方面需要研究的内容,即实体、属性和活动。实体是指存在于系统中的每一项确定物体;属性是指实体所具有的每一项有效特征;活动则是指系统内部发生的各种变化过程。由存在于系统内部的实体、属性和活动组成的整体称为系统状态。实际中常用系统状态的变化来研究系统的动态情况。

由于系统经常会受到系统外界因素变化的影响,因此在研究这样的系统时,除需要研究系统的实体、属性及其活动外,还需要研究系统所处的环境。系统环境包括那些影响该系统而又不受该系统直接控制的全部因素。在建立系统模型时,要正确划清系统和系统环境之间的界限。

系统可按其状态发生变化的情况大致分为连续系统和离散系统两大类。系统研究内容通常可分为系统分析、系统设计和系统假设。其中,系统分析的目的是为了了解现有系统或拟建立系统的性能和潜力,分析的方法可用系统做试验或通过建立系统模型来分析系统的性能;系统设计是为了得到具有所需要的某些特性的系统,而利用建立的系统模型中所得到的知识,预测需要设计的系统性能;系统假设是用于建立社会、经济、政治、医学系统研究模型的特有方法，主要根据有关规律建立与已知系统性能合理匹配的假设模型。

（二）系统建模

为了研究系统，可以用系统做试验，但在建立以前，系统还处于假设阶段，为了预见它的性能，要求用系统做试验是行不通的，同时在某些特定条件下用系统做试验也不可能，因此必须借助系统模型。

系统模型应是系统本质的表述。它以各种可用的形式，数学的或实体的（物理的），给出被研究系统的信息。它具有与系统相似的数学描述或物理属性，通常用系统模型来指导对系统的研究。

系统模型不应该比研究目的所要求的更复杂。模型的详细程度和精度必须与研究目的相匹配。用来表示一个系统的模型并不是唯一的，关心的方面不同，就可能对同一个系统建立不同的模型。

对于多数研究目的，建立系统模型并不需要考虑系统的全部细节。一个好的模型不仅是用来代替系统，而且是这个系统的合理简化。与此相联系的是要正确地确定模型的详细参数和精度。

系统建模的两项任务是：建立模型结构和确定相应参数。两者密切相关，是一项任务的两个侧面。

1. 系统建模应遵循的基本原则

一般用若干方框图来描述系统。每一方框图描述系统的一个部分，将方框图联结起来表示一个系统。建立系统模型时通常应遵循以下基本原则。

（1）清晰性

系统模型是由许多分系统、子系统模型构成的。在模型与模型之间，除了研究目的需要的信息联系外，相互耦合要尽可能少，使结构尽可能清晰。

（2）切题性

模型只应包括与研究目的有关的那些信息，而不是一切方面。

（3）精确性

在建立系统模型时，应该考虑所收集的用以建立模型的信息的精确程度，要根据所研究问题的性质和所要解决的问题来确定对精确程度的要求。对于不同的工程，精度要求是不一样的。即使对于同一工程，由于研究的问题不同，精度要求也可能不一样。

（4）集合性

集合性是指能把一些个别的实体组成更大实体的程度。对于一个系统实体的分割，在可能时应尽量合并为大的实体。

2. 模型的分类

对于系统研究的模型，有许多分类方法。图8-5所示为其中的第一种分类方法。模型可分为实体模型和数学模型。

实体模型是根据系统之间的相似性而建立起来的模型，如图8-6所示的机械系统与电系统。由于两个系统具有相似的数学描述，因而可以互为相似模型。

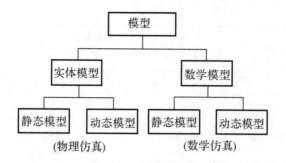

图 8-5　模型分类图

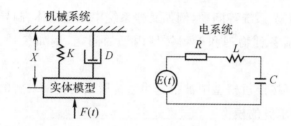

图 8-6　机械系统与电系统互为相似模型

机械系统数学描述为

$$M\frac{\mathrm{d}^2 X}{\mathrm{d}t^2} + D\frac{\mathrm{d}X}{\mathrm{d}t} + KX = KF(t)$$

电系统数学描述为

$$L\frac{\mathrm{d}^2 q}{\mathrm{d}t^2} + R\frac{\mathrm{d}q}{\mathrm{d}t} + \frac{1}{C}q = \frac{1}{C}E(t)$$

式中：M 为惯性；D 为阻尼；K 为弹性比例；X 为位移；L 为电感；R 为电阻；C 为电容；q 为电量。

又如，模拟飞行雷达反射特性的目标仿真装置，由于具有与飞行相似的物理效应属性，因而可以作为飞行雷达反射特性效应的实体模型。

数学模型是用符号和数学方程式表示的一个系统模型，其中系统的属性用变量表示，系统的活动则用相互有关的变量之间的数学函数关系式来表示。

第二种分类方法将模型分为静态和动态模型。静态模型为系统处于平衡状态时属性的取值；动态模型用来描述系统状态变化的过渡过程，表示系统活动随时间变化的结果。

第三种划分方法是按照基本的数学描述分类，模型分为连续系统模型和离散系统模型。见表 8-10。

表 8-10　模型分类

模型类型	静态系统模型	动态系统模型			
		连续系统模型		离散系统模型	
		集中参数	分布参数	时间离散	事件离散
数学描述	代数方程	微分方程、传递函数、状态方程	偏微分方程	差分方程、Z变换离散状态方程	概率分布、排队论

续表

模型类型	静态系统模型	动态系统模型			
		连续系统模型		离散系统模型	
		集中参数	分布参数	时间离散	事件离散
应用举例	系统稳态解	工程动力学、系统动力学	热传导场	计算机数据采样系统	交通系统、市场系统、电话系统、计算机分时系统

连续系统模型包括集中参数模型和分布参数模型。前者用常微分方程描述，包括各种电气系统、动力学系统及生态系统等问题，例如武器系统中的运动体、制导控制系统等模型；后者用偏微分方程描述，包括各种物理和工程领域内场的问题，例如气动、流体及结构等问题的模型。

另外，数学模型还可按照对模型中被指定为系统属性的变量求解的方法分类，可以分为用解析法求解和用数值法求解的模型。

解析法是应用数学理论推导、演绎求解模型的方法，数值法是应用近似算法求解数学模型的方法。当给出一个系统的数学模型之后，可以用解析法求解，当不能应用解析法求解时，就必须应用数值法去求解。两者的区别是，解析法可以直接求解，而数值法则要一步一步求解，通过重复计算，扩展解的范围。

(三) 举例——目标射频特性建模

对目标射频特性的仿真试验是比较复杂的，也是比较困难的。一般先要建立可描述目标主要电磁散射特性的数学模型，然后再研制开发系统的硬件，复现出数学模型所描述的射频特性。目标射频特性仿真的复杂程度取决于对仿真试验的要求，可以很简单，也可以很复杂。无论何种情况，关键问题是要验证数学模型的准确性。数学模型必须与实际系统所获得的数据比较，经过反复修正，最后才能得到比较准确的数学模型。有了准确的数学模型之后，下一步的任务就是用硬件实现它，并验证硬件产生的信号是否真实地复现了数学模型所描述的特性。

飞机射频特性常用建模方法有：统计建模法、试验建模法和确定性建模法。

1. 统计建模法

先将飞机看成一个圆球反射体。从各个角度看过去，圆球具有相同的雷达反射面积，回波信号的幅度和方向都没有起伏。在此基础上再给回波信号的幅度和方向叠加上起伏向量。假设它们以某一概率密度和自相关性作起伏，其动态范围和带宽可由给定的飞机目标来决定。为了更接近于真实，可以再加上目标外形所表征的闪烁特性。这类统计模型的优点是简单，但是目标特性的随机特性只是假设的，有待试验验证。

2. 试验建模法

这种方法是利用一个全尺寸比例的飞机模型将其悬挂在高空中，从远处用雷达照射器照射，在地面用高灵敏度的射频接收机从各个角度接收来自目标模型的反射能量，并记在记录器上;然后,再改变飞机模型在空中的姿态角,就相当于照射能量方向相对于飞机模型参考面的改变,同样用接收机从不同角度记录其反射能量。经过这样的多次反复试验,将记录的数据处理后,即可得出目标在双基情况下(即照射在一个地点,接收能量在另一个地点)目标的射频散射特性。试验法建模比统计法建模更为精确,但试验法建模要求测试场地开阔,周围不能有反射场,且地面接收设备也要有很好的屏蔽措施,其目的都是为了防止地物反射进入接收设备中,否则会影响测试精度。

3. 确定性建模法

更高级的目标建模不是按上述以随机特性的方法或是以试验方法处理的。它是基于用多个散射模型汇集而成,即假设一个目标在电学上可以表现为一个由多个子散射体组合成的集合体。每个子散射体可用散射振幅和相位中心位置描述。这些子散射体的振幅和相位中心从目标的不同方向看过去是变化的。这类模型的获得办法通常是对某一特定飞机建立起一个几何模型,然后用一组典型形状体去逼近飞机上所有的主要散射体,如锥面、椭圆面、楔形面等。其逼近程度要做到使各子散射体的集合电磁散射结果达到可接受的近似程度。这样构成的形状模型从某一固定点看过去相当于一组等效散射点。于是不同的视入方向将对应不同的一组等效散射点。将视入方向与相对应的一组等效散射点的函数关系存储在计算机中以备仿真试验时调出来使用。这样就得到了对于某一特定目标从任何方向看过去的散射特性。

除了目标具有上述的雷达散射特性,飞机上发动机的旋转叶片也会对辐射来的射频信号产生调制作用。这类寄生信号源也叠加到目标的雷达散射特性上。它们有准确的时间变化关系,又有随目标姿态角变化的确切的振幅与带宽关系。这类调制信号在频率域上形成多根附加的多普勒谱线。这对导引头的工作性能会有影响,所以在目标建模时也应考虑在射频发生器上加上这类调制信号。

二、仿真试验

仿真试验技术是以控制理论、计算机技术为基础的,以计算机为工具的一种试验技术,也是研究自然现象或过程的一种方法。它对自然现象或过程的研究不是基于真实对象(原型),而是基于所建立的模型来进行,用以复现和评价真实的系统。对于任何一个系统,只要能确定其模型就可用仿真技术进行研究。

按照所建立模型的类型来划分,仿真试验可分为物理仿真、数学仿真和半实物仿真。

物理仿真是用比例模型模仿被研究对象的真实形状。导弹气动外形选择和气动参数确定通常采用这种仿真方式来研究,即根据导弹的外形尺寸制造出一个缩小比例的模型,将其放在风洞中进行吹风试验。风洞内的风速与模型的相对速度等效于导弹在空中飞行,调节风洞内的风速以及导弹模型相对风速矢量的角度(即攻角),通过专用的测量工具可以测出不同风速、不同攻角下作用在模型上的气动力和力矩,经过换算就可得到该型导弹气动外形对应的气动力和力矩系数。这种仿真方法的优点在于不需生产出真实导弹来做飞行试验(实际中也确实是在总体方案设计初期,不可能有导弹的实物,只能依靠理论计算和辅以风洞吹风试验来确定该型导弹外形的气动参数),同时还可进行不同气动外形的多种方案的比较。当然,气动参数的最终确定还是要通过真实导弹少量的飞行试验所得到的结果对风洞气动参数加以修正的。

数学仿真是将系统的动态特性用数学模型来描述。这样对系统特性的研究就归结为对数学模型的分析和求解。常用的数值计算方法有欧拉法、预报-校正法、龙格-库塔法、多变量的龙格-库塔法等。任何一个复杂的系统,在一定的约束条件下都可以用一组微分方程式来描述。用数学仿真方法分析一个系统,其可应用性及精确度取决于所建立的数学模型反映真实系统特性的逼真程度。对于存在着某些不可忽略的非线性特性的系统,如具有饱和特性的放大环节、齿轮转动间隙构成的滞环特性和死区等,用数学解析式精确描述就比较困难了。

半实物仿真是在系统中的一部分环节用数学模型描述,另一部分直接将实物接入仿真试验的系统中,此外还辅以一些设备加以支持。由于半实物仿真必须有一部分实物支撑,所以它在研制初期是难以进行的。

(一)目的与要求

导弹在不同研制阶段,有不同的试验目的。在导弹及其组成系统方案论证和系统设计阶段,仿真试验的目的就是为了确定方案和进行系统优化设计;在导弹及其组成系统初样、试样和正样阶段,试验的目的是为了验证系统性能和完善系统;在系统试验与鉴定阶段,仿真试验的目的是事先为系统试验与鉴定提供依据,事后为发现和排除故障提供便利,以进行改进设计和系统鉴定;在部队实战使用阶段,则可为部队培训操作人员及运用研究服务。

(二)分类与内容

一个导弹系统从进行需求分析、确定系统的战术技术指标开始,到方案论证、工程研制,直到研制定型、交付部队后的操作培训、战术应用等阶段,都要进行大量的仿真试验。

仿真试验根据不同的性质、对象、阶段等,有不同的分类方法。这里就导弹系统在不同研制阶段进行的仿真试验进行如下说明,其示意框图如图8-7所示。

1)进行作战态势仿真,制订武器系统战术技术指标。建立未来作战环境下战略战术运用仿真模型,通过各种态势的数学仿真,制订出为满足战场要求的初步的战术技术指标;同时建立效费仿真模型、分析研究战术技术指标变化对武器效能与费用的影响,从而优化出切合国情需要与可能的战术技术指标与相应的技术途径。

2)建立系统方案优化仿真模型,进行系统方案论证与设计。根据上述制订的战术技术指标及要求,建立方案论证及设计的数学仿真模型。其中包括经过论证确定可供选用的分系统模型、目标及作战环境模型等。通过仿真试验,对比各种方案对战术技术指标的满足程度、工程难易程度及研制周期与经费等,完成系统方案设计,并经过优化设计,确定各分系统的主要技术参数及要求。

3)建立系统设计数学模型,进行系统设计与工程研制。在系统试样设计与工程研制阶段,仿真试验的目的是通过仿真来选择系统参数与验证系统设计,并有选择地把关键分系统以实物形式接入仿真系统,取代相应的数学模型。进行数学-半实物系统仿真,全面检查与验证试样设计的正确性。在此阶段中,利用上述仿真结果,系统与各组成分系统进行功能与指标上的反复迭代优化,设计出满足总体要求的试样产品。

同时,要进行可靠性模型与效费模型的分析研究,建立完整的可靠性设计与效费分析等仿真模型。通过仿真,提供试样阶段相应的配套数据。

4)在系统试验阶段,建立各种试验系统的仿真模型并进行仿真试验。在系统试验阶段,仿真试验主要指导弹武器系统的飞行试验。通过仿真试验,研究在实际可能出现的各种干扰与偏差条件下进行飞行试验可能的结果,提供靶场试验需要的配套数据。当出现故障时(或失效时),通过仿真试验来分析研究系统失效原因,复现故障,并提出排除故障的技术措施,经仿真验证后,再次进行飞行试验,直到试验取得成功。同时,通过飞行试验靶场外弹道测量、导弹遥测、参与设备所采集的数据,来验证和修正系统参数,并校验与修正仿真数学模型。

5)在设计定型阶段,全面鉴定和验证导弹设计性能。各种作战态势的仿真试验,其最高层次是模拟打靶。通过各种态势的系统仿真与模拟打靶,既可减少为设计定型所需要进行的飞行试验次数,又可全面验证武器系统性能,提供设计定型所需要的配套性能数据。

6)在批量生产及部队装备使用阶段,通过仿真试验来不断完善与改进系统。仿真试验的目的是积累部队实际使用数据,建立完整的可靠性分析仿真模型、操作培训仿真模型与作战使用仿真模型。同时,根据部队实际使用情况、空中潜在威胁以及技术发展情况,利用上述仿真模型,对提供新的改进方案进行分析研究。

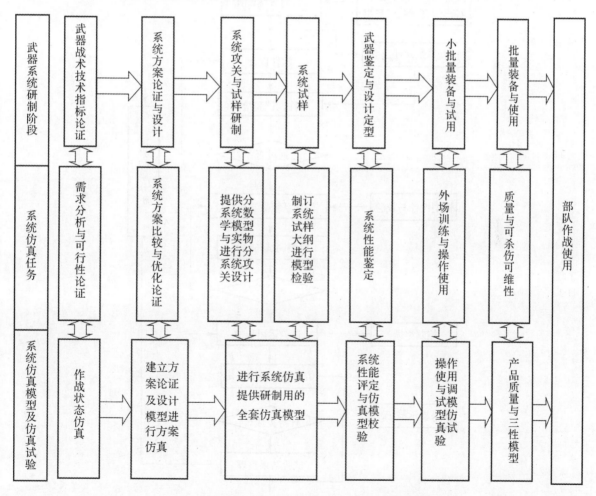

图 8-7 不同研制阶段的仿真试验示意框图

(三)试验设计

1. 仿真试验的工作流程

仿真试验工作流程如图 8-8 所示,对其简要说明如下:

1)从导弹研制需求出发,进行需求分析,提出仿真试验任务要求,逐步形成仿真试验任务书;

2)仿真系统根据仿真试验要求,进行仿真试验方案论证与设计;

3)进行仿真系统的软、硬件设计与研制;

4)建立仿真数学模型,通过调试,校验并修正数学模型;

5)根据仿真条件进行仿真,其结果满足要求后,仿真试验任务结束。

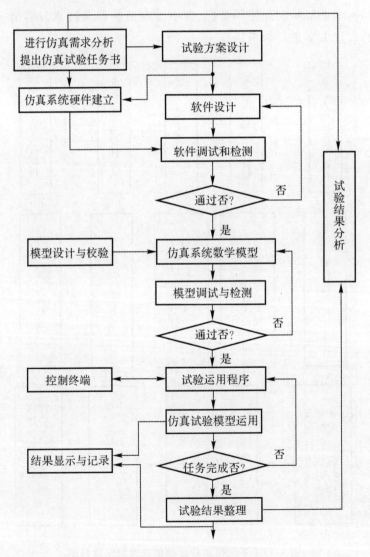

图 8-8 仿真试验工作流程图

2. 数学仿真模型设计

导弹系统的计算机仿真,从建立数学模型到进行各种状态仿真试验,需要经过很多重要环节,其中数学模型准确性是最为重要的。为了确保模型的准确性,要求通过各种试验(其中包括飞行试验)来检验与修正数学模型。

防空导弹通常有如下数学模型。

(1) 目标运动模型

目标运动模型是描绘目标在空间运动的过程,一般由几个微分方程和几个三角函数方程组成。它可以描绘目标直线匀速运动,也可以描绘目标作某种机动运动。

(2) 导弹运动模型

导弹运动模型是描绘导弹质心在空间运动和绕质心的旋转运动所组成的运动方程组。该运动方程组通常由以下方程组成:①6个一阶的动力学微分方程,其中含3个质心运动、3个绕质心转动;②3个一阶的运动学微分方程;③4个一阶的坐标变化的运动学微分方程;④3个几何关系式。

在实际使用中通常也作一些简化,如分解为纵向运动和侧向运动。

在导弹动力学、运动学微分方程组中,包括数十个气动系数,而它们又往往是导弹速度、姿态、舵偏角等多变量函数,所以要保证导弹运动参数的精度,首先要确切地给出这些气动参数。

(3) 发动机模型

发动机工作模型包括发动机的推力特性和它的燃料(推进剂)消耗特性。发动机推力和燃料消耗通常是将大量地面试验结果整理成曲线的形式,最后转换成空中使用状态。

(4) 弹上稳定控制系统模型

对三通道的弹上稳定控制系统,数学模型通常包括对舵机、速率陀螺、加速度表、滤波器及校正网络的数学表达式。对有些导弹还要建立精确的舵系统模型、操纵系统模型等来专门研究舵系统问题(如反操纵等)。

(5) 探测跟踪模型

探测跟踪模型是对探测跟踪系统(如指令制导的地面雷达站)的工作过程与性能的数学描述,它包括量测数据的坐标转换和数据平滑滤波处理等。

(6) 噪声及干扰模型

它是探测跟踪系统测得的噪声及干扰的数学描述,这项工作往往建立在大量试验数据综合的基础上。

(7) 制导控制系统模型

制导控制系统模型包括导引规律、各种提高制导精度和控制特性的调节和补偿规律,以及指令形成等的数学描述。

(8) 目标威胁评判及发射区模型

目标威胁评判是描述来袭目标运动规律的模型。根据预定的威胁判据,来确定诸多进攻目标的等级(如紧急、一般等),从而确定拦击对象。发射区模型建立在目标与导弹相对运动的基础上,它用数学模型描绘出与杀伤区域对应的导弹发射区域,从而对发射系统给出发弹信号指示。

(9) 信号预处理模型

对于处于联网中的地空导弹武器系统,在接收上级送来目标信息时,要通过预处理模型

(包括坐标变换、数字滤波、加密处理等)发送到各分系统(如雷达跟踪系统、红外跟踪系统等)。

(四)仿真试验在导弹攻防对抗模式上的应用举例

1. 目的及范围

随着高新技术的发展,要研制成一种新一代战术导弹武器,不论是进攻还是防御,都不能封闭在各自建立的领域中进行研究发展,而要把攻防双方组成一个整体,通过攻防对抗研究、分析交战双方的内在规律和有效性,寻求各自技术的薄弱环节,从而为未来战争寻找有效的作战模式,为新一代导弹研制和现有导弹改进提供有效的技术途径。

战术导弹攻防对抗研究涉及攻防模式对抗、光电对抗、隐身与反隐身对抗,以及反辐射与抗反辐射对抗等广阔领域,而这里所研究的仿真试验系统是导弹攻防模式的对抗。

为达到上述目的,设计了图8-9所示的仿真过程。从图中可以看出,建立这样一种仿真分析系统将具备攻防系统整体设计的功能,不但可用于新型导弹研制,而且还可以对定型的或在研的导弹进行评估。

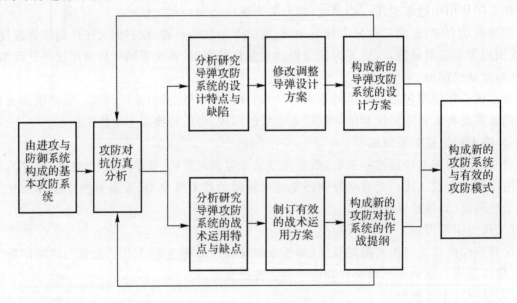

图8-9 攻防对抗仿真过程示意图

2. 仿真系统模型的建立

(1)要求

建立仿真模型要求具有下述特性:

1)参照性,所建立的进攻和防御系统组成的基本数学模型,可以是某个导弹的数学模型,但应具有一定的通用性;

2)可调整性,要求无论是进攻方或防御方系统,其体制结构、系统参数、攻击线路和拦截规律等都能进行修改和调整;

3)灵活性,组成形式可进行灵活调整,具有较强的人机对话功能;

4)显示阅读性,要求各个显示页面和读出系统能全面给出仿真分析、方案调整、参数修改和效果判断等各种信息与结论;

5)自适应性,要求模型构造具有自适应性,以减少人工干预。

(2)功能模块设置

攻防对抗仿真模型主要应模拟目标进攻的作战过程,导弹拦截目标的飞行过程,以及双方遭遇过程和摧毁目标过程。基于这一原因,可以模块化形式设置,模块含:①攻防设想与初值确定模块;②目标模块;③导弹模块;④遭遇模块;⑤摧毁概率估算模块;⑥攻防对抗效果判定模块;⑦观察模块;⑧分析模块;⑨战术应用于设计方案调整模块。

3. 仿真系统结构组成

按照上述9个模块的相互关系,可得出攻防对抗仿真系统的结构框图,如图8-10所示。

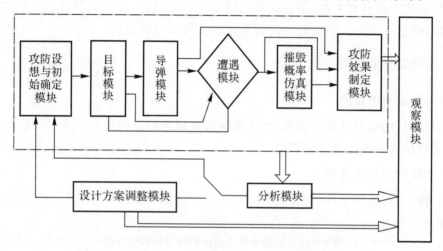

图8-10 攻防对抗仿真系统结构框图

4. 攻防对抗仿真状态

攻防对抗仿真状态一般设置内容包括以下5项:
1)进攻方目标状态设置;
2)防御方导弹状态设置;
3)遭遇区设置;
4)攻防效果判据设置;
5)仿真条件设置。

5. 攻防对抗实弹打靶与方针结果比较

某地空导弹实弹打靶与仿真结果主要参数比较见表8-11。

表8-11 实弹打靶与仿真结果参数比较

试验数据	打靶	仿真
交会斜距	4.30 km	4.79 km
航路捷径	3.20 km	3.40 km
飞行时间	9.0 s	9.1 s
合成脱靶量	2.53 m	3.40 m
结论	拦击成功	拦击成功

结果表明,仿真模型比较接近实际情况,具有较好的一致性。因此,用此模型可进行攻防对抗模式研究,并可进行攻防双方武器参数的研究与性能改进。

三、举例

(一)概述

这里以某型号无线电指令制导系统为仿真实例,主要叙述仿真系统的特点、组成和原理结构,仿真系统的建立过程和方法,仿真试验和结果分析等问题,以便更具体地了解和掌握应用仿真技术和使用仿真设备来解决制导控制系统仿真的技巧和方法。

(二)仿真试验任务说明

1. 数学仿真试验的目的

型号总体单位的试验任务书指出:此次数学仿真试验的目的是为某型号闭合回路(即制导系统)飞行试验结果分析提供理论依据。

2. 仿真试验的内容与要求

1)按表 8-12 所给的条件,在加随机干扰和不加随机干扰两种情况下,进行拦截目标的全过程仿真试验。

表 8-12 某型号导弹闭合回路飞行实验条件

序号	目标斜距 R_{M1}/km	目标航路 Z_{M1}/km	目标高度 H_{M1}/km	目标速度 V_{M1}/(km·h^{-1})	导引方法	导弹状态	目标类型	备 注
1	30.1	-14.38	24.5	420	半前置法	遥测弹	模拟匀速平飞	Z_{M1} 为负,表示目标处在制导站右方
2	26.0	0	7.0	10	三点法	战斗弹	伞靶	
3	25.0	-12.00	8.0	300	三点法	遥测弹	模拟尾追	该模拟目标为匀速平飞背离制导站
4	21.0	-10.00	2.56	420	固定系数法	遥测弹	模拟垂直机动	固定系数法式前置法的一种特殊形式,模拟目标作垂直机动,俯冲过载4g,拉起过载2.5g

2)按任务书的要求记录(曲线)和打印有关参数,并对仿真试验结果进行分析,提供分析报告。

3. 进行仿真试验应具备的条件

仿真试验任务书提供了该型号无线电指令制导系统全部的数学模型(包括随机干扰模型)和有关参数,并且这些经过确认是有效的。任务书还提供了与表 8-12 相应的仿真试验边界条件,如射入散布等。

(三)仿真试验的准备工作

1. 理解系统和试验任务

理解系统和仿真任务是做好仿真试验的前提。为了优质地完成仿真试验任务,应对被仿真系统的组成、工作原理、工作过程、系统特点、系统数学模型的建立与确认,以及仿真试验任务有透彻的了解。

对于该无线电指令制导导弹系统的仿真,其任务就是在闭合回路飞行试验前,为参加打靶的四发弹(见表 8-12)进行仿真打靶,以便为飞行试验的结果分析提供理论依据;同时,如果仿真试验中发现问题也可及早采取改进措施,避免导弹带着问题上天。因此,制导系统数学仿真任务的顺利完成,将对闭合回路弹打靶的成功以及制导系统的设计定型起重要作用。

2. 熟悉数学仿真的方法与设备

在仿真试验的准备工作中,当对仿真的系统和试验任务有了深入的了解以后,还应熟悉数学仿真的一般方法及主要设备。

对无线电指令制导系统的数学仿真,首先要根据仿真的目的建立仿真系统的数学模型。尽管无线电指令制导系统是随机信号作用下的时变非线性控制系统,系统数学模型的完整描述是相当复杂的,但在各次数学仿真试验中所用数学模型的复杂程度主要取决于试验的目的,而且仿真研究也要遵循从简单到复杂的原则。首先研究定常线性系统,然后再考虑非定常、非线性以及系统对随机信号的响应。这一步建模称为一次建模。由于试验任务书已给出了系统的全部数学模型,所以不存在一次建模的问题,但是在理解系统的同时,应该理解和熟悉系统的数学模型,这样仿真试验人员才能真正进入系统仿真试验的自由王国,优质地完成试验任务,否则只能是一个非常机械的编程和操作人员。很显然,系统的数学模型是不能直接上计算机的,还要经过二次建模,即把制导系统的数学模型变换成能上计算机运算的仿真模型。对模拟计算机来说,二次建模即模拟编排图的设计;对数字计算机来说二次建模即程序设计。对于专门从事仿真研究工作的人来说,对二次建模的理论、方法以及实际运用当然应该有更深入的了解和熟练使用。

对于具有随机信号作用的指令制导系统来说,数学仿真一般采用统计分析的方法,即蒙特卡罗法,需要做大量的重复计算才能得到统计结果。

3. 仿真模型的建立和验证

(1)仿真模型的建立

由于无线电指令制导系统数学模型包括上百个微分方程和差分方程,要进行大量的逻辑判断和非线性计算、多变量和随机函数的产生及处理、试验结果的统计分析等,其中有些变量要求很高的计算精度,有些变量变化非常迅速。基于这些特点,应在仿真计算机系统上精心地进行仿真模型的分配。指令制导系统数字仿真试验混合实时仿真系统方案图如图 8-11 所示。

为将数学模型变为仿真模型,即在混合机上实现二次建模,主要步骤如下:

1)根据指令制导系统的各组成部分的功能,把模型分成目标运动、弹体运动、自动驾驶仪、指令计算、随机噪声干扰等子模型,这样有利于与仿真系统各相应部分的对比以及模型验证工作的进行。

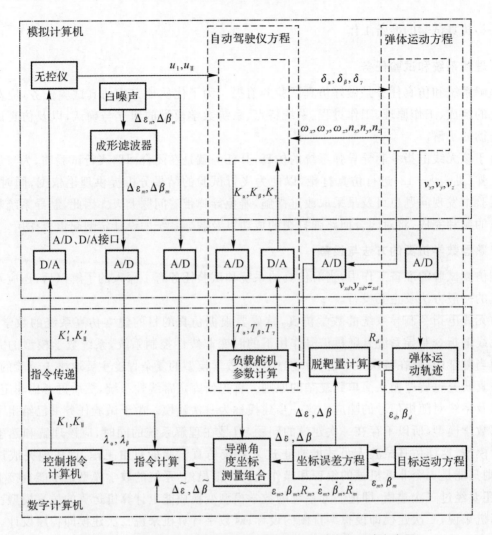

图 8-11 指令制导系统数字仿真试验混合实时仿真系统方案图

2) 对混合机中的模拟机和数字机进行任务分配。混合仿真中模拟运算部分和数字计算部分划分的一般原则是将模型中动态响应较快或频带较宽部分放在模拟机上运算,而把变化较慢或频带窄、变化范围大和要求精度高的部分放到数字机上求解。使用数字机和模拟机中的逻辑部件都可完成逻辑运算,但通常放在数字机上。

弹体运动方程包括弹体质心运动、旋转运动和发动机推力等方程,其中弹体旋转运动各参数变化较快,方程中的大量气动系数和一定数量的积分运算等都放在模拟机上运算;考虑到弹体位置坐标变化慢、频带窄、动态范围大(从几米到数万米),模拟机和接口很难保证精度,便放在数字机上求解;自动驾驶仪方程中弹体姿态信息频率较高,此外,高阶微分方程有的时间常数小到毫秒级,并有一些非线性环节,排在模拟机上运算是比较恰当的;目标运动方程描述目标质心运动,由微分方程和三角函数方程等组成。参数变化慢,精度要求高,放在数字机上求解为好;指令计算方程是一组差分方程,信号变化的频率较低,精度要求高,并有一些逻辑判断及坐标变换,故放在数字机上来计算;随机干扰噪声信号由模拟机的白噪声发生器产生,经过处理后,再输入到有关的仿真模型中去。同时,在把数学模型变成仿真模型时,也可根据设备的情况对一些小参数和次要的因素作适当删减。

3) 模拟机之间的信息传送通过模拟中继线进行,模拟机与数字机之间的信息传送通过

A/D、D/A 接口进行。

4) 仿真运行的控制和参数输入通过终端人机对话进行。数字结果输出可由打印机非实时打印,需要的曲线可通过笔录仪实时绘制,也可以通过终端或数字式笔录仪非实时地得到。

5) 在建立模拟机模型中为了保证仿真模型的精度,应考虑采取如下措施:①合理选择比例尺,使放大器尽量工作满刻度,在对不同的弹道仿真时可选取不同的比例尺,以提高计算机精度;②为了减小多变量函数发生器的误差,使气动系数等的计算准确,尽量让多变量函数发生器工作在满刻度范围。

6) 实时混合仿真数字计算程序可使用高级语言编写。

图 8-12 为指令制导系统实时混合仿真主程序流程图。

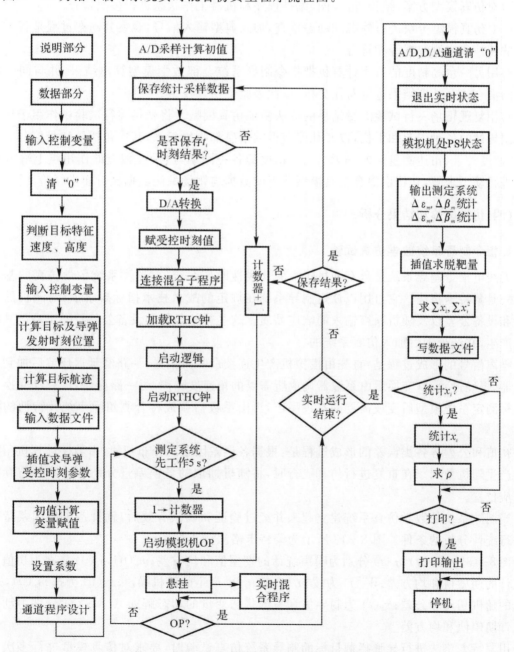

图 8-12 指令制导系统实时混合仿真主程序流程图

主程序的主要功能是：控制模拟机的状态；根据不同弹道参数计算并设置相应的模拟机系数器；设置 A/D、D/A 通道；选择时标；加载实时混合时钟；连接中断子程序；为实时混合仿真作某些预处理工作；通过人机对话控制实时混合仿真系统的运行与结束；计算导弹与目标遭遇时刻脱靶量和落入概率；输出必要的数据等。

(2) 仿真模型的验证

对仿真模型实现系统数学模型的正确性和精度检查是建立仿真系统、提高仿真试验置信度必不可少的工作。由于指令制导系统的仿真系统很复杂，因此它的仿真模型的验证工作比较困难。对它的验证可选用以下方法和步骤：

1) 对仿真模型方案、结构、流程图、编排程序和机器工作状态进行多次检查。

2) 对仿真模型分块进行静态和动态检查，加入典型输入信号，观察其动态过程是否与有关部件的特性和实测数据等相符合。

3) 用另一台高精度的数字计算机把指令制导系统全部数学模型算出结果，并与同一数学模型的混合仿真计算结果进行对比分析，以此来验证仿真模型。

4) 用复现靶场飞行试验测量结果的方法验证仿真模型。将靶场飞行试验中作用于导弹和地面制导站的各种误差和干扰，以及凡能获得的信息都收集起来，其中包括导弹受控时的初始位置、速度矢量、雷达测量误差等影响制导精度的各种因素，然后在相应的作用点上输入仿真系统进行动态求解，并将由混合仿真模型获得的数据与靶场站测数据比对而进行验证。

(四) 仿真试验和结果分析

1. 指令制导系统数学仿真试验

无线电指令制导系统是具有随机输入的非线性时变系统，对这类系统数学仿真的基本方法之一是蒙特卡洛法。它可用以评定制导系统在规定的战术技术指标要求下，对随机的初始条件和设备公差以及随机噪声输入的响应品质。这些初始条件和设备公差及噪声是按其统计特性产生，并经处理后加入仿真系统的。

噪声信号的形成过程是：首先由模拟机产生连续白噪声信号，一路经延迟环节后加到成形滤波器，再经过 A/D 变换后由系数器调成所需要的角速度噪声，另一路则经过 A/D 变换和目标坐标测定系统模型后变成需要的有色噪声，再由系数器调成符合测角噪声统计特性的测角噪声。

初值和公差等各类误差的形成过程是：根据各误差因素的分布规律，由数字计算机用数字方法产生随机数列。在重复进行仿真飞行时，将随机抽取的各误差量分别送入系统仿真模型的相应位置。

当制导系统的数学仿真系统建立起来并经过验证和确认有效后，就具备了使用蒙特卡洛法进行统计分析的条件。图 8-13 所示为蒙特卡洛法仿真框图。

图 8-13 中，$m_i(t)$，$\sigma_i(t)$ 分别为噪声统计的期望值和均方差；$m_i(0)$，$\sigma_i(0)$ 分别为初值和公差统计的期望值和均方差；$W_i(t)$ 为按 $m_i(t)$ 和 $\sigma_i(t)$ 产生的随机噪声；$x_i(0)$ 为按 $m_i(0)$，$\sigma_i(0)$ 产生的随机初值和公差；$x_i(t)$ 为制导仿真系统状态变量的动态解；$m_c(t)$，$\sigma_c(t)$ 分别为动态解的统计期望值和均方差。

用蒙特卡洛法进行导弹拦截目标的制导系统仿真试验时，要求对仿真模型进行多次独立的仿真动态求解，以获得导弹拦截目标的各种状态下飞行弹道的集合。其中每条弹道都与随机输入噪声、初始条件和各种误差有关。随机输入噪声包括雷达测距噪声、雷达测角噪声和角速度噪声等;初始条件包括各设备的初始状态、受控时导弹的初始位置和姿态及速度等;各种误差包括设备零位和斜率误差、计算误差、环境条件变化和各种干扰引起的误差等。

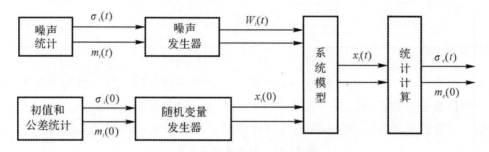

图 8-13　蒙特卡洛法仿真框图

在进行导弹拦截目标的制导系统仿真试验时,通过终端进行人机对话,把要做的仿真试验特征参数输入仿真系统,通过一系列可由主程序调用的混合操作子程序来实现。主程序通过时钟中断进入子程序。当混合仿真进入实时运行时,主程序通过调用子程序使自己处于悬挂状态。当时钟出现中断时,子程序进入工作状态,在子程序完成规定的工作后,发出一个启动主程序工作(即解挂)的命令,然后返回到主程序执行悬挂命令的下一句,主程序开始工作,进行一些必要的数据处理和判断,检查实时仿真是否结束,主程序进入下一次悬挂状态,等待时钟中断的到来。当时钟出现中断时,又重复上述过程,直到实时仿真运行结束。时钟中断来源于实时混合时钟。

一般情况下,对同一特征点的仿真打靶运行次数 N 可由实际仿真试验来分析确定。例如选择线偏差信号作为输出量,当数学期望和均方差估计值 $\hat{m}$ 和 $\hat{\sigma}$ 随着试验次数 N 的增加趋于稳定时,试验次数就确定下来。对不同的特征点和不同的状态参数,$\hat{m}$ 和 $\hat{\sigma}$ 趋于稳定的试验次数可能不同。

2. 仿真试验结果分析

由数学仿真打靶得到的导弹飞行各状态量都是随机过程,而在同一时刻,一个状态量在 N 次独立的重复试验中是一个随机变量。仿真试验结果分析,就是对 N 次仿真试验得到的随机变量应用数理统计理论进行统计,并对统计估计值进行精度评定,给出置信区间。

下面以制导控制系统性能分析中通常较关心的遭遇时刻参数为例,对数学仿真结果的处理和分析方法作简要介绍。

表 8-13 为在 4 个特征点上的飞行试验光测数据与同等条件下的仿真试验数据对比表。从表中的数据看到,飞行试验光测的导弹飞行速度、斜距和仿真试验结果获得的导弹飞行速度、斜距统计数学期望是比较接近的。

表 8-13　受控点参数对比表

特征点序号	飞行试验数据		仿真试验数据		相差值	
	R_D/km	V_D/(m·s^{-1})	R_D/km	V_D/(m·s^{-1})	ΔR_D/km	ΔV_D/(m·s^{-1})
1	2.05	580	1.885	580	0.165	0
2	2.019	587	1.92	593.75	0.099	−6.75

续表

特征点序号	飞行试验数据		仿真试验数据		相差值	
	R_D/km	V_D/(m·s^{-1})	R_D/km	V_D/(m·s^{-1})	ΔR_D/km	ΔV_D/(m·s^{-1})
3	2.11	605.7	1.934	597.9	0.176	7.8
4	2.02	598.3	1.93	597.9	0.09	0.4

表 8-14 为在三个特征点上根据飞行试验光测数据处理获得的引入时间和引入斜距与同等条件下的仿真试验数据对比表。表中仿真试验的引入时间和引入斜距是多次仿真结果的统计平均值。当置信度为 90% 时,由置信区间计算出引入概率为 99.5%。

表 8-14 引入参数对比表

特征点序号	飞行试验数据		仿真试验数据			
	$t_{引入}$/s	$R_{引入}$/km	$t_{引入}$/s	$R_{引入}$/km	置信区间	
1	8.45	4.06	15.6	8.4	$t_{引入}<16$	$R_{引入}<8.71$
2	8.60	4.08	15.6	8.5	$t_{引入}<15.9$	$R_{引入}<9.05$
3	11.50	5.62	12.7	6.42	$t_{引入}<13$	$R_{引入}<6.6$

表 8-15 为在 4 个特征点上根据飞行试验光测数据处理获得的遭遇时刻 t_{mz} 和合成线偏差 h 与同等条件下的仿真试验数据对比表。表中 m_h 和 σ_h 是仿真试验运行 100 次统计的线偏差数学期望和均方差,置信区间是按照置信度 90% 计算出来的,P 是仿真试验得到的落入概率。

表 8-15 遭遇点参数对比表

特征点序号	飞行试验数据		仿真试验数据			
	t_{mz}/s	h/m	t_{mz}/s	置信区间		P
				m_h	σ_h	
1	40.713	31.03	40.465	<8.136	<20.1	98
2	37.398	9.51	36.75	<7.506	<9.19	98.5
3	40.56	21.94	36.68	<8.43	<13.3	99.9
4	33.24	38.30	31.94	<20.17	<14.02	99.3

在求得线偏差的数学期望和均方差的基础上,可绘制出线偏差的 3σ 区,如图 8-14 所示。假如一个特征点遭遇时的线偏差服从正态分布,则线偏差值落入 3σ 区的概率为 99.7%。飞行试验的结果表明,线偏差从受控开始,无论引入段、引导段和遭遇点,都在仿真统计平均值附近摆动,始终处在 3σ 范围内,仿真结果与飞行试验是吻合的,也说明数学模型和仿真模型是正确可信的。仿真试验的结果可作为分析指令制导性能、预测和分析飞行试验及实战的依据,同时从这些特点的仿真结果看,线偏差从引入后直至遭遇,基本上处在战斗部杀伤半径之内,制导系统的性能是满足要求的。

根据仿真试验获得的状态变量估计值 $\hat{\sigma}$ 和 $\hat{m}$ 的精确程度,可以用区间估计的办法求得置信区间。图 8-14 所示绘出了置信度为 90% 的线偏差的均方差 σ 估计值的置信区间。仿真试验运行次数越多,置信区间越窄,说明估计值越接近真值。

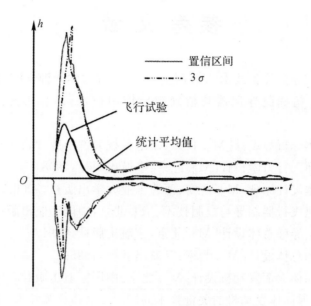

图 8-14 仿真试验结果数量分析曲线

利用仿真系统还可对制导系统进行灵敏度分析,以便了解各参数、干扰和误差对制导系统的影响程度。在研究系统各参数的影响时,通过改变该参数大小,在仿真系统上重复进行仿真试验,统计分析它们对系统的影响。在研究随机干扰和误差时,则通过把干扰和误差分别输入仿真系统进行仿真试验,分析它们对系统的作用。

在导弹武器系统的杀伤区域内,利用制导系统数学仿真,对大量的特征点作拦截目标的仿真试验,可以给出落入概率分布图,从而了解整个导弹武器系统落入概率的情况和制导系统性能。根据它也可以合理地拟制射击规划,更有效地发挥武器系统的威力。

复 习 题

1. 简述地空导弹系统试验的分类。
2. 简述地空导弹地面试验的目的、分类与内容。
3. 简述地空导弹动态环境模拟试验的目的、分类与内容。
4. 简述地空导弹飞行试验的目的、分类与内容。
5. 简述地空导弹仿真试验的目的、分类与仿真试验的工作流程。

参 考 文 献

[1] 李小兵.新型地空导弹装备技术[D].西安:空军工程大学导弹学院,2009.
[2] 刘兴堂,戴革林.精确制导武器与精确制导控制技术[M].西安:西北工业大学出版社,2009.
[3] 刘新建.导弹总体分析与设计[M].长沙:国防科技大学出版社,2006.
[4] 张有济.战术导弹飞行力学设计[M].北京:宇航出版社,1998.
[5] 谷良贤.导弹总体设计原理[M].西安:西北工业大学出版社,2009.
[6] 李惠峰.高超声速飞行器制导与控制技术[M].北京:中国宇航出版社,2012.
[7] 张望根.寻的防空导弹总体设计[M].北京:宇航出版社,1991.
[8] 于本水.防空导弹总体设计[M].北京:宇航出版社,1995.
[9] 闵斌.防空导弹固体火箭发动机设计[M].北京:中国宇航出版社,2009.
[10] 阮崇智.战术导弹固体发动机的关键技术问题[J].固体火箭技术,2002(2):9-13.
[11] 彭冠一.防空导弹武器制导控制系统设计:上[M].北京:宇航出版社,1996.
[12] 杨军,杨晨,段朝阳,等.现代导弹制导控制系统设计[M].北京:航空工业出版社,2005.
[13] 雷虎民.导弹制导与控制原理[M].北京:国防工业出版社,2006.
[14] 张鹏,周军红.精确制导原理[M].北京:电子工业出版社,2009.
[15] 陈小前.飞行器不确定性多学科设计优化理论[M].北京:科学出版社,2013.
[16] 周伯金,李明,于立忠,等.地空导弹[M].北京:解放军出版社,2000.
[17] 方辉煜.防空导弹武器系统仿真[M].北京:宇航出版社,1995.
[18] 陈怀瑾.防空导弹武器系统总体设计和试验[M].北京:宇航出版社,1995.